博士论文
出版项目

服务属性分类与
服务要素配置

基于在线评论情感分析的方法

Service Attributes Classification and
Service Elements Configuration:
Methods Based on Sentiment Analysis of Online Reviews

毕建武　著

中国社会科学出版社

图书在版编目（CIP）数据

服务属性分类与服务要素配置：基于在线评论情感分析的方法 / 毕建武
著 . —北京：中国社会科学出版社，2023.4
ISBN 978 – 7 – 5227 – 2048 – 7

Ⅰ . ①服⋯　Ⅱ . ①毕⋯　Ⅲ . ①互联网络—用户—情感—分析
Ⅳ . ①TP393.094

中国国家版本馆 CIP 数据核字（2023）第 102739 号

出　版　人	赵剑英	
责任编辑	周　佳	
责任校对	胡新芳	
责任印制	王　超	

出　　版	中国社会科学出版社
社　　址	北京鼓楼西大街甲 158 号
邮　　编	100720
网　　址	http://www.csspw.cn
发 行 部	010 – 84083685
门 市 部	010 – 84029450
经　　销	新华书店及其他书店

印　　刷	北京君升印刷有限公司
装　　订	廊坊市广阳区广增装订厂
版　　次	2023 年 4 月第 1 版
印　　次	2023 年 4 月第 1 次印刷

开　　本	710×1000　1/16
印　　张	19
插　　页	2
字　　数	265 千字
定　　价	108.00 元

凡购买中国社会科学出版社图书，如有质量问题请与本社营销中心联系调换
电话：010 – 84083683

出 版 说 明

为进一步加大对哲学社会科学领域青年人才扶持力度，促进优秀青年学者更快更好成长，国家社科基金 2019 年起设立博士论文出版项目，重点资助学术基础扎实、具有创新意识和发展潜力的青年学者。每年评选一次。2021 年经组织申报、专家评审、社会公示，评选出第三批博士论文项目。按照"统一标识、统一封面、统一版式、统一标准"的总体要求，现予出版，以飨读者。

全国哲学社会科学工作办公室

2022 年

摘　　要

　　服务属性分类及服务要素优化配置是服务设计或者改进的重要环节之一。目前，关于服务属性分类及服务要素优化配置问题的研究已经引起一些学者的关注，并取得了一些研究成果。需要说明的是，已有的关于服务属性分类及服务要素优化配置研究的数据主要是通过问卷调查的方式获取的。然而，通过问卷调查的方式获取数据具有很多缺点，例如，耗费大量时间和金钱，数据的质量取决于问卷的复杂性或长度以及被调查者参与的意愿，等等。随着信息技术和互联网的飞速发展，互联网上涌现出了海量的关于服务的在线评论。这些在线评论中包含了大量的有价值的信息，例如客户的情感、意见和建议等。与问卷调查相比，在线评论不仅易于获取而且便于企业进行监控和管理。目前，在线评论已经成功地被用作多种决策分析的数据源，例如产品排名/推荐、客户满意度建模、服务改进、品牌分析、消费者偏好分析和市场结构分析等。在线评论同样是对服务属性分类及服务要素优化配置有前景的数据源。如果能够基于在线评论进行服务属性分类及服务要素优化配置，那么决策者可以很方便地以很少的成本得到服务属性分类及服务要素优化配置方案。因此，有必要研究基于在线评论的服务属性分类及服务要素优化配置方法。

　　本书对基于在线评论情感分析的服务属性分类与服务要素配置方法进行了较为深入的研究，针对现有研究的薄弱之处，主要开展了以下几个方面的研究工作：（1）提出了基于在线评论情感分析的服务属性分类与服务要素配置方法的研究框架；（2）提出了面向服务属性在线评论的多粒度情感分类方法；（3）提出了基于在线评论的服务属性 Kano 分类方法；（4）提出了基于在线评论的服务属性 IPA（Importance-Performance Analysis）分类方法；（5）提出了基于 Kano 和 IPA 分类结果的服务要素优化配置方法。

　　本书的研究工作和取得的研究成果为基于在线评论的服务属性分类及服务要素优化配置问题研究提供了理论方法层面与方法技术层面的借鉴和参考，并为相关研究的扩展与应用奠定了坚实的基础。

　　关键词：在线评论；服务要素；多粒度情感分类；卡诺模型；重要性—表现分析；优化模型

Abstract

The classification of service attributes and the optimization configuration of service elements are one of the important aspects in service design or improvement. At present, researches on the classification of service attributes and the optimization configuration of service elements have attracted the attention of some scholars, and some research results have been achieved. It should be noted that, on the one hand, the data used for the classification of service attributes and the optimization configuration of service elements are mainly obtained from customers through surveys. However, surveys are expensive in terms of time and money. Besides, the quality of the data obtained from surveys depends on the complexity or length of the questionnaire and the willingness of the respondents to participate. On the other hand, with advances in information technology and Internet, customers increasingly post online reviews concerning products/services on the Internet. These online reviews contain a wealth of information, such as customers' concerns, sentiments and opinions. Relative to surveys, online reviews are not only publicly available, easily collected and low cost, but also simpler for firms to monitor and manage. Now, online reviews have been successfully used as the data source of several kinds of decision analysis, such as products ranking/recommending, customer satisfaction modelling, services improvement, brand analysis, consumer preferences analysis and market structure analysis, etc. Thus, online reviews can also serve as a promising data source for the classification of service attributes and the optimization configuration of service elements. If the classification of service attributes and the optimization configuration of service elements can be conducted through online reviews, then it would be convenience for decision-makers or managers to obtain the classification results of service attributes and the optimization configuration results of service elements since the online reviews can be easily collected from the Internet. However, studies on conducting the classification of service attributes and the optimization configuration of service elements through online reviews have not been found. Therefore, it is necessary to study the method for classifying service attributes and optimizing the configuration of service elements based on online reviews.

The purpose of this book is to make a deep theoretical analysis and methodological research on the classification problem of service attributes and the optimization configuration problem of service elements based on online reviews. In the view of the weaknesses of the existing research, a series of research works are conducted as follows: Firstly, the study on the framework of the method for classifying service attributes and optimizing the configuration of service elements based on online reviews. Secondly, the study on the method for multi-class sentiment classification of online reviews concerning service attributes. Thirdly, the study on the method for identifying the Kano category of service attributes through online reviews. Forthly, the study on the method for conducting importance-performance analysis (IPA) of service attributes through online reviews. Fifthly, the study on the method for optimizing the configuration of service elements based on the Kano and IPA classification results of service attributes.

The above research work in this book provides a theoretical guidance framework and a methodical and technical framework to solve the problem of service attributes classification and service elements optimization configuration based on online reviews, and also lays a solid foundation to the extension and application of the related study.

Key Words: Online reviews; Service elements; Mulit-class sentiment classification; Kano model; Importance-performance analysis; Optimization model

目　　录

Contents

第 一 章

绪 论

第一节　研究背景

基于在线评论情感分析的服务属性分类与服务要素配置方法研究是一个值得关注的课题，其在现实中具有广泛的实际应用背景。本节将对基于在线评论情感分析的服务属性分类与服务要素配置方法的研究背景进行阐述。

一　有关服务的在线评论近年来大量涌现

随着信息技术的飞速发展，越来越多的人开始使用互联网。中国互联网络信息中心（China Internet Network Information Center, CNNIC）第 42 次《中国互联网络发展状况统计报告》显示，截至 2018 年 6 月，我国网民规模达 8.02 亿人，普及率为 57.7%；2018 年上半年新增网民 2968 万人，较 2017 年年末增长 3.8%；我国手机网民规模达 7.88 亿人，网民通过手机接入互联网的比例高达 98.3%，中国已经进入互联网时代。①

---

① 《CNNIC 发布第 42 次〈中国互联网络发展状况统计报告〉》，2018 年 8 月 20 日，中国网信网，http：//www.cac.gov.cn/2018 - 08/20/c_ 1123296859.htm。

　　在众多的互联网用户中，越来越多的人开始使用互联网进行购物、外卖预订以及旅行预订等。截至 2018 年 6 月，我国网络购物用户规模达到 5.69 亿人，相较 2017 年年末增长 6.7%，占网民总体比例达到 71.0%；我国网上预订外卖用户规模达到 3.64 亿人，相较 2017 年年末增长 6.0%；在线旅行预订用户规模达到 3.93 亿人，较 2017 年年末增长 1707 万人，增长率为 4.3%。[①] 同时，越来越多的网站鼓励消费者发表关于产品或服务的在线评论。[②] Global Web Index 的调查显示，超过 60% 的用户会对产品、服务或者品牌发表在线评论。因此，在网络购物、外卖预订以及旅行预订等网站中涌现出了海量的关于服务的在线评论。

　　此外，随着 Web 2.0 时代的到来，网络已经成为人们生活中用于交流和沟通的重要工具，人们已经开始习惯于通过网络进行信息和意见的交换、传递和交流。同时，越来越多的互联网用户喜欢通过社交媒体平台或者第三方平台发表关于服务的在线评论。截至 2018 年 6 月，我国微博用户规模达到 3.374 亿人次，相较 2017 年年末增长 4.5%，日活跃用户数将近 1 亿人次，这些活跃的微博用户每天发布数以亿计的微博文本，其中就包括了大量的关于服务产品的评论信息。[③] 每天都会有数以亿计的互联网用户在购物网站、社交媒体平台或者第三方平台发表关于服务产品的在线评论，因此，互联网上涌现出了海量的服务产品的在线评论，并且服务产品的在线评论的产生数量仍在快速地持续增加。

---

　　① 《CNNIC 发布第 42 次〈中国互联网络发展状况统计报告〉》，2018 年 8 月 20 日，中国网信网，http：//www.cac.gov.cn/2018－08/20/c_1123296859.htm。

　　② H. Chen, R. H. Chiang, V. C. Storey, "Business Intelligence and Analytics：From Big Data to Big Impact", *MIS Quarterly*, Vol. 36, No. 3, 2012, pp. 1165－1188; D. Zeng et al., "Social Media Analytics and Intelligence", *IEEE Intelligent Systems*, Vol. 25, No. 6, 2010, pp. 13－16.

　　③ R. Fan et al., "Anger is More Influential Than Joy：Sentiment Correlation in Weibo", *Plos One*, Vol. 9, No. 10, 2014, pp. 1－8.

二 有关服务的在线评论蕴含着大量有价值的信息

随着信息技术的飞速发展，互联网上关于服务产品的在线评论大量涌现。这些在线评论中蕴含着大量有价值的信息，例如，消费者对品牌的印象及评价、消费者对服务的偏好、消费者对服务的需求、不同服务产品之间的比较信息、消费者关注的服务的属性、消费者对服务产品的情感和意见、消费者对服务产品的建议和对服务的期望等。后文以在线评论中消费者关注的服务的属性、消费者对服务的情感和意见以及消费者对服务的建议为例进行简要说明。

(一) 消费者关注的服务的属性

通常，消费者在发表关于服务的在线评论时，不仅会对服务进行整体评价，还会对他们关注的服务的具体属性进行评价。[①] 由于不同的消费者关注的服务的具体属性可能并不相同，因此不同消费者发表的在线评论中涉及服务的具体属性可能也并不相同。例如，图1.1是从携程网站上截取的两条关于酒店的在线评论。由图1.1可知，在线评论中包括消费者对他们关注的酒店的具体属性进行评价内容，并且不同的消费者关注的酒店的具体属性可能并不相同，其中第一个消费者主要关注酒店的停车情况、网速、早餐、服务、卫浴和房间等属性，而第二个消费者则更加关注酒店的位置、设施、服务和价位等。通过在线评论可以了解某个消费者或者某个消费者群体关注的服务属性的具体情况。

(二) 消费者对服务的情感和意见

在线评论中不仅包含消费者关注的服务的属性，也包含消费者

---

① Z. Yan et al., "EXPRS: An Extended Pagerank Method for Product Feature Extraction from Online Consumer Reviews", *Information & Management*, Vol. 52, No. 7, 2015, pp. 850 – 858; B. Ma et al., "An LDA and Synonym Lexicon Based Approach to Product Feature Extraction from Online Consumer Product Reviews", *Journal of Electronic Commerce Research*, Vol. 14, No. 4, 2013, pp. 304 – 314.

对服务及其属性的情感和意见。① 例如，图 1.1 中第一个消费者对早餐的意见是"不错"，表现出对早餐的正向情感倾向；第二个消费者认为酒店服务员的态度"很好"，表现出对酒店服务这一属性的积极情感倾向。消费者对服务属性的意见或者情感倾向可以反映出消费者对服务具体属性的好恶，进而可以进一步确定服务关于属性的具体表现情况。

☺☺☺☺☺ 4.8分　　　　　　　　　　商务出差　2019年4月入住　标准双床间

住客可以免费停车，网速快，早餐不错，小油条好吃，还有煎饼果子咖啡牛奶豆浆粥蛋糕菠萝包面条等等等等，服务员也很有服务意识。有浴缸，没有单独的淋浴间，房间不大也不小，挺舒适的。

☺☺☺☺☺ 5.0分　　　　　　　　　　家庭亲子　2019年4月入住　标准大床间

位置不错，与西客站大概十分钟的距离，紧挨着地铁十号线，出行比较方便。房间设施比较新。服务员的态度也很好。这个价位，感觉非常值。

图 1.1　两条关于酒店的在线评论

（三）消费者对服务的建议

消费者在发表在线评论时，除了会对他们关注的服务的属性发表意见，还可能发表一些他们对服务的建议。② 例如，图 1.2 是从携程网站上截取的一条关于酒店的在线评论。该评论中除了包含消费者对酒店的位置等方面的意见和情感，还包含消费者对该酒店在早

---

① W. M. Wang et al. , "Extracting and Summarizing Affective Features and Responses from Online Product Descriptions and Reviews: A Kansei Text Mining Approach", *Engineering Applications of Artificial Intelligence*, Vol. 73, 2018, pp. 149 – 162; S. Bag et al. , "Predicting the Consumer's Purchase Intention of Durable Goods: An Attribute-Level Analysis", *Journal of Business Research*, Vol. 94, 2019, pp. 408 – 419.

② H. Zhang, H. Rao, J. Feng, "Product Innovation Based on Online Review Data Mining: A Case Study of Huawei Phones", *Electronic Commerce Research*, Vol. 18, No. 1, 2018, pp. 3 – 22; J. Jin, P. Ji, R. Gu, "Identifying Comparative Customer Requirements from Product Online Reviews for Competitor Analysis", *Engineering Applications of Artificial Intelligence*, Vol. 49, 2016, pp. 61 – 73.

餐供应方面的建议，该消费者认为酒店应该根据人数灵活供餐。因此，在进行酒店设计或者改进时，管理者可以考虑根据实际的人数灵活供应早餐。消费者在评论中发表的关于服务产品的建议，可以帮助相关企业或者服务提供商有针对性地进行服务改进以进一步提高消费者的满意度。

☺☺☺☺☺ 5.0分　　　　　　　　　情侣出游　2019年2月入住　标准大床间
酒店地理位置优越，门口20米就有莲花桥地铁站，离高铁南站和西站不远，大致12公里；到天安门也不远，坐地铁9站。就是大床房每天只有一个人的早餐，携程上想增加1人的早餐，但加不上，另一个人要到外面吃饭，及不方便，希望酒店方（携程），早餐数能根据人数灵活供餐。
其它的地方都还好。

图1.2　关于酒店的在线评论

三　研究的必要性

不断设计新的服务或者不断改进已有的服务来满足顾客需求能使企业在动态市场中保持竞争优势。为了设计新的服务或者改进已有的服务，需要对服务属性进行合理分类，并基于分类结果进行服务要素优化配置进而达到以最少的投入来尽可能多地满足顾客需求的目的。因此，在企业资源有限的情况下，为了尽可能多地满足顾客的需求，有必要对服务属性分类及服务要素优化配置进行研究。

目前，并未见到对服务属性进行分类并基于分类结果进行服务要素优化配置的研究成果，但是可以看到一些关于服务要素优化配置的相关研究。[①] 例如，张重阳等针对服务设计中的服务要素优化配置问题，提出了一种考虑顾客感知效用的服务要素优化配置方法。[②] 张重阳等针对服务设计流程中的关键环节——服务要素优化配置问题，提出了一种基

[①] 张重阳等：《服务方案设计中的服务要素优化配置》，《计算机集成制造系统》2015年第11期。

[②] 张重阳等：《服务方案设计中的服务要素优化配置》，《计算机集成制造系统》2015年第11期。

于优化模型的服务要素配置方法。① 徐皓等针对服务设计中如何确定服务要素组合方案的问题，提出了一种服务设计中的服务要素组合方案确定方法。② 需要说明的是，一方面，已有的关于服务要素优化配置研究的数据主要是通过问卷调查的方式获取的。然而，通过问卷调查的方式获取数据往往会耗费大量时间和金钱，通过这种方式获取的数据不仅数量非常有限，而且获得的数据的质量往往取决于问卷的复杂性或长度以及被调查者参与的意愿。③ 此外，问卷设计的合理性通常会受到设计者知识的限制，从问卷调查中获得的数据可能很快就会过时。④ 另一方面，随着信息技术和互联网的飞速发展，越来越多的消费者在互联网上发布关于服务的在线评论。⑤ 这些海量的在线评论包含了大量的有价值的信息，例如顾客的情感、偏好、意见和建议等。⑥ 与问卷调查相比，在线评论不仅是公开的、易于收集的、成本低的、自发产生的、富有洞察力的，而且非常易于企业进行监控和管理。⑦ 此外，在线评论的

---

① 张重阳等：《服务方案设计中的服务要素优化配置》，《计算机集成制造系统》2015年第11期。

② 徐皓、樊治平、刘洋：《服务设计中确定服务要素组合方案的方法》，《管理科学》2011年第1期。

③ R. M. Groves, "Nonresponse Rates and Nonresponse Bias in Household Surveys", *Public Opinion Quarterly*, Vol. 70, No. 5, 2006, pp. 646 – 675.

④ A. Culotta, J. Cutler, "Mining Brand Perceptions from Twitter Social Networks", *Marketing Science*, Vol. 35, No. 3, 2016, pp. 343 – 362.

⑤ A. Y. L. Chong et al., "Predicting Consumer Product Demands Via Big Data: The Roles of Online Promotional Marketing and Online Reviews", *International Journal of Production Research*, Vol. 55, No. 17, 2017, pp. 5142 – 5156; Q. Ye, R. Law, B. Gu, "The Impact of Online User Reviews on Hotel Room Sales", *International Journal of Hospitality Management*, Vol. 28, No. 1, 2009, pp. 180 – 182.

⑥ C. M. K. Cheung, M. K. O. Lee, "What Drives Consumers to Spread Electronic Word of Mouth in Online Consumer-Opinion Platforms", *Decision Support Systems*, Vol. 53, No. 1, 2012, pp. 218 – 225; M. Farhadloo, R. A. Patterson, E. Rolland, "Modeling Customer Satisfaction from Unstructured Data Using a Bayesian Approach", *Decision Support Systems*, Vol. 90, 2016, pp. 1 – 11.

⑦ R. Grewal, J. A. Cote, H. Baumgartner, "Multicollinearity and Measurement Error in Structural Equation Models: Implications for Theory Testing", *Marketing Science*, Vol. 23, No. 4, 2004, pp. 519 – 529; W. Duan, B. Gu, A. B. Whinston, "Do Online Reviews Matter?: An Empirical Investigation of Panel Data", *Decision Support Systems*, Vol. 45, No. 4, 2008, pp. 1007 – 1016.

数量非常大，可以将这些由成千上万的消费者贡献的在线评论看作一种"集体智慧"。[①] 目前，在线评论已经成功地被用于多种管理决策分析的数据源，例如产品排名、[②] 产品推荐、[③] 客户满意度建模、[④] 服务改进、[⑤] 品牌分析、[⑥] 消费者偏好分析[⑦]和市场结构分析[⑧]等。由此

① Y. Guo, S. J. Barnes, Q. Jia, "Mining Meaning from Online Ratings and Reviews: Tourist Satisfaction Analysis Using Latent Dirichlet Allocation", *Tourism Management*, Vol. 59, 2017, pp. 467 – 483; S. Moon, P. K. Bergey, D. Iacobucci, "Dynamic Effects Among Movie Ratings, Movie Revenues, and Viewer Satisfaction", *Journal of Marketing*, Vol. 74, No. 1, 2010, pp. 108 – 121.

② A. Ghose, P. G. Ipeirotis, B. Li, "Designing Ranking Systems for Hotels on Travel Search Engines by Mining User-Generated and Crowdsourced Content", *Marketing Science*, Vol. 31, No. 3, 2012, pp. 493 – 520; W. Wang, H. Wang, "Opinion-Enhanced Collaborative Filtering for Recommender Systems Through Sentiment Analysis", *New Review of Hypermedia and Multimedia*, Vol. 21, No. 3 – 4, 2015, pp. 278 – 300.

③ R. Dong et al., "Combining Similarity and Sentiment in Opinion Mining for Product Recommendation", *Journal of Intelligent Information Systems*, Vol. 46, No. 2, 2016, pp. 285 – 312; M. Zhang, X. Guo, G. Chen, "Prediction Uncertainty in Collaborative Filtering: Enhancing Personalized Online Product Ranking", *Decision Support Systems*, Vol. 83, 2016, pp. 10 – 21.

④ M., Farhadloo, R. A. Patterson, E. Rolland, "Modeling Customer Satisfaction from Unstructured Data Using a Bayesian Approach", *Decision Support Systems*, Vol. 90, 2016, pp. 1 – 11.

⑤ Y. Liu, C. Jiang, H. Zhao, "Using Contextual Features and Multi-View Ensemble Learning in Product Defect Identification from Online Discussion Forums", *Decision Support Systems*, Vol. 105, 2018, pp. 1 – 12; S. Gao et al., "Identifying Competitors Through Comparative Relation Mining of Online Reviews in the Restaurant Industry", *International Journal of Hospitality Management*, Vol. 71, 2018, pp. 19 – 32; K. Y. Lee, S. B. Yang, "The Role of Online Product Reviews on Information Adoption of New Product Development Professionals", *Internet Research*, Vol. 25, No. 3, 2015, pp. 435 – 452.

⑥ S. Tirunillai, G. J. Tellis, "Mining Marketing Meaning from Online Chatter: Strategic Brand Analysis of Big Data Using Latent Dirichlet Allocation", *Journal of Marketing Research*, Vol. 51, No. 4, 2014, pp. 463 – 479.

⑦ R. Decker, M. Trusov, "Estimating Aggregate Consumer Preferences from Online Product Reviews", *International Journal of Research in Marketing*, Vol. 27, No. 4, 2010, pp. 293 – 307.

⑧ K. Chen et al., "Visualizing Market Structure Through Online Product Reviews: Integrate Topic Modeling, TOPSIS, and Multi-Dimensional Scaling Approaches", *Electronic Commerce Research and Applications*, Vol. 14, No. 1, 2015, pp. 58 – 74; O. Netzer et al., "Mine Your Own Business: Market-Structure Surveillance Through Text Mining", *Marketing Science*, Vol. 31, No. 3, 2012, pp. 521 – 543; E. J. S. Won, Y. K. Oh, J. Y. Choeh, "Perceptual Mapping Based on Web Search Queries and Consumer Forum Comments", *International Journal of Market Research*, Vol. 60, No. 4, 2018, pp. 394 – 407; X. Xu, Y. Li, "The Antecedents of Customer Satisfaction and Dissatisfaction Toward Various Types of Hotels: A Text Mining Approach", *International Journal of Hospitality Management*, Vol. 55, 2016, pp. 57 – 69.

可见，在线评论同样是进行服务属性分类与服务要素配置的有前景的数据源。因此，深入研究基于在线评论情感分析的服务属性分类与服务要素配置问题十分必要，其必要性主要体现在理论、方法和应用三个方面。

第一，随着信息技术的飞速发展，互联网上持续快速涌现出海量的关于服务产品的在线评论。这些在线评论包含了大量的有价值的信息，如顾客的情感、偏好、意见和建议等。这些信息可以支持多种管理决策分析，并且已经被广泛地应用到多个领域之中。然而，目前并未见到在线评论在服务属性分类与服务要素配置领域中的应用。此外，已有的关于服务设计和改进的研究主要是基于问卷数据进行的，通过问卷方式获取数据的诸多不足会影响服务设计和改进的效果，在线评论作为一种新型的数据源，是进行服务设计和改进的有前景的数据源。因此，为了进一步扩展在线评论的应用领域，为了进一步丰富服务设计和服务改进的相关理论体系，有必要开展基于在线评论的服务属性分类及服务要素优化配置问题的研究。

第二，为了基于海量的非结构化的在线评论进行服务属性分类与服务要素配置，需要开展一系列工作，包括面向服务属性的多粒度在线评论情感分析、基于在线评论的服务属性的 Kano 分类、基于在线评论的服务属性的 IPA 分类以及基于 Kano 分类和 IPA 分类结果的服务要素优化配置等。上述研究会涉及多个步骤和环节，其中每个步骤和环节都有其相应的特点和需要注意的事项。面对基于在线评论的服务属性分类与服务要素配置问题，应该如何使用非结构化的在线评论，并依据怎样的方法、采用怎样的工具、遵循怎样的流程，这些都需要科学有效的方法指导。因此，有必要结合在线评论的特点，深入研究面向服务属性的在线评论的多粒度情感分析、基于在线评论的服务属性的 Kano 分类、基于在线评论的服务属性的 IPA 分类以及基于 Kano 分类和 IPA 分类结果的服务要素优化配置等一系列方法，以便为现实中解决基于在线评论的服务属性分类及服务要素优化配置问题提供方法指导。因此，从完善发展分析方法的角度，有必要开展基于在线评论情感分析的服务属性分类与服务要素配置问题的研究。

第三，企业进行服务属性分类与服务要素优化配置的最终目的是使服务能更好地满足消费者需求，进而提高消费者满意度，最终促进消费者对服务产品的购买以获得更大的收益。传统的进行服务属性分类和服务要素优化配置的数据主要来源于问卷。与传统的通过问卷调查的方式获取数据相比，在线评论具有易于收集、能够进行实时监控和管理等诸多优势，是对服务属性分类与服务要素配置的有前景的数据源。如果能够基于海量的在线评论信息进行服务属性分类与服务要素配置，那么相关企业则可以以更低的成本，实时地、动态地进行服务产品改进和设计。因此，从解决现实问题的角度，有必要深入研究基于在线评论情感分析的服务属性分类与服务要素配置方法，以便有效地指导企业的管理者和相关部门科学有效地进行服务属性分类与服务要素配置，辅助企业设计或改进服务以更好地满足顾客需求。

第二节　问题的提出

鉴于现实中存在大量的服务属性分类与服务要素优化配置问题以及在线评论作为一种新的数据源的诸多优势，并考虑到已有相关研究成果的不足之处，需要以在线评论作为数据源进行服务属性分类与服务要素优化配置，提出或建立针对基于在线评论情感分析的服务属性分类与服务要素配置问题的新理论和新方法。具体的，需要重点关注并研究如下四个问题，即面向服务属性的在线评论多粒度情感分析、基于在线评论的服务属性 Kano 分类、基于在线评论的服务属性 IPA 分类以及基于 Kano 分类和 IPA 分类结果的服务要素优化配置。

一　面向服务属性的在线评论多粒度情感分类

面向服务属性的在线评论多粒度情感分类是指依据消费者在评论中表达的针对服务属性的不同的情感程度将在线评论分成不同类别的过程。通过面向服务属性的在线评论多粒度情感分类方法，可以将非结构化的在线评论转化为较为精细、准确的结构化数据，以便于作进一步相关决策的分析。[①] 面向服务属性的在线评论多粒度情感分类是进行基于在线评论的服务属性分类和服务要素优化配置研究的前提和基础。通常，一个好的面向服务属性的在线评论多粒度情感分类算法，不仅能够提高在线评论多粒度情感分类的效率和效果，而且还能保证后续相关分析结果的质量。因此，关于如何合理地进行面向服务属性的在线评论多粒度情感分类，是一个备受关注的研究问题。

面向服务属性的在线评论多粒度情感分类主要包含两个步骤：（1）针对服务属性的评论的提取；（2）针对提取评论的多粒度情感分类。由于关于提取服务属性评论的研究比较多且技术和方法比较成熟，因此本书更加关注如何科学、准确地确定针对提取的服务属性的评论的多粒度情感类别，即在线评论的多粒度情感分类问题。目前，大多数关于在线评论情感分类的研究只考虑了两种类型的情感类别（正向情感倾向和负向情感倾向），[②] 只能看到少

---

① L. Trigg, "Using Online Reviews in Social Care", *Social Policy & Administration*, Vol. 48, No. 3, 2014, pp. 361 – 378; P. Phillips et al., "Understanding the Impact of Online Reviews on Hotel Performance: An Empirical Analysis", *Journal of Travel Research*, Vol. 56, No. 2, 2017, pp. 235 – 249.

② O. Grljević, Z. Bošnjak, "Sentiment Analysis of Customer Data", *Strategic Management*, Vol. 23, No. 3, 2018, pp. 38 – 49; Q. Sun et al., "Exploring eWOM in Online Customer Reviews: Sentiment Analysis at a Fine-Grained Level", *Engineering Applications of Artificial Intelligence*, Vol. 81, 2019, pp. 68 – 78; E. Cambria, "Affective Computing and Sentiment Analysis", *IEEE Intelligent Systems*, Vol. 31, No. 2, 2016, pp. 102 – 107; K. Schouten, F. Frasincar, "Survey on Aspect-Level Sentiment Analysis", *IEEE Transactions on Knowledge and Data Engineering*, Vol. 28, No. 3, 2016, pp. 813 – 830; A. Kennedy, D. Inkpen, "Sentiment Classification of Movie Reviews Using Contextual Valence Shifters", *Computational Intelligence*, Vol. 22, No. 2, 2006, pp. 110 – 125.

数关于在线评论的多粒度情感分类的研究成果。[①] 例如，Pang 和 Lee 针对电影评论多粒度情感分类问题，提出了一种基于度量标记的情感多分类的元算法。[②] Goldberg 和 Zhu 针对标注情感类别的文本数量可能较少的情况，提出了一个基于图的半监督情感分类算法。[③] 需要指出的是，目前关于多粒度情感分类的研究仍相对较少，尤其是已有的多粒度情感分类算法的分类精度相对较低，这严重限制了已有的多粒度情感分类算法在实际问题中的应用。鉴于此，有必要针对多粒度情感分类展开更多的研究，从而为基于在线评论情感分析的服务属性分类与服务要素配置方法的研究提供必要的技术和方法支持，也将为相关理论和研究的扩展奠定基础。

二　基于在线评论的服务属性 Kano 分类

基于在线评论的服务属性 Kano 分类是指以在线评论为数据来源，采用 Kano 模型将服务属性分成不同的类别的过程。Kano 模型是 Noriaki Kano 等在 20 世纪 80 年代提出的一种对服务/产品属性进行分类的工具。[④] 通过 Kano 模型，可以将服务属性分成不同的类别并确定它们在服务/产品改进过程中的优先级排序，这对于企业

---

① T. Wilson, J. Wiebe, R. Hwa, "Recognizing Strong and Weak Opinion Clauses", *Computational Intelligence*, Vol. 22, No. 2, 2006, pp. 73 – 99.

② B. Pang, L. Lee, "Seeing Stars Exploiting Class Relationships for Sentiment Categorization with Respect to Rating Scales", Proceedings of the 43rd Annual Meeting on Association for Computational Linguistics, 2005, pp. 115 – 124.

③ A. B. Goldberg, X. Zhu, "Seeing Stars: When There aren't Many Stars Graph-Based Semi-Supervised Learning for Sentiment Categorization", Proceedings of the First Workshop on Graph Based Methods for Natural Language Processing, 2006, pp. 45 – 52.

④ N. Kano et al., "Attractive Quality and Must-be Quality", *Journal of Japanese Society for Quality Control*, Vol. 14, No. 2, 1984, pp. 39 – 48; Q. Xu et al., "An Analytical Kano Model for Customer Need Analysis", *Design Studies*, Vol. 30, No. 1, 2009, pp. 87 – 110.

进行服务设计或改进具有重要作用。[1] 传统的，对服务属性进行Kano 分类主要是通过问卷调查获取的数据来实施的。[2] 然而，通过问卷调查的方式获取数据不仅会耗费大量时间和金钱，而且从问卷调查中获得的数据的质量取决于问卷的复杂性或长度以及被调查者参与的意愿。[3] 此外，问卷设计的合理性通常会受到设计者知识的限制，从问卷调查中获得的数据可能很快就会过时。[4] 在线评论作为一种新的数据来源，具有易于收集和管理等诸多优势，是进行服务属性 Kano 分类的有前景的数据源。如果能够基于海量的在线评论信息进行服务属性 Kano 分类，那么相关企业则可以以更低的成本，实时地、动态地确定服务属性的 Kano 类别。因此，如何基于在线评论对服务属性进行 Kano 分类是一个值得关注的研究问题。为了更好地解决这个问题，研究基于在线评论的服务属性 Kano 分类方法是非常必要的。

---

[1]　E. K. Delice, Z. Güngör, "A Mixed Integer Goal Programming Model for Discrete Values of Design Requirements In QFD", *International Journal of Production Research*, Vol. 49, No. 10, 2011, pp. 2941 – 2957; X. X. Shen, K. C. Tan, M. Xie, "An Integrated Approach to Innovative Product Development Using Kano's Model and QFD", *European Journal of Innovation Management*, Vol. 3, No. 2, 2000, pp. 91 – 99; A. Shahin, "Integration of FMEA and the Kano Model: An Exploratory Examination", *International Journal of Quality & Reliability Management*, Vol. 21, No. 7, 2004, pp. 731 – 746.

[2]　Y. Sireli, P. Kauffmann, E. Ozan, "Integration of Kano's Model into QFD for Multiple Product Design", *IEEE Transactions on Engineering Management*, Vol. 54, No. 2, 2007, pp. 380 – 390; E. K. Delice, Z. Güngör, "A New Mixed Integer Linear Programming Model for Product Development Using Quality Function Deployment", *Computers & Industrial Engineering*, Vol. 57, No. 3, 2009, pp. 906 – 912; Y. Li et al., "An Integrated Method of Rough Set, Kano's Model and AHP for Rating Customer Requirements' Final Importance", *Expert Systems with Applications*, Vol. 36, No. 3, 2009, pp. 7045 – 7053; M. M. Rashid, "A Review of State-of-Art on Kano Model for Research Direction", *International Journal of Engineering Science and Technology*, Vol. 2, No. 12, 2010, pp. 7481 – 7490.

[3]　R. M. Groves, "Nonresponse Rates and Nonresponse Bias in Household Surveys", *Public Opinion Quarterly*, Vol. 70, No. 5, 2006, pp. 646 – 675.

[4]　A. Culotta, J. Cutler, "Mining Brand Perceptions from Twitter Social Networks", *Marketing Science*, Vol. 35, No. 3, 2016, pp. 343 – 362.

目前，关于基于在线评论对服务属性进行 Kano 分类的研究还非常少见，本书介绍两篇相关研究。① 这两篇研究对基于在线评论的服务属性 Kano 分类具有重要意义。然而，在进行实际应用时，这两篇研究仍然存在一些局限。例如，这两篇研究均采用计量经济学方法进行参数估计，因此它们的一个潜在假设是在线评价（顾客满意度）服从高斯分布，但是这个假设在绝大多数情况下可能并不成立。实际上，在多数情况下，在线评价（顾客满意度）服从一个正偏斜的、不对称的双峰（或"J"形）分布。② 此外，已有研究假设评论者发表的在线评价（顾客满意度）是该评论者发表的在线评论中的所有提到的服务/产品属性的情感倾向的线性组合。然而，实际上从在线评论中提取的服务/产品属性与问卷调查设计的服务/产品属性并不相同，从在线评论中提取的服务/产品属性与顾客满意度之间可能存在更加复杂的关系（如多重共线和非线性关系等）。因此，有必要对基于在线评论的服务属性 Kano 分类做进一步研究，从而为基于在线评论的服务要素优化配置方法的研究奠定基础。

三 基于在线评论的服务属性 IPA 分类

基于在线评论的服务属性 IPA 分类指的是以在线评论为数据来源，采用重要性—表现分析（Importance-Performance Analysis，IPA）模型将服务属性分成不同类别的过程。IPA 是一种常用的用于理解顾客满意度和构建服务改进策略的分析技术，该模型依据服务属性表现和服

---

① S. Xiao, C. P. Wei, M. Dong, "Crowd Intelligence Analyzing Online Product Reviews for Preference Measurement", *Information & Management*, Vol. 53, No. 2, 2016, pp. 169 – 182; J. Qi et al., "Mining Customer Requirements from Online Reviews: A Product Improvement Perspective", *Information & Management*, Vol. 53, No. 8, 2016, pp. 951 – 963.

② N. Hu, P. A. Pavlou, J. J. Zhang, "On Self-Selection Biases in Online Product Reviews", *MIS Quarterly*, Vol. 41, No. 2, 2017, pp. 449 – 471; N. Hu, P. A. Pavlou, J. Zhang, "Why Do Product Reviews Have a J-Shaped Distribution?", *Communications of the ACM*, Vol. 52, No. 10, 2009, pp. 144 – 147.

务属性重要性两个维度将服务属性划分成四种不同的类别。① 尽管 IPA 最初是为市场营销开发的，但它目前已经被广泛应用于各个领域，如旅游、② 医疗保健③和教育④等。通常，用于实施 IPA 的数据主要是通过问卷调查的方式获取的。然而，通过问卷调查的方式获取数据不仅会耗费大量时间和金钱，而且从问卷调查中获得的数据质量取决于问卷的复杂性或长度以及被调查者参与的意愿。⑤ 此外，从问卷调查中获得的数据可能很快就会过时。⑥ 在线评论作为一种新的数据来源，具有易于收集和管理等诸多优势，是进行服务属性 IPA 分类的有前景的数据源。如果能够基于海量的在线评论信息进行服务属性 IPA 分类，那么相关企业则可以以更低的成本，实时地、动态地确定服务属性的 IPA 类别。因此，如何基于在线评论进行服务属性 IPA 分类是一个值得研究的问题。为了解决这个问题，研究基于在线评论的服务属性 IPA 分类是非常必要的。

---

① J. A. Martilla, J. C. James, "Importance-Performance Analysis", *Journal of Marketing*, Vol. 41, No. 1, 1977, pp. 77 – 79; H. Oh, "Revisiting Importance-Performance Analysis", *Tourism Management*, Vol. 22, No. 6, 2001, pp. 617 – 627; C. T. Ennew, G. V. Reed, M. R. Binks, "Importance-Performance Analysis and the Measurement of Service Quality", *European Journal of Marketing*, Vol. 27, No. 2, 1993, pp. 59 – 70.

② B. B. Boley, N. G. McGehee, A. L. T. Hammett, "Importance-Performance Analysis (IPA) of Sustainable Tourism Initiatives: The Resident Perspective", *Tourism Management*, Vol. 58, 2017, pp. 66 – 77; A. Guizzardi, A. Stacchini, "Destinations Strategic Groups Via Multivariate Competition-based IPA", *Tourism Management*, Vol. 58, 2017, pp. 40 – 50; I. K. W. Lai, M. Hitchcock, "Importance-Performance Analysis in Tourism: A Framework for Researchers", *Tourism Management*, Vol. 48, 2015, pp. 242 – 267.

③ J. Abalo, J. Varela, V. Manzano, "Importance Values for Importance-Performance Analysis: A Formula for Spreading out Values Derived from Preference Rankings", *Journal of Business Research*, Vol. 60, No. 2, 2007, pp. 115 – 121; J. M. Hawes, C. P. Rao, "Using Importance-Performance Analysis to Develop Health Care Marketing Strategies", *Journal of Health Care Marketing*, Vol. 5, No. 4, 1985, pp. 19 – 25.

④ J. K. Chen, I. S. Chen, "An Inno-Qual Performance System for Higher Education", *Scientometrics*, Vol. 93, No. 3, 2012, pp. 1119 – 1149; M. A. O'Neill, A. Palmer, "Importance-Performance Analysis a Useful Tool for Directing Continuous Quality Improvement in Higher Education", *Quality Assurance in Education*, Vol. 12, No. 1, 2004, pp. 39 – 52.

⑤ R. M. Groves, "Nonresponse Rates and Nonresponse Bias in Household Surveys", *Public Opinion Quarterly*, Vol. 70, No. 5, 2006, pp. 646 – 675.

⑥ A. Culotta, J. Cutler, "Mining Brand Perceptions from Twitter Social Networks", *Marketing Science*, Vol. 35, No. 3, 2016, pp. 343 – 362.

需要指出的是，通过在线点评网站或者第三方平台不仅可以获取目标企业相关服务产品的在线评论信息，而且很容易获取目标企业的多个竞争者关于不同时间段的在线评论。如果可以使用这些在线评论来实施 IPA，那么这将会使决策者或管理人员能够更加方便地了解消费者在不同时间段针对目标服务产品以及竞争服务产品的满意度情况，并制定考虑多个竞争者和不同时间段的服务改进策略。基于此，有必要开发一种新的基于在线评论的服务属性 IPA 分类方法，从而为基于在线评论的服务要素优化配置方法的研究提供必要的支持，也将为相关理论和研究的扩展奠定基础。

四 基于 Kano 分类和 IPA 分类结果的服务要素优化配置

基于 Kano 分类和 IPA 分类结果的服务要素优化配置是指在以在线评论为数据来源对服务属性进行 Kano 分类和 IPA 分类的基础上，依据分类结果和在线评论对服务要素进行优化配置的过程，其目的是在尽可能低的成本下更多地满足顾客的需求。这里的服务要素指的是能够满足顾客一项或者多项需求的基本单元。例如，在顾客对酒店的关于早餐的需求中，"西餐""自助餐""地方特色早餐"等可能是关于早餐的要素。不同的服务要素的组合方案会产生不同的成本和顾客满意度。① 在线评论作为一种新的数据来源，具有易于收集和管理等诸多优势，是进行服务要素优化配置的有前景的数据源。如果能够基于海量的在线评论信息进行服务要素优化配置，那么相关企业则可以以更低的成本，实时地、动态地确定服务要素优化配置方案。因此，如何以在线评论为数据来源进行基于 Kano 分类和 IPA 分类结果的服务要素优化配置是一个值得研究的问题。为了解决这个问题，研究基于 Kano

---

① M. D. Richard, A. W. Allaway, "Service Quality Attributes and Choice Behaviour", *Journal of Services Marketing*, Vol. 7, No. 1, 1993, pp. 59 – 68; J. J. Cronin, M. K. Brady, G. T. M. Hult, "Assessing the Effects of Quality, Value, and Customer Satisfaction on Consumer Behavioral Intentions in Service Environments", *Journal of Retailing*, Vol. 76, No. 2, 2000, pp. 193 – 218.

分类和 IPA 分类结果的服务要素优化配置方法是非常必要的。

目前，并未见到基于 Kano 分类和 IPA 分类结果的服务要素优化配置的研究，但是可以看到一些基于问卷调查数据进行服务要素优化配置的研究。[①] 由于服务属性不同的 Kano 和 IPA 类别对顾客满意的影响是不相同的，为了以最小的成本来最大化地提升顾客满意度，在进行服务要素优化配置时应该考虑服务属性不同的 Kano 和 IPA 类别。鉴于此，以在线评论为数据源，如何基于 Kano 分类和 IPA 分类结果对服务要素进行优化配置，是一个值得关注的研究问题。为了解决这个问题，研究基于 Kano 分类和 IPA 分类结果的服务要素优化配置方法是非常必要的。

第三节　研究目的与研究意义

本书在考虑已有相关研究成果的基础上，旨在对基于在线评论情感分析的服务属性分类与服务要素配置问题进行深入研究。在研究过程中，遵循由浅入深、由易到难、循序渐进、由理论到实践的思路。后文是本书的研究目的与研究意义。

一　研究目的

针对第二节提及的研究问题，确定本书的总体研究目标：通过对现实中大量存在的基于在线评论的管理决策分析问题的提炼和归纳，

---

① 于超、樊治平：《考虑顾客选择行为的服务要素优化配置方法》，《东北大学学报》（自然科学版）2016 年第 6 期；张重阳：《服务方案设计中的服务要素优化配置方法研究》，博士学位论文，东北大学，2016 年；朱玉清、程岩：《移动多媒体隐性服务要素组合优化研究》，《工业工程与管理》2012 年第 1 期；L. S. Cook et al., "Human Issues in Service Design", *Journal of Operations Management*, Vol. 20, No. 2, 2002, pp. 159 – 174; J. Huiskonen, T. Pirttilä, "Sharpening Logistics Customer Service Strategy Planning by Applying Kano's Quality Element Classification", *International Journal of Production Economics*, Vol. 56, 1998, pp. 253 – 260.

以及对国内外相关研究成果的总结与分析，明确本书的研究方向，形成科学的、有价值的、系统的研究框架和具体的研究问题，进而研究并提出具体的、有针对性的基于在线评论情感分析的服务属性分类与服务要素配置方法，同时尝试给出针对典型基于在线评论情感分析的服务属性分类与服务要素优化配置问题的应用研究，确保所提出方法的合理性、科学性和实用性。本书具体研究目标如下。

第一，在理论研究层面，通过对现实中大量存在的基于在线评论的管理决策分析问题的提炼和归纳，以及国内外相关研究成果的梳理、总结与分析，明确本书着重研究的四个问题，即面向服务属性的在线评论多粒度情感分析问题、基于在线评论的服务属性 Kano 分类问题、基于在线评论的服务属性 IPA 分类问题以及基于 Kano 分类和 IPA 分类结果的服务要素优化配置问题。在此基础上，针对每一个问题给出相应的问题描述、研究框架和研究思路，为进一步深入研究针对各框架下的具体问题以及实际应用问题奠定理论基础，并为基于在线评论情感分析的服务属性分类及服务要素优化配置方法的系统性研究提供理论框架及方向指导。

第二，在方法研究层面，针对本书关注的面向服务属性的在线评论多粒度情感分析问题、基于在线评论的服务属性 Kano 分类问题、基于在线评论的服务属性 IPA 分类问题以及基于 Kano 分类和 IPA 分类结果的服务要素优化配置问题，围绕对应给出的研究框架和研究思路，提出基于在线评论情感分析的服务属性分类与服务要素配置方法。具体而言，分别有针对性地给出面向服务属性的在线评论多粒度情感分析方法、基于在线评论的服务属性 Kano 分类方法、基于在线评论的服务属性 IPA 分类方法以及基于 Kano 分类和 IPA 分类结果的服务要素优化配置方法。

第三，在应用研究层面，围绕现实中的典型服务产品优化或改进问题，如酒店服务属性 IPA 分类问题和酒店要素优化配置问题等，依据本书所提出的面向服务属性的在线评论多粒度情感分析方法、基于在线评论的服务属性 Kano 分类方法、基于在线评论的服务属性

IPA 分类方法以及基于 Kano 分类和 IPA 分类结果的服务要素优化配置方法，有针对性地展开应用研究，验证本书提出的基于在线评论情感分析的服务属性分类与服务要素配置方法的可行性、有效性和实用性，并为本书提出的基于在线评论情感分析的服务属性分类与服务要素配置方法在其他领域中的应用提供有益的参考。

二 研究意义

关于基于在线评论情感分析的服务属性分类与服务要素配置问题的研究，是一个具有前沿性、探索性和挑战性的重要课题。对于解决现实中广泛存在的服务属性分类与服务要素配置问题，进一步发展或完善服务设计理论与方法，建立较为系统的理论与方法体系是十分必要的，具有重要的理论与实际意义。具体研究意义如下。

第一，对于解决和分析基于在线评论情感分析的服务属性分类与服务要素配置问题具有理论指导意义。已有的针对服务属性分类与服务要素配置问题的研究成果大多是基于问卷调查获取的数据，较少使用在线评论作为数据源，然而在线评论不仅是公开的、易于收集的、成本低的、自发产生的、富有洞察力的，而且便于企业进行监控和管理，无疑是服务属性分类和服务要素优化配置的一种有前景的数据来源。本书针对已有研究的薄弱之处，尝试以在线评论作为数据来源进行服务属性分类与服务要素配置，并针对本书关注的面向服务属性的在线评论多粒度情感分析问题、基于在线评论的服务属性 Kano 分类问题、基于在线评论的服务属性 IPA 分类问题以及基于 Kano 分类和 IPA 分类结果的服务要素优化配置问题分别给出研究框架和研究思路，对于解决服务属性分类与服务要素配置问题具有理论指导意义。

第二，对于完善和发展基于在线评论情感分析的服务属性分类与服务要素配置方法体系具有重要意义。从以往研究成果来看，还没有形成具有系统性的基于在线评论情感分析的服务属性分类与服务要素配置方法体系。已有的关于在线评论的研究成果大多是针对在线评论的相关实证研究，例如评论有用性的影响因素、评论的情感对销量的影响等。尽管可以看到少量的基于在线评论的管理决策分析的相关研究成果，这些研究大多是针对基于在线评论的产品排序、基于在线评论的产品改进、基于在线评论的产品竞争分析、基于在线评论的市场分析等展开的研究，缺少对基于在线评论情感分析的服务属性分类与服务要素配置问题进行系统研究。本书针对已有研究的不足之处，进一步深入研究基于在线评论情感分析的服务属性分类与服务要素配置方法，对完善和发展基于在线评论情感分析的服务属性分类与服务要素配置方法体系，具有重要的理论意义。

第三，对于解决现实中的基于在线评论情感分析的服务属性分类与服务要素优化配置问题具有实际意义。在线评论是进行服务属性分类与服务要素优化配置的一种有前景的数据来源，如何运用一种可行的方法基于在线评论来实施服务属性分类与服务要素配置，以便相关企业可以以更低的成本，实时地、动态地进行服务产品的设计或改进，这是需要关注的。针对基于在线评论情感分析的服务属性分类与服务要素配置问题，提出有针对性的方法，在实际应用或管理决策实践中，对于解决服务属性分类与服务要素配置问题，能够提供坚实的、科学的理论方法支撑，也为解决现实中大量存在的服务属性分类与服务要素配置问题提供具体的、可操作的方法与技术，具有重要的实际应用价值。

第四节　研究内容、研究思路与研究方案

在对本书的研究问题进行分析的基础上，根据本书的研究目的和研究意义，后文分别给出本书的研究内容、研究思路和研究方案。

一　研究内容

依据本书的研究目的，确定本书的研究内容主要包括如下四个方面。

（一）面向服务属性的在线评论多粒度情感分析方法

由于在线评论属于非结构化数据，不能直接用来进行决策分析。为了基于在线评论进行服务属性分类与服务要素优化配置，需要挖掘和分析顾客在评论中表达的针对不同服务属性的不同情感，并将结果表示为结构化数据。为此，需要开展面向服务属性在线评论的多粒度情感分类方法研究。针对该研究内容，主要从以下六个方面开展具体研究工作。

第一，针对在线评论中的服务属性提取问题，给出基于在线评论的服务属性的提取方法，为进一步识别针对服务属性评论的多粒度情感类别奠定基础。

第二，针对在线评论多粒度情感分类问题，提出在线评论的多粒度情感分类框架。为了更加清晰地说明在线评论的多粒度情感分类过程，明确该过程涉及的相关方法、概念和流程，需要研究在线评论的多粒度情感分类框架。框架中明确了在线评论的多粒度情感分类的步骤和涉及的相关算法，为后续开发新的在线评论多粒度情感分类方法奠定良好基础。

第三，多粒度情感分类中特征选择和机器学习算法有效性比较研究。具体而言，通过大量实验，比较和验证哪种常用的文本特征选择算法（文档频率、CHI 统计量、信息增益和增益率）以及哪种常用的进行文本分类的机器学习算法（决策树、朴素贝叶斯、支持向量机、径向基函数神经网络和 K 近邻算法）在多粒度情感分类中表现更好。基于实验验证结果可以有效地选择适用于多粒度情感分类的文本特征选择算法以及文本分类算法，为后续开发新的多粒度情感分类算法奠定良好基础。

第四，针对多粒度情感分类结果融合问题，提出改进"一对一"（One-vs-One，OVO）策略。首先，将多粒度情感分类问题转化为多个情感二分类问题；其次，基于词袋模型（Bag of Words，BOW）对在线评论进行结构化表示，并确定训练样本关于每个情感类别的中心；再次，计算测试样本与每类训练样本的中心距离并计算测试样本与每个类别最近的 K 个邻居的平均距离；从次，计算每个二类别情感分类器（基分类器）的相对能力权重；最后，基于得分矩阵和相对能力权重可以确定测试样本的最终类别。

第五，基于改进 OVO 策略和支持向量机（Support Vector Machine，SVM）的多粒度情感分类方法。首先，采用词袋模型对在线评论进行结构化表示；其次，基于信息增益算法对文本重要特征进行选择；再次，依据得到的特征对 SVM 进行训练并计算分类结果置信度；最后，采用提出的改进 OVO 策略对 SVM 的分类结果进行融合。

第六，关于基于改进 OVO 策略和 SVM 的多粒度情感分类方法的有效性的验证。首先，选取多类别情感分类的实验数据集；其次，给出实验中的模型的参数设置、确定模型表现测量方法及统计分析方法；再次，分析 K 的不同取值对分类结果的影响并与已有多粒度情感分类方法进行比较以验证提出方的有效性；最后，将提出的改进的 OVO 策略与已有的 OVO 策略在文本多粒度情感分类中进行比较，以进一步验证提出的改进 OVO 策略的有效性。

（二）基于在线评论的服务属性 Kano 分类方法

为了分析服务属性与顾客满意度的关系，并进行基于在线评论的服务要素优化配置研究，需要以在线评论为数据来源确定服务属性 Kano 类别。为此，需要开展基于在线评论的服务属性 Kano 分类方法研究。针对该研究内容，主要从以下五个方面开展具体工作。

第一，基于在线评论的服务属性 Kano 分类的框架。为了更加清晰地说明基于在线评论的服务属性 Kano 分类的过程，明确该过程涉及的相关方法与概念，因此，首先需要研究基于在线评论的服务属性 Kano 分类的框架。框架中界定了顾客满意度以及服务属性的 Kano 类别等相关概念，给出了基于在线评论的服务属性 Kano 分类方法的过程及主要步骤，为深入开展基于在线评论的服务属性 Kano 分类方法研究奠定良好基础。

第二，基于在线评论的有用信息的挖掘方法。首先，对在线评论进行预处理；其次，基于隐含狄利克雷分布（Latent Dirichlet Allocation，LDA）对服务属性进行提取；再次，从在线评论中提取关于服务属性的句子；最后，采用情感分类算法确定服务针对属性的情感倾向，并将其转换为在线评论的名义型编码数据。

第三，顾客对服务属性的情感对整体满意度影响的测量方法。首先，将得到的在线评论对应的名义型编码数据转换为结构化数据；其次，以得到的结构化数据为自变量，以顾客满意度为因变量构建训练样本；再次，对样本进行赋权并将训练样本输入神经网络中，构建一个用于测量顾客对服务属性的情感对整体满意度影响的单一神经网络，并确定该神经网络的权重、误差以及训练样本更新的权重；从次，重复上述过程迭代 T 次，可以得到 T 个训练好的神经网络及其对应的权重；最后，将得到 T 个训练好的神经网络及其对应的权重，进行集成可以得到最终的模型。

第四，服务属性 Kano 分类方法。首先，将顾客正向情感倾向认为是服务的属性满足了顾客的需求，顾客负向情感倾向认为是服务的属性未满足顾客的需求，顾客发表的在线评价被认为是顾客对服务的整体满意度；其次，分别给出顾客正向和负向情感对顾客整体满意度影响的实际含义；最后，依据得到的顾客对服务属性的情感对整体满意度的影响，结合 Kano 模型中每种属性 Kano 类别的实际含义，给出识别服务属性 Kano 的类别规则。

第五，关于基于在线评论的服务属性 Kano 分类的实例分析。首先，从相关网站中爬取在线评论；其次，依据基于在线评论的有用信息的挖掘方法，从获取的评论中挖掘有用信息并将其转换为关于在线评论的名义型编码数据；再次，采用顾客对服务的属性的情感对整体满意度的影响的测量方法来确定顾客对服务的属性的情感对整体满意度的影响；最后，依据得到的顾客对服务的属性的情感对整体满意度的影响，采用提出的服务属性 Kano 分类方法对服务属性进行 Kano 分类。

(三) 基于在线评论的服务属性 IPA 分类方法

为了确定服务属性的表现及其对顾客满意度的影响，并进行基于在线评论的服务要素优化配置研究，需要以在线评论为数据来源确定服务属性 IPA 类别。为此，需要开展基于在线评论的服务属性 IPA 分类方法研究。针对该研究内容，主要从以下五个方面开展具体工作。

第一，基于在线评论的服务属性 IPA 分类框架。为了更加清晰地说明基于在线评论的服务属性 IPA 分类的过程，明确该过程涉及的相关方法与概念，需要研究基于在线评论的服务属性 IPA 分类的框架。框架中给出了基于在线评论的服务属性 IPA 分类的过程及主要步骤，为深入开展基于在线评论的服务属性 IPA 分类研究奠定良好基础。

第二，基于在线评论的有用信息的挖掘方法。首先，对在线评论进行预处理；其次，基于 LDA 对在线评论中的服务属性进行提取；再次，从在线评论中提取关于服务属性的句子；最后，采用提出的多粒度情感分类算法确定服务针对属性的情感强度，并将其转化为在线评论的名义型编码数据。

第三，服务属性的表现和重要性的评估方法。首先，将在线评论关于属性的情感强度的名义型编码数据转换成情感得分；其次，基于得到的属性情感得分给出服务属性的表现评估方法；最后，以属性情感得分为自变量，以整体满意度为因变量，通过提出基于集成神经网络的方法确定服务属性的重要性。

第四，基于服务属性的表现和重要性的 IPA 图的构建方法。具体而言，依据得到的服务属性的表现和重要性，构建四种类型的 IPA 图，即标准 IPA（SIPA）图、竞争性 IPA（CIPA）图、动态 IPA（DIPA）图以及动态竞争 IPA（DCIPA）图。

第五，关于基于在线评论的服务属性 IPA 分类的实例分析。首先，选取酒店为研究对象并从 Tripadvisor（https：//www. tripadvisor. com）中爬取相关在线评论；其次，依据基于在线评论的有用信息的挖掘方法，从获取的评论中挖掘有用信息并将其转换为关于在线评论的名义型编码数据；再次，基于服务属性的表现和重要性评估方法来确定酒店关于属性的表现和重要性；最后，依据得到的属性的表现和重要性构建四种类型的 IPA 图，对 IPA 图结果进行分析并给出管理启示。

（四）基于 Kano 分类和 IPA 分类结果的服务要素优化配置方法

为了基于服务属性 Kano 分类和 IPA 分类结果对服务要素进行优化配置，需要研究基于 Kano 分类和 IPA 分类结果的服务要素优化配置方法。针对该研究内容，主要从以下五个方面开展具体工作。

第一，基于 Kano 分类和 IPA 分类结果的服务要素优化配置方法的研究框架。为了更加清晰地说明基于 Kano 分类和 IPA 分类结果的服务要素优化配置方法的过程，明确该过程涉及的相关方法与概念，需要研究基于 Kano 分类和 IPA 分类结果的服务要素优化配置方法的框架。该框架为深入开展基于 Kano 分类和 IPA 分类结果的服务要素优化配置方法研究奠定了良好基础。

第二，基于在线评论的服务属性的 Kano 分类和 IPA 分类。该方面的工作主要是，依据提出的基于在线评论的服务属性 Kano 分类方法和基于在线评论的服务属性 IPA 分类方法，对服务属性进行 Kano 分类和 IPA 分类，为进行基于 Kano 分类和 IPA 分类结果的服务要素优化配置奠定基础。

第三，基于在线评论的服务要素对服务属性的满足程度的估计方法。首先，对在线评论进行分词和词性标注等预处理；其次，依据词性标注结果提取名词并进行同义词合并，初步给出针对各个属性的服务要素；再次，依据初步得到的各个属性的服务要素，服务设计小组对相关服务企业进行实际调研，对得到的各个属性的服务要素进行修正和补充，可以得到针对各个属性的服务要素；从次，从在线评论中提取包含服务要素的语句，对其进行情感强度分析；最后，依据情感分析结果估计服务要素对服务属性的满足程度。

第四，基于 Kano 分类和 IPA 分类结果的服务要素优化配置模型及求解方法。具体而言，在得到服务属性分类的基础上，结合每种属性所属 Kano 和 IPA 类别的实际含义，针对不考虑竞争者和考虑竞争者两种情形分别给出服务要素优化配置模型及求解方法，即不考虑竞争者情形的服务要素优化配置模型及求解方法和考虑竞争者情形的服务要素优化配置模型及求解方法。

第五，基于 Kano 分类和 IPA 分类结果的服务要素优化配置方法的实例分析。首先，选取酒店为研究对象，从相关网站中爬取顾客对酒店的在线评论信息；其次，分别采用提出的基于在线评论的服务属性 Kano 分类方法和基于在线评论的服务属性 IPA 分类方法对酒店属性进行分类；再次，依据提出的基于在线评论的服务要素对服务属性的满足程度的估计方法确定服务要素对酒店属性的满足程度；最后，依据基于 Kano 分类和 IPA 分类结果的服务要素优化配置的模型及求解方法对酒店的服务要素进行优化配置。

二　研究思路

本书按照"明晰研究问题—给出研究框架—提出服务属性分类与服务要素配置方法—进行实例分析"的总体研究思路，对基于在线评论情感分析的服务属性分类与服务要素配置方法进行深入、系统的研究，开展研究工作所遵循的基本思路如图 1.3 所示。下面对图 1.3 涉及的相关内容进行详细的说明。

第一，针对现实中广泛存在的服务属性分类与服务要素优化配置问题，结合近年来国内外学者在有关基于在线评论的管理决策分析方面取得的相关研究成果，提炼出具有科学价值的研究问题。

第二，针对提出的研究问题，结合实际研究背景，界定研究具体范围、明确研究目的及研究意义。

第三，为了更好地达到研究目的，充分体现研究意义，进一步确定具体的研究内容以及研究思路。

第四，针对研究内容，进行基于在线评论情感分析的服务属性分类与服务要素配置问题相关研究成果的总结与梳理，总结已有研究的主要贡献，分析其不足之处，并进一步分析已有相关研究成果对本书

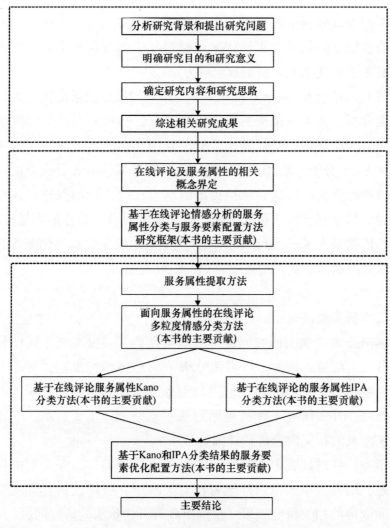

图1.3   本书的研究思路

研究问题的启示，从而为本书后续研究工作的开展奠定理论基础。

第五，在对相关研究成果进行综述的基础上，进一步明确在线评论及服务改进涉及的相关概念，在此基础上，构建本书的基础理论框架。

第六，围绕本书关注的基于在线评论情感分析的服务属性分类与服务要素配置问题的研究框架，首先，展开面向服务属性的在线评论多粒度情感分析方法研究；其次，分别开展基于在线评论的服务属性 Kano 分类方法和基于在线评论的服务属性 IPA 分类方法研究；最后，开展基于 Kano 分类和 IPA 分类结果的服务要素优化配置方法研究，并围绕提出的相关方法展开应用研究。

第七，总结本书的主要成果及结论、主要贡献，指出本研究尚存在的局限，并对未来要开展的研究工作进行展望。

三　研究方案

本书的研究工作是针对基于在线评论情感分析的服务属性分类与服务要素配置问题开展的，该问题涉及管理科学、计算机科学、统计学和服务科学等多个学科，因此，在针对该问题的具体研究中涉及多种来自不同学科的研究方法，主要包括文献调查方法、系统分析方法、逻辑归纳方法、定量分析方法、实验方法、人工智能方法、统计分析方法、优化建模方法、案例分析方法。针对每个部分所采取的研究方案具体说明如下。

第一，针对面向服务属性的在线评论多粒度情感分析方法研究，主要采用文献调查方法、逻辑归纳方法、定量分析方法、实验方法、人工智能方法、统计分析方法等。

第二，针对基于在线评论的服务属性 Kano 分类方法研究，主要采用文献调查方法、逻辑归纳方法、案例分析方法、人工智能方法、统计分析方法等。

第三，针对基于在线评论的服务属性 IPA 分类方法研究，主要采用文献调查方法、逻辑归纳方法、案例分析方法、人工智能方法、统计分析方法等。

第四，针对基于 Kano 分类和 IPA 分类结果的服务要素优化配置方法研究，主要采用文献调查方法、逻辑归纳方法、案例分析方法、人工智能方法、统计分析方法等。

基于上述内容，给出本书的技术路线，具体如图 1.4 所示。

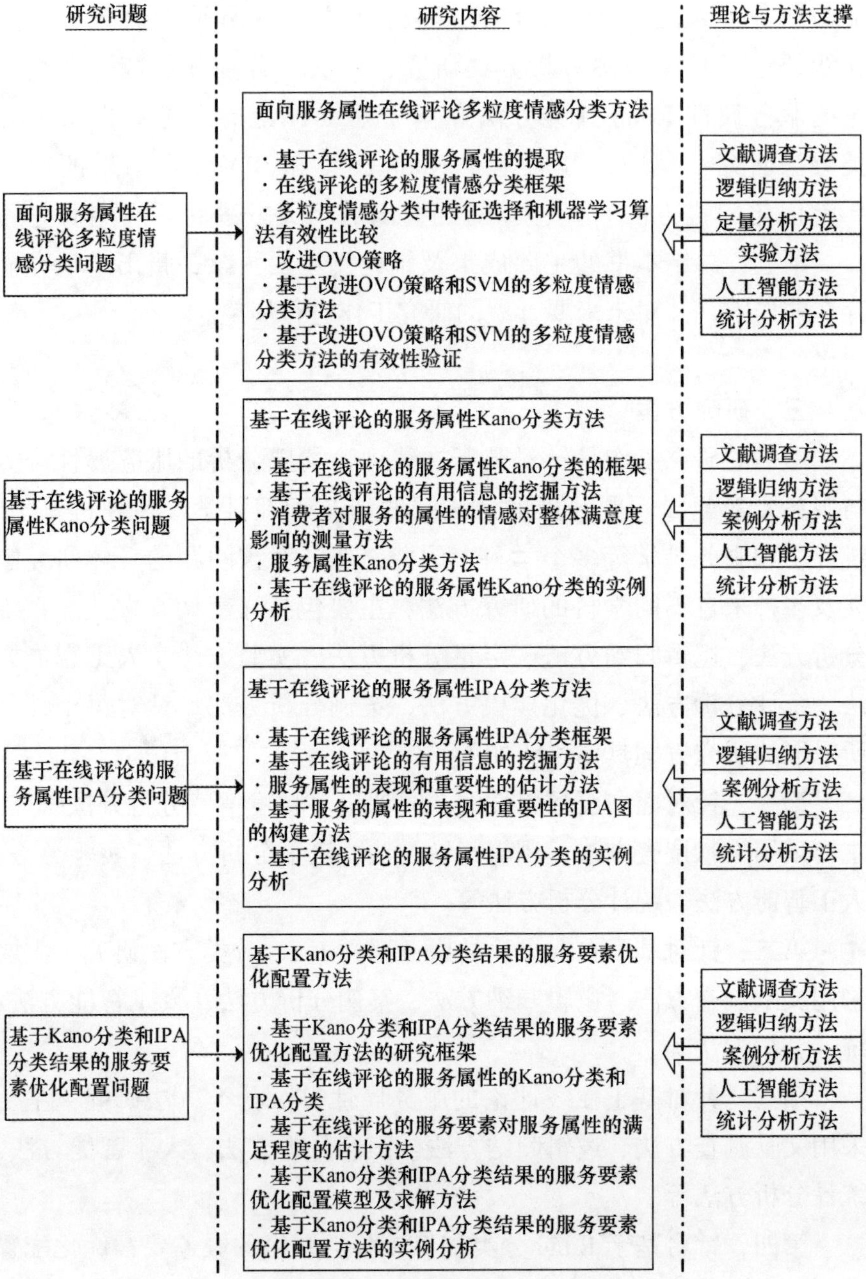

| 研究问题 | 研究内容 | 理论与方法支撑 |

面向服务属性在线评论多粒度情感分类方法

- 基于在线评论的服务属性的提取
- 在线评论的多粒度情感分类框架
- 多粒度情感分类中特征选择和机器学习算法有效性比较
- 改进OVO策略
- 基于改进OVO策略和ISVM的多粒度情感分类方法
- 基于改进OVO策略和ISVM的多粒度情感分类方法的有效性验证

面向服务属性在线评论多粒度情感分类问题

文献调查方法
逻辑归纳方法
定量分析方法
实验方法
人工智能方法
统计分析方法

基于在线评论的服务属性Kano分类方法

- 基于在线评论的服务属性Kano分类的框架
- 基于在线评论的有用信息的挖掘方法
- 消费者对服务的属性的情感对整体满意度影响的测量方法
- 服务属性Kano分类方法
- 基于在线评论的服务属性Kano分类的实例分析

基于在线评论的服务属性Kano分类问题

文献调查方法
逻辑归纳方法
案例分析方法
人工智能方法
统计分析方法

基于在线评论的服务属性IPA分类方法

- 基于在线评论的服务属性IPA分类框架
- 基于在线评论的有用信息的挖掘方法
- 服务属性的表现和重要性的估计方法
- 基于服务的属性的表现和重要性的IPA图的构建方法
- 基于在线评论的服务属性IPA分类的实例分析

基于在线评论的服务属性IPA分类问题

文献调查方法
逻辑归纳方法
案例分析方法
人工智能方法
统计分析方法

基于Kano分类和IPA分类结果的服务要素优化配置方法

- 基于Kano分类和IPA分类结果的服务要素优化配置方法的研究框架
- 基于在线评论的服务属性的Kano分类和IPA分类
- 基于在线评论的服务要素对服务属性的满足程度的估计方法
- 基于Kano分类和IPA分类结果的服务要素优化配置模型及求解方法
- 基于Kano分类和IPA分类结果的服务要素优化配置方法的实例分析

基于Kano分类和IPA分类结果的服务要素优化配置问题

文献调查方法
逻辑归纳方法
案例分析方法
人工智能方法
统计分析方法

图1.4　本书的技术路线

第五节　章节安排

本书共由八章构成，大体上遵循由浅入深、由理论到实践循序渐进的顺序，本书结构具体说明如下。

第一章：绪论。首先介绍本书的研究背景、问题的提出、研究目的与研究意义，确定具体的研究内容、研究思路与研究方法，并说明本书的结构。

第二章：相关研究文献综述。首先，对文献检索情况进行分析。其次，针对关于在线评论的情感分析方法的研究以及基于在线评论的管理决策分析方面的研究的相关文献进行综述。再次，对已有文献的贡献与不足之处进行总结。最后，指出已有研究成果对本研究的启示。

第三章：相关概念界定及研究框架。对在线评论以及服务属性的有关概念进行阐述，在此基础上，提出基于在线评论情感分析的服务属性分类与服务要素配置方法研究框架，并给出相关说明。

第四章：面向服务属性的在线评论多粒度情感分类方法。首先，针对服务属性提出问题，给出基于在线评论的服务属性的提取方法，为进一步确定针对服务属性评论的多粒度情感类别奠定基础。其次，针对在线评论多粒度分类问题，提出在线评论的多粒度情感分类框架。再次，进行多粒度情感分类中特征选择和机器学习算法有效性比较研究。从次，给出基于改进 OVO 策略和 SVM 的多粒度情感分类方法。最后，通过实验验证方法的有效性。

第五章：基于在线评论的服务属性 Kano 分类方法。首先，提出基于在线评论的服务属性 Kano 分类的框架。其次，给出基于在线评论的有用信息的挖掘方法。再次，给出顾客对服务属性的情感对整体满意度影响的测量方法。最后，给出服务属性 Kano 分类方法，并通过实例分析说明方法的潜在应用。

第六章：基于在线评论的服务属性 IPA 分类方法。首先，提出基于在线评论的服务属性 IPA 分类框架。其次，给出基于在线评论的有用信息的挖掘方法。再次，给出服务属性的表现和重要性的估计方法。最后，给出基于服务属性的表现和重要性的 IPA 图的构建方法，并通过实例分析说明方法的潜在应用。

第七章：基于 Kano 分类和 IPA 分类结果的服务要素优化配置方法。首先，提出基于 Kano 分类和 IPA 分类结果的服务要素优化配置方法的研究框架。其次，对服务属性进行 Kano 分类和 IPA 分类。再次，给出服务要素对服务属性的满足程度的估计方法。最后，给出基于 Kano 分类和 IPA 分类结果服务要素优化配置模型及求解方法，并通过实例分析说明方法的潜在应用。

第八章：结论与展望。总结与阐述本书的主要成果及结论、主要贡献，分析本研究的局限及后续研究工作展望。

第六节 创新性工作说明

本书对基于在线评论情感分析的服务属性分类与服务要素配置问题进行了探索和研究，针对现有研究中的薄弱之处，主要开展了以下创新性工作。

第一，给出基于在线评论情感分析的服务属性分类与服务要素配置方法研究框架。具体而言，依据基于在线评论的管理决策分析方面研究的相关文献，界定了在线评论以及服务属性的相关概念，给出了基于在线评论情感分析的服务属性分类与服务要素配置方法研究框架的描述以及研究框架的有关说明。

第二，给出面向服务属性的在线评论多粒度情感分析方法。具体而言，给出在线评论中服务属性的提取方法，提出在线评论的多粒度情感分类算法框架，给出多粒度情感分类中特征选择和机器学习算法有效性比较研究，并验证了多种常用的机器学习算法和特征选择算法在情感分类中的表现，提出改进 OVO 策略并给出基于改进 OVO 策略和 SVM 的多粒度情感分类方法。

第三，给出基于在线评论的服务属性 Kano 分类方法。具体而言，提出基于在线评论的服务属性 Kano 分类的框架，并给出针对服务属性 Kano 分类的基于在线评论的有用信息的挖掘方法、顾客对服务的属性的情感对整体满意度影响的测量方法、基于影响的服务属性 Kano 分类方法。

第四，给出基于在线评论的服务属性 IPA 分类方法。具体而言，提出基于在线评论的服务属性 IPA 分类框架，并给出针对服务属性 IPA 分类的基于在线评论的有用信息的挖掘方法、服务属性的表现和重要性的估计方法、基于服务属性的表现和重要性的 IPA 图的构建方法。

第五，给出基于 Kano 分类和 IPA 分类结果的服务要素优化配置方法。具体而言，提出基于 Kano 分类和 IPA 分类结果的服务要素优化配置方法的研究框架，并给出基于在线评论的服务要素对服务属性的满足程度的估计方法、基于 Kano 分类和 IPA 分类结果的服务要素优化配置模型及求解方法。

第七节　符号及用语说明

由于本书使用的符号、变量和参数较多，因此在全书的撰写过程中，对每章各小节中不同研究问题用到的参数和变量均重新定义。同一章节的同一研究问题中，表示各参数和变量的数学符号具有一致的含义，不同研究问题之间的数学符号没有联系。

第 二 章

相关研究文献综述

　　基于在线评论情感分析的服务属性分类与服务要素配置方法研究是一个崭新的课题，其在现实中具有广泛的实际应用背景。目前，关于基于在线评论情感分析的服务属性分类与服务要素配置问题的相关研究引起了许多学者的关注，取得研究的成果大多集中于在线评论情感分析及其在管理决策分析中的应用等方面，这些研究成果是本书后续研究的重要基础。同时，这些研究中涉及的方法、理论、模型及研究框架对本书的研究也具有很好的借鉴和参考价值。本章分别从关于在线评论的情感分析的研究和关于基于在线评论的管理决策分析方面的研究对已有相关研究成果进行文献检索。在文献检索时，以公开的国内外学术数据库作为主要检索源。通过对基于在线评论情感分析的服务属性分类与服务要素配置方法的相关研究文献进行综述与分析，总结已有研究成果的贡献与不足，为开展本书的研究工作奠定良好基础。

第一节　文献检索情况概述

　　本节主要对基于在线评论情感分析的服务属性分类与服务要素配置方法研究相关的文献检索情况进行简要介绍和说明，重点对基于在线评论情感分析的服务属性分类与服务要素配置问题相关文献的检索范围、检索情况和学术趋势三个方面进行阐述和分析。

一　相关文献检索范围分析

为了明确相关研究成果的综述范围,本部分对基于在线评论情感分析的服务属性分类与服务要素配置问题的研究脉络进行分析,并进一步确定本书的研究主题、检索范围和所需的相关研究文献。

目前,在线评论已经成功地被用于多种决策分析的数据源,例如产品排名、产品推荐、客户满意度建模、产品/服务改进、品牌分析、消费者偏好分析和市场结构分析等。在线评论同样是对服务属性分类与服务要素配置的有前景的数据源。目前基于在线评论的服务属性分类与服务要素配置的相关研究主要可以被分成两类,即关于在线评论的情感分析方面的研究、关于基于在线评论的管理决策分析方面的研究。需要说明的是,在已有的相关研究成果中很少考虑在线评论中多种情感类别的情形,很少有基于在线评论的服务属性 Kano 分类研究,没有关于基于在线评论的服务属性 IPA 分类研究,没有基于 Kano 分类和 IPA 分类结果的服务要素优化配置方法的研究,更缺乏综合考虑上述情形的系统性研究。

通过对已有研究的缜密分析,需要对基于在线评论情感分析的服务属性分类与服务要素配置问题进行提炼与归纳,并针对已有研究的薄弱之处,进一步深入研究基于在线评论情感分析的服务属性分类与服务要素配置方法。综上所述,与本书相关的研究文献主要包括两个方面:(1)关于在线评论的情感分析方法;(2)基于在线评论的管理决策分析。

二　相关文献检索情况分析

本书检索基于在线评论情感分析的服务属性分类与服务要素配置问题的相关文献,采用了题名、主题或关键词检索,对英文期刊进行检索时,以"online reviews""sentiment classification""product/

service design""product/service improvement""optimization configura-tion"等为题名、主题或关键词进行检索；在对中文期刊数据库进行检索时，以"在线评论""情感分类""产品/服务设计""产品/服务改进""优化配置"等为题名、主题或关键词进行检索，以Elsevier Science（Science Direct）全文数据库、IEL（IEEE/IET Electronic Library）全文数据库、Springer Link 全文数据库、美国运筹与管理学会 Informs 平台（包括 12 种全文期刊）、Wiley Inter Science 期刊数据库、Emerald 全文期刊数据库、中国期刊全文数据库（CNKI）、中国优秀硕士/博士学位论文全文数据库、超星电子图书、东北大学图书馆藏书、Google 学术等为检索源，进行了中英文文献检索。检索发现有许多国内外学者和学术团队从事该方面的研究工作，如 Timoshenko、Netzer、Lee、Tirunillai、Cambria、Abrahams、Barnes、陈国青、石勇、毛基业、叶强、寇纲、樊治平、王洪伟等，涉及的相关学术团队包括美国麻省理工学院、美国哥伦比亚大学、美国加州大学伯克利分校、美国休斯顿大学、新加坡南洋理工大学、美国弗吉尼亚理工学院、美国马里兰大学、加拿大多伦多大学、英国伦敦大学国王学院、清华大学、中国人民大学、哈尔滨工业大学、西南财经大学、东北大学、同济大学等，涉及的国际期刊主要有 *Management Science*，*Journal of Marketing Research*，*Marketing Science*，*Management Information Systems Quarterly*，*Information Systems Research*，*Journal of Management Information Systems*，*Tourism Management*，*Annals of Tourism Research*，*International Journal of Hospitality Management*，*Decision Support Systems*，*Information Fusion*，*Electronic Commerce Research and Applications*，*Expert Systems with Applications* 等。

截止到 2019 年 2 月 28 日，从中英文数据库中检索到上述主题的中文和英文文献总数以及与本研究相关的文献数量如表 2.1 所示，表 2.1 对检索结果不为 0 的检索条件进行了列举和说明。

表 2.1　　　　　　　　　　　**相关文献的检索情况**

	检索词	篇数	相关文献篇数	检索条件	时间
CNKI	在线评论	1197	84	主题	1997—2019 年
	情感分类	2529	98		
	产品/服务设计	58707	43		
	产品/服务改进	39835	52		
	优化配置	24896	14		
Elsevier Science	online reviews	2417	122	Abstract/Title/Keywords	1997—2019 年
	sentiment classification	764	76		
	product/service design	40485	46		
	product/service improvement	7582	32		
	optimization configuration	3592	8		
IEL	online reviews	3724	47	Title/Abstract	1997—2019 年
	sentiment classification	1754	51		
	product/service design	120805	34		
	product/service improvement	27494	29		
	optimization configuration	13089	9		
Springer Link	online reviews	2275	56	Title	1997—2019 年
	sentiment classification	2169	38		
	product/service design	79368	22		
	product/service improvement	30888	36		
	optimization configuration	167	7		
Informs	online reviews	17	6	Title/Abstract	1997—2019 年
	sentiment classification	142	16		
	product/service design	6152	18		
	product/service improvement	6110	21		
	optimization configuration	2691	7		
Wiley Inter Science	online reviews	410	37	Anywhere	1997—2019 年
	sentiment classification	105	21		
	product/service design	623513	29		
	product/service improvement	760393	14		
	optimization configuration	28	5		

续表

	检索词	篇数	相关文献篇数	检索条件	时间
Emerald	online reviews	534	42	Title/Abstract	1997—2019 年
	sentiment classification	57	21		
	product/service design	9396	13		
	product/service improvement	2129	17		
	optimization configuration	63	1		
合计		1875477	1172		

　　通过对这些文献进行进一步梳理和分类，并根据研究需要，本章从关于在线评论的情感分析方法的研究、关于基于在线评论的管理决策分析的研究两方面进行文献的简要综述。需要说明的是，由于本书涉及的研究问题较多，为了使各研究问题论述清晰、明确，这里仅对一些具有代表性意义的文献进行综述，针对一些具体研究问题的文献综述，将在后续章节中展开。

三　学术趋势分析

　　为确定基于在线评论情感分析的服务属性分类与服务要素配置方法的研究趋势，笔者对国际期刊论文进行了检索，即利用 ISI Web of Knowledge 平台下的 Web of Science 数据库，以 "online reviews" "sentiment classification" "product/service design" "product/service improvement" 作为检索的本体词源，进行引文报告的创建和分析，时间截止到 2019 年 2 月 28 日。图 2.1—图 2.4 分别展示了以 "在线评论" "情感分类" "产品/服务设计" "产品/服务改进" 为研究主题的文献的每年出版情况（即每年出版的文献数）和针对这些文献的每年引用情况（即每年的引文数）。

　　从图 2.1—图 2.4 可以看出，截止到 2019 年 2 月，关于 "在线评论" "情感分析" "产品/服务设计" "产品/服务改进" 研究的每年出版的文献数以及每年的引文数都呈现出整体上升趋势，这说明

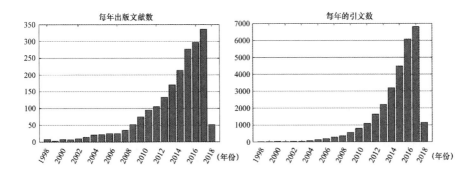

图2.1 以"在线评论"为研究主题的文献出版情况和文献引用情况

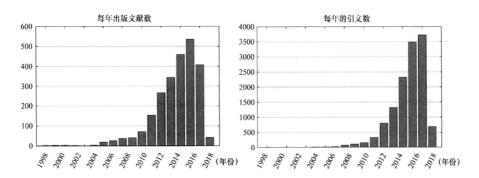

图2.2 以"情感分析"为研究主题的文献出版情况和文献引用情况

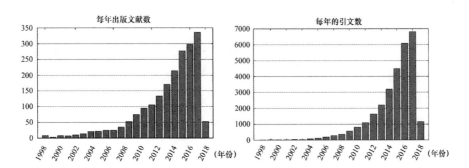

图2.3 以"产品/服务设计"为研究主题的文献出版情况和文献引用情况

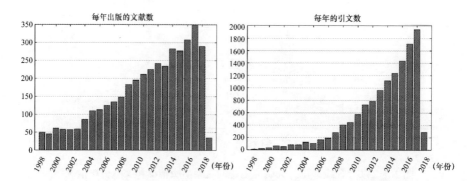

图2.4 以"产品/服务改进"为研究主题的文献出版情况和文献引用情况

学术界关于"在线评论""情感分析""产品/服务设计""产品/服务改进"的研究均具有良好的国际关注度，且很多学者仍在开展以"在线评论""情感分析""产品/服务设计""产品/服务改进"为主题的研究。

此外，笔者还以 CNKI 知识搜索中的学术趋势为分析工具，分别以"在线评论""情感分析""产品/服务设计""产品/服务改进"为检索的本体词源，进行学术趋势分析。图 2.5—图 2.8 分别展示了关于"在线评论""情感分析""产品/服务设计""产品/服务改进"研究的学术关注度和用户关注度。由图 2.5—图 2.8 可知，关于上述四个主题研究的学术关注度和用户关注度总体上呈现出大幅度的上升趋势，这说明了学术界关于这四个主题的研究具有良好的国内关注度，且很多学者仍在开展关于这四个主题的研究。

综上，基于在线评论情感分析的服务属性分类与服务要素配置问题研究是一个日趋受到关注的热点问题，有着较为广泛的学术关注度和用户关注度，进而说明了本研究的价值和意义。

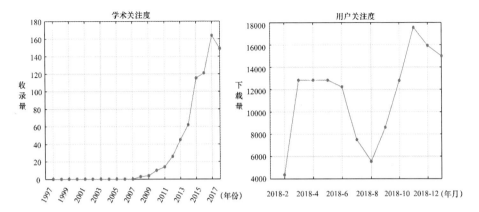

图2.5 关于"在线评论"研究的学术关注度和用户关注度

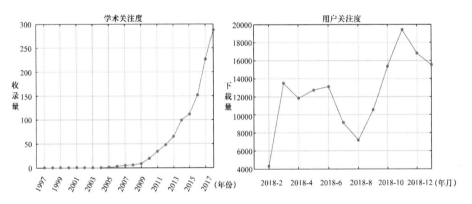

图2.6 关于"情感分析"研究的学术关注度和用户关注度

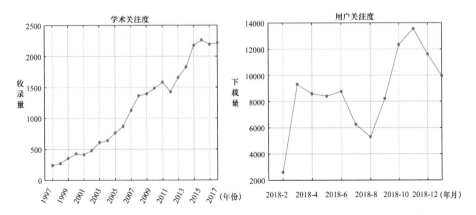

图2.7 关于"产品/服务设计"研究的学术关注度和用户关注度

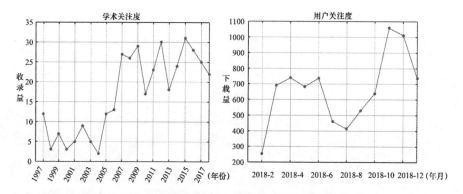

图2.8 关于"产品/服务改进"研究的学术关注度和用户关注度

第二节 关于在线评论的情感分析方法的研究

情感分析大致兴起于 20 世纪 90 年代末，[1] 它是指通过自动的挖掘和分析文本中表达的情感内容，帮助决策者方便快捷地获取文本中相关的情感信息的一种分析方法。目前，情感分析成为数据挖掘、机器学习、自然语言处理等领域的研究热点之一。[2] 按照所依托的理论和方法不同，关于情感分析的方法的研究成果可以

① T. Wilson, J. Wiebe, P. Hoffmann, "Recognizing Contextual Polarity in Phrase-Level Sentiment Analysis", Proceedings of Human Language Technology Conference and Conference on Empirical Methods in Natural Language Processing, 2005, pp. 347－354.

② 张紫琼、叶强、李一军：《互联网商品评论情感分析研究综述》，《管理科学学报》2010 年第 6 期；王刚、杨善林：《基于 RS－SVM 的网络商品评论情感分析研究》，《计算机科学》2013 年第 S2 期；M. Taboada et al., "Lexicon-Based Methods for Sentiment Analysis", Computational Linguistics, Vol. 37, No. 2, 2011, pp. 267－307；Q. Cao, W. Duan, Q. Gan, "Exploring Determinants of Voting for the 'Helpfulness' of Online User Reviews：A Text Mining Approach", Decision Support Systems, Vol. 50, No. 2, 2011, pp. 511－521；A. L. Maas et al., "Learning Word Vectors for Sentiment Analysis", Proceedings of the 49th Annual Meeting of the Association for Computational Linguistics Human Language Technologies, Vol. 1, 2011, pp. 142－150；B. Liu, "Sentiment Analysis and Opinion Mining", Synthesis Lectures on Human Language Technologies, Vol. 5, No. 1, 2012, pp. 1－167.

分成两大类：① 基于情感词汇集合的情感分析方法和基于机器学习的情感分析方法。

一 基于情感词汇集合的情感分析方法

基于情感词汇集合的情感分析，需要构建针对所关注问题的领域情感词汇集合，再通过统计文本评论中相关情感词汇的频率或强度并与预先设定的阈值进行比较来确定评论的正向、负向或中性情感倾向。在情感词汇集合构建方面，主要有两种方式：基于词典的情感词汇集合构建和基于语料库的情感词汇集合构建。②

（一） 基于词典的情感词汇集合构建

基于词典的情感词汇集合构建，需要确定情感词汇种子集合，再通过 WordNet 或 HowNet 等现有情感词典中的同义词词典、反义词词典对种子集合进行扩充以形成最终的情感词汇集合。专门针对基于词典的情感词汇集合构建的研究尚不多见，只能看到几篇相关研究成果。

Hu 和 Liu 基于 WordNet 中形容词的同义词和反义词集合构建了情感词汇集合。③ 首先，通过人工识别的方式构建了一组常见的形容词作为种子词汇列表。其次，基于 WordNet 来逐个预测评论中的意见词列表中所有形容词的情感倾向。最后，逐一将预测的形

① J. A. Balazs, J. D. Velásquez, "Opinion Mining and Information Fusion: A Survey", *Information Fusion*, Vol. 27, 2016, pp. 95 – 110; W. Medhat, A. Hassan, H. Korashy, "Sentiment Analysis Algorithms and Applications: A Survey", *Ain Shams Engineering Journal*, Vol. 5, No. 4, 2014, pp. 1093 – 1113; K. Ravi, V. Ravi, "A Survey on Opinion Mining and Sentiment Analysis Tasks, Approaches and Applications", *Knowledge-Based Systems*, Vol. 89, 2015, pp. 14 – 46.

② M. Hu, B. Liu, "Mining and Summarizing Customer Reviews", Proceedings of the Tenth ACM SIGKDD International Conference on Knowledge Discovery and Data Mining ACM, 2004, pp. 168 – 177.

③ M. Hu, B. Liu, "Mining and Summarizing Customer Reviews", Proceedings of the Tenth ACM SIGKDD International Conference on Knowledge Discovery and Data Mining ACM, 2004, pp. 168 – 177.

容词添加到种子词汇列表。重复上述过程，可以得到最终的情感词汇集合。

Kim 和 Hovy 通过人工识别确定了词汇种子集合，[①] 依据 WordNet 词典中的同义词和反义词对种子集合进行扩充，依据新得到的词汇种子集合采用同样的方式进行迭代，直至不能找到新的词汇为止。

（二）基于语料库的情感词汇集合构建

基于语料库的情感词汇集合构建，则是在一个较大的语料库中根据上下文语言环境对情感词汇集合进行扩充并形成最终的情感词汇集合。有关基于语料库的情感词汇集合构建的研究尚不多见，只能看到几篇相关研究成果。

Hatzivassiloglou 和 McKeown 针对形容词的情感词汇集合构建问题，在人工建立情感词汇种子集合的基础上，以《华尔街日报》中出现的语料集合为大语料库，通过新闻报道中上下文语境的分析对词汇种子集合进行扩充，得到了形容词性的情感词集合。[②]

Turney 和 Littman 提出了一种从一个词与一组正、负范式词的统计关联来推断其语义情感倾向的方法，[③] 这个方法基于语料库构建了一个情感词汇集合。

徐琳宏等标注了一百万字的语料库，[④] 其中包含四万个语句。在

---

① S. M. Kim, E. Hovy, "Determining the Sentiment of Opinions", Proceedings of the 20th International Conference on Computational Linguistics. Association for Computational Linguistics, 2004, pp. 1367 – 1373.

② V. Hatzivassiloglou, K. R. McKeown, "Predicting the Semantic Orientation of Adjectives", Proceedings of the 35th Annual Meeting of the Association for Computational Linguistics and Eighth Conference of the European Chapter of the Association for Computational Linguistics, 1997, pp. 174 – 181.

③ P. D. Turney, M. L. Littman, "Measuring Praise and Criticism Inference of Semantic Orientation from Association", *ACM Transactions on Information Systems*, Vol. 21, No. 4, 2003, pp. 315 – 346.

④ 徐琳宏、林鸿飞、赵晶：《情感语料库的构建和分析》，《中文信息学报》2008 年第 1 期。

此基础上，又对标注好的语料库的情感迁移规律和情感分布做了进一步的统计，并分析了情感语料库的特点。

二　基于机器学习的情感分析方法

基于机器学习的情感分析，综合运用机器学习算法和语言特征进行情感分析。基于机器学习的情感分析方法进一步细分为有监督的机器学习算法和无监督的机器学习算法两大类。①

（一）有监督的机器学习算法

利用有监督的机器学习算法进行情感分类时，通常首先需要预先标记部分文本的情感倾向，构建训练样本集合；其次，将训练样本表示成结构化形式的数据，并对机器学习算法进行训练；最后，利用训练好的模型对待识别文本进行情感倾向分类。② 目前，基于有监督的机器学习的情感分析方法包括基于概率的分类方法、基于支持向量机的方法、基于决策树的分类方法和基于深度学习的分类方法等。

1. 基于概率的分类方法

基于概率的分类方法，假定每种情感类别都是一个混合体（mixture）的组成部分。这个混合体的每个组成部分都是一个提供特定的项对这个组成部分的抽样概率生成模型（generative model）。因此，这类模型常被称为生成模型。常用的基于概率的分类方法主要包括朴素贝叶斯（Naïve Bayes）和贝叶斯网络（Bayesian Network）。

①　叶强、张紫琼、罗振雄：《面向互联网评论情感分析的中文主观性自动判别方法研究》，《信息系统学报》2007 年第 1 期；D. Maynard, A. Funk, "Automatic Detection of Political Opinions in Tweets", Extended Semantic Web Conference, 2011, pp. 88 – 99.

②　王洪伟、郑丽娟、尹裴：《基于句子级情感的中文网络评论的情感极性分类》，《管理科学学报》2013 年第 9 期；Q. Ye, Z. Zhang, R. Law, "Sentiment Classification of Online Reviews to Travel Destinations by Supervised Machine Learning Approaches", *Expert Systems with Applications*, Vol. 36, No. 3, 2009, pp. 6527 – 6535.

（1）朴素贝叶斯

朴素贝叶斯是一种最简单和最常用的情感分类算法。朴素贝叶斯算法基于如下假设：文本中每个特征项出现的概率与该特征项所在的文本的上下文环境和位置无关。根据文本特征项和情感类别的联合概率，可以估计出每个文本属于各个情感类别的概率。在此基础上，依据文本属于各个情感类别的概率的大小来确定文本的情感类别。目前，关于基于朴素贝叶斯的情感分类方法的研究，引起了国内外学者的广泛关注并取得了一定的研究成果。下面针对基于朴素贝叶斯的情感分类方法的相关研究成果进行文献综述。

Tan 等[1]针对情感分类中领域转换问题，提出了一种加权转移版本的朴素贝叶斯分类器，并通过中文三个不同领域的数据库验证了方法的有效性。

Zhang 等[2]比较了支持向量机和朴素贝叶斯在广东话情感分类中的表现，结果表明朴素贝叶斯在广东话情感分类中的表现等于或者优于支持向量机在广东话情感分类中的表现。

Kang 等[3]提出了一种基于情感词汇的改进朴素贝叶斯情感分类算法，并基于餐厅评论验证了所提出的方法的有效性。

Narayanan 等[4]针对如何提高朴素贝叶斯在情感分类中的表现问题，探索了不同的朴素贝叶斯分类器在情感分析中的表现。结果表明，有效的否定处理、单词 n-gram 和互信息特征选择等方法的组合

---

① S. Tan et al. , "Adapting Naive Bayes to Domain Adaptation for Sentiment Analysis", European Conference on Information Retrieval, 2009, pp. 337 – 349.

② Z. Zhang et al. , "Sentiment Classification of Internet Restaurant Reviews Written in Cantonese", *Expert Systems with Applications*, Vol. 38, No. 6, 2011, pp. 7674 – 7682.

③ H. Kang, S. J. Yoo, D. Han, "Senti-Lexicon and Improved Naïve Bayes Algorithms for Sentiment Analysis of Restaurant Reviews", *Expert Systems with Applications*, Vol. 39, No. 5, 2012, pp. 6000 – 6010.

④ V. Narayanan, I. Arora, A. Bhatia, "Fast and Accurate Sentiment Classification Using an Enhanced Naive Bayes Model", International Conference on Intelligent Data Engineering and Automated Learning, 2013, pp. 194 – 201.

可以显著提高准确性。这意味着可以用一个简单的朴素贝叶斯模型建立一个高精度、快速的情感分类器，该模型具有线性时间复杂度。

Govindarajan[①]针对情感分类问题，将遗传算法与朴素贝叶斯算法相结合，提出了一种集成情感分类算法，并通过电影评论验证了所提出的算法的有效性。

Gamallo 和 Garcia[②]针对英文推特情感分类问题，提出了一种基于朴素贝叶斯的分类策略，并通过实际的推特数据库验证了提出的策略的有效性。

Mubarok 等[③]针对产品在线评论方面的情感分析问题，提出了一种基于贝叶斯的情感分类方法。在该方法中，首先，对文本进行词性标注等预处理；其次，采用 Chi Square 特征选择方法选择重要的文本特征；再次，采用朴素贝叶斯法确定产品评论的情感倾向；最后，通过实验验证了提出方法的有效性。

（2）贝叶斯网络

贝叶斯网络又称信度网络，它是一个有向的无环图（directed acyclic graph），其中节点表示随机变量，边表示条件依赖性（conditional dependencies）。贝叶斯网络被认为是变量及其关系的完整模型。由于贝叶斯网络在情感分析中的计算复杂度非常高，因此贝叶斯网络在情感分析中的应用比朴素贝叶斯要少。例如，Ortigosa-Hernández 等[④]基于贝叶

① M. Govindarajan, "Sentiment Analysis of Movie Reviews Using Hybrid Method of Naive Bayes and Genetic Algorithm", *International Journal of Advanced Computer Research*, Vol. 3, No. 4, 2013, p. 139.

② P. Gamallo, M. Garcia, "Citius a Naive-Bayes Strategy for Sentiment Analysis on English Tweets", Proceedings of the 8th International Workshop on Semantic Evaluation, 2014, pp. 171 – 175.

③ M. S. Mubarok et al., "Aspect-Based Sentiment Analysis to Review Products Using Naïve Bayes", *AIP Conference Proceedings*, Vol. 1867, No. 1, 2017, pp. 1 – 8.

④ J. Ortigosa-Hernández et al., "Approaching Sentiment Analysis by Using Semi-Supervised Learning of Multi-Dimensional Classifiers", *Neurocomputing*, Vol. 92, 2012, pp. 98 – 115.

斯网络提出了一种半监督情感分类算法，并与已有的常用的情感分类算法进行比较，验证了所提出方法的有效性。

2. 基于支持向量机的方法

支持向量机（Support Vector Machine，SVM）是一种建立在结构风险最小原理和 VC 维理论基础上的有监督机器学习算法。[1] SVM 在解决高维度、非线性和小样本问题中表现出很多特有的优势，因而被广泛研究和应用。[2] SVM 的基本思想是在特征空间中求取一个最优超平面使其满足距离样本数据点的"间隔"最大，并将这个问题转化为求解凸约束下的凸规划问题。

由于文本数据具有稀疏的特点，其中多数特征是相关的并且可被线性分割，因此 SVM 非常适合文本分类。[3]。对于非线性分类问题，可以通过线性变换将非线性问题转换成线性问题进行求解。解决该问题的一种常用的做法是将训练样本从原始样本空间映射到一个具有更高维度的空间，使得训练样本在这个高维空间中线性可分，进而可以在这个高维空间中求取最优超平面来对样本进行分类。[4] 目前，关于基于支持向量机的情感分类方法的研究，引起了国内外学者的广泛关注并取得了一定的研究成果。下面针对基于支持向量机的情感分类方法的相关研究成果进行文献综述。

---

① V. Vapnik, *The Nature of Statistical Learning Theory*, Springer Science & Business Media, 2013.

② D. Isa et al., "Text Document Preprocessing with the Bayes Formula for Classification Using the Support Vector Machine", *IEEE Transactions on Knowledge and Data Engineering*, Vol. 20, No. 9, 2008, pp. 1264–1272.

③ T. Joachims, "A Probabilistic Analysis of the Rocchio Algorithm with TFIDF for Text Categorization", Computer Science Technical Report CMU-CS-96-118, Carnegie Mellon University, 1996.

④ M. A. Aizerman, "Theoretical Foundations of the Potential Function Method in Pattern Recognition Learning", *Automation and Remote Control*, Vol. 25, 1964, pp. 821–837.

　　Ye 等①针对中文评论情感分类问题，通过实验比较了 SVM 和语义方法的表现。实验结果表明，与英文评论的研究相比，两种方法对中文评论情感分类的表现都是可以接受的，并且 SVM 的表现要优于语义方法的表现。

　　Tan 和 Zhang② 比较了五种机器学习算法（质心分类器、K 邻居、窗口分类器、朴素贝叶斯和 SVM）在中文情感分类中的表现。结果表明在上述五种算法中，SVM 在中文文本分类中表现最好。

　　Shein 和 Nyunt③ 针对情感分类问题，将本体和 SVM 相结合提出了一种集成分类器。

　　Ye 等④比较了朴素贝叶斯、SVM 和基于 N 元语法的模型（N-gram model）在旅游博客情感分类中的表现，结果表明 SVM 的表现要优于朴素贝叶斯。

　　Saleh 等⑤通过实验比较和分析了 SVM 在使用不同的加权机制（weighting schemes）的情况下在不同领域数据集中的表现，并且验证了 SVM 是进行情感分类的有前景的一种算法。

　　Moraes 等⑥比较了神经网络和 SVM 在文档层级情感分类中的表

　　①　Q. Ye, B. Lin, Y. J. Li, "Sentiment Classification for Chinese Reviews: A Comparison Between SVM and Semantic Approaches", *International Conference on Machine Learning and Cybernetics*, Vol. 4, 2005, pp. 2341 – 2346.

　　②　S. Tan, J. Zhang, "An Empirical Study of Sentiment Analysis for Chinese Documents", *Expert Systems with Applications*, Vol. 34, No. 4, 2008, pp. 2622 – 2629.

　　③　K. P. P. Shein, T. T. S. Nyunt, "Sentiment Classification based on Ontology and SVM Classifier", Second International Conference on Communication Software and Networks, 2010, pp. 169 – 172.

　　④　Q. Ye, Z. Zhang, R. Law, "Sentiment Classification of Online Reviews to Travel Destinations by Supervised Machine Learning Approaches", *Expert Systems with Applications*, Vol. 36, No. 3, 2009, pp. 6527 – 6535.

　　⑤　M. R. Saleh et al., "Experiments with SVM to Classify Opinions in Different Domains", *Expert Systems with Applications*, Vol. 38, No. 12, 2011, pp. 14799 – 14804.

　　⑥　R. Moraes et al., "Document-Level Sentiment Classification an Empirical Comparison Between SVM and ANN", *Expert Systems with Applications*, Vol. 40, No. 2, 2013, pp. 621 – 633.

现。结果表明：神经网络的分类效果要优于 SVM；与 SVM 相比，神经网络受到噪声项的影响较大；SVM 的运行时间较短，而神经网络的训练时间较长。

Y. M. Li 和 T. Y. Li[①] 提出了一个关于微博的简洁的意见汇总框架，其中 SVM 被用来对文本进行情感分类。

Liu 等[②]针对在推特情感分类中没有足够标记数据的问题，提出了一种自适应的多粒度 SVM 分类模型。以 6 个公开的推特语料库为实验数据进行实验，实验结果表明提出的算法的准确率高于已有的监督和半监督情感分类算法。

Manek 等[③]针对电影评论情感分类问题，将基尼系数（gini index）特征选择算法和 SVM 相结合提出了一种电影评论情感分类算法，并通过实验验证了提出的方法能够有效降低误差率。

Pu 等[④]针对文档级别情感分类问题，提出了一种基于结构化 SVM 的分类方法。在该方法中，首先，采用多种特征来识别候选的整体意见句；其次，采用结构化 SVM 来编码整体意见句，对文档进行情感分类；最后，基于产品评论和电影评论，验证了提出方法的有效性。

3. 基于决策树的分类方法

决策树是一种经典的预测模型，它包括决策节点、分支和叶节点三个部分。[⑤] 进行文本分类时，决策节点代表文本特征向量中的某

① Y. M. Li, T. Y. Li, "Deriving Market Intelligence from Microblogs", *Decision Support Systems*, Vol. 55, No. 1, 2013, pp. 206 – 217.

② S. Liu et al., "Adaptive Co-Training SVM for Sentiment Classification on Tweets", Proceedings of the 22nd ACM International Conference on Information & Knowledge Management, 2013, pp. 2079 – 2088.

③ A. S. Manek et al., "Aspect Term Extraction for Sentiment Analysis in Large Movie Reviews Using Gini Index Feature Selection Method and SVM Classifier", *World Wide Web*, Vol. 20, No. 2, 2017, pp. 135 – 154.

④ X. Pu, G. Wu, C. Yuan, "Exploring Overall Opinions for Document Level Sentiment Classification with Structural SVM", *Multimedia Systems*, Vol. 25, No. 1, 2019, pp. 21 – 33.

⑤ Z. H. Zhou, J. Yuan, "NeC4. 5: Neural Ensemble based C4. 5", *IEEE Transactions on Knowledge and Data Engineering*, Vol. 16, No. 6, 2004, pp. 770 – 773.

个特征，关于该特征的不同测试结果代表一个分支，某个分支代表某个决策节点的不同取值。分支下面的每个叶节点存放文本的某个情感类别标签，其表示一种可能的分类结果。决策树对未知文本的分类过程：自决策树根节点开始，自上沿着某个分支向下搜索，直到达到叶节点，叶节点的情感类别标签就是该未知文本的情感类别。目前，有多种具体的算法可以用来构建决策树，例如 ID3、[①] C4.5[②] 和 CART[③] 等。与其他机器学习算法相比，关于专门针对基于决策树的情感分类方法的研究尚不多见，多数研究是以决策树为基线算法进行比较分析。

Sui 等[④]研究了 SVM 和决策树在使用不同文本特征的情况下在文本情感分类中的表现。

Hu 和 Li[⑤] 通过探索主题项的描述模型（description model of topical terms）提出了一种文档情感分类方法，其中最大生成树（maximum spanning tree）被用来挖掘主题项与它的上下文词汇的链接并对句子进行情感分类。基于电影和数码产品的评论验证了所提出方法的有效性。

Zhao 等[⑥]提出了一种基于决策树的能够集成内部文本证据（intra-document evidence）和外部文本证据（inter-document evidence）

---

① J. R. Quinlan, "Induction of Decision Trees", *Machine Learning*, Vol. 1, No. 1, 1986, pp. 81 – 106.

② J. R. Quinlan, *C4. 5 Programs for Machine Learning*, Elsevier, 2014.

③ L. Breiman et al., *Classification and Regression Trees*, Wadsworth, CA Chapman & Hall, 1984.

④ H. Sui, C. Khoo, S. Chan, "Sentiment Classification of Product Reviews Using SVM and Decision Tree Induction", *Advances in Classification Research Online*, Vol. 14, No. 1, 2003, pp. 42 – 52.

⑤ Y. Hu, W. Li, "Document Sentiment Classification by Exploring Description Model of Topical Terms", *Computer Speech & Language*, Vol. 25, No. 2, 2011, pp. 386 – 403.

⑥ Z. Yan-Yan, Q. Bing, L. Ting, "Integrating Intra-and Inter-Document Evidences for Improving Sentence Sentiment Classification", *Acta Automatica Sinica*, Vol. 36, No. 10, 2010, pp. 1417 – 1425.

的语句层级的情感分类方法。以数码相机领域的评论为样本，将提出的算法与监督和非监督学习算法进行比较。结果表明，所提出的算法的表现要优于实验中作为对照的监督和非监督学习算法。

4. 基于深度学习的分类方法

深度学习源于人工神经网络，它是一种包含多个隐藏层的多层感知器模型。深度学习可以通过组合低层特征形成更加抽象的高层表示属性类别或特征，进而可以对数据的分布特征进行表示。目前，常用的基于深度学习的分类方法主要包括两大类：卷积神经网络和循环神经网络。

（1）卷积神经网络

卷积神经网络（convolution neural network）是一类包含卷积计算且具有深度结构的前馈神经网络（feedforward neural networks），是深度学习（deep learning）的代表算法之一。该网络一般包含五层，即输入层、卷积层、池化层、全连接层以及输出层。卷积神经网络的最大特点是局部感知、参数共享以及空间的亚采样。这些特点保证了卷积神经网络在一定程度上的尺度、位移和形变的不变性。因此，与其他神经网络相比，卷积神经网络需要训练的参数较少，大大降低了模型的复杂度。目前，关于基于卷积神经网络的情感分类研究，引起了国内外学者的广泛关注并取得了一定的研究成果。下面针对关于基于卷积神经网络的情感分类方法的研究成果进行文献综述。

Kim[1] 给出了基于卷积神经网络的情感分类的研究框架，并进行了一系列实验，通过这些实验验证了卷积神经网络在不同参数和结构下在情感分类任务中的表现，为后续基于卷积神经网络的情感分类的研究奠定了基础。

---

① Y. Kim, "Convolutional Neural Network for Sentence Classification", *Eprint Arxiv*, 2015.

Santos 和 Gattit① 提出了一种可以利用从字符到语句层面信息的基于卷积神经网络的短文本情感分类方法，将提出的方法应用于两个不同领域的语料库：斯坦福情感树图资料库（Stanford sentiment treebank）和斯坦福大学推特情感语料库（Stanford twitter sentiment corpus）。结果表明，对于第一个语料库，所提出的方法的正负情感分类准确率为 85.7%，达到了最先进（state-of-the-art）的水平；对于第二个语料库来说，所提出的方法的分类准确率为 86.4%。

刘龙飞等②提出了一种基于卷积神经网络的微博情感分析方法。在该方法中，分别采用字级别向量和词级别向量作为原始特征对卷积神经网络进行训练，以 COAE2014 任务中语料库为数据来源进行实验。结果表明，采用卷积神经网络对微博进行情感分析是有效的，并且对于微博情感分析采用字级别向量作为原始特征要好于采用词级别向量作为原始特征。

Gao 等③针对在采用卷积神经网络进行情感分类时不同的卷积滤波器的宽度会影响情感分类性能的问题，将卷积神经网络与 Adaboost 算法相结合，提出了一种集成卷积神经网络情感分类算法。采用两个公开数据集（Movie Review 数据集和 IMDB 数据集）进行实验，通过与十余种基础算法进行比较，结果表明，提出的模型的准确率要优于基础算法，进而验证了提出模型的有效性。

何炎祥等④针对微博情感分类问题，提出了一种情感语义增强的

---

①　C. N. D. Santos, M. Gattit, "Deep Convolutional Neural Networks for Sentiment Analysis of Short Texts", Proceedings of COLING 2014, the 25th International Conference on Computational Linguistics Technical Papers, 2014, pp. 69 – 78.

②　刘龙飞、杨亮、张绍武：《基于卷积神经网络的微博情感倾向性分析》，《中文信息学报》2015 年第 6 期。

③　Y. Gao et al., "Convolutional Neural Network based Sentiment Analysis Using Adaboost Combination", 2016 International Joint Conference on Neural Networks, 2016, pp. 1333 – 1338.

④　何炎祥、孙松涛、张欢欢：《用于微博情感分析的一种情感语义增强的深度学习模型》，《计算机学报》2017 年第 4 期。

深度学习模型。在提出的模型中，通过词向量技术将表情符号转化为情感空间特征表示矩阵，并依据向量的语义合成计算原理，将词义映射到情感空间。在此基础上，将得到的映射结果输入卷积神经网络，可以得到一个关于微博的情感分类器。最后，在实际的微博语料库中验证了提出模型的有效性。

梁斌等[①]针对在特定目标情感分析中，将注意力机制与长短时记忆神经网络等序列性输入网络相结合的网络模型训练时间长，且无法对文本进行平行化输入等问题，提出一种基于多注意力卷积神经网络的特定目标情感分析方法。以 SemEval 2014 数据集和汽车领域数据集进行实验，提出的算法的表现要比普通卷积神经网络、基于单注意力机制的卷积神经网络和基于注意力机制的长短时记忆神经网络更好。

Zhao 等[②]针对推特情感分类问题，提出了一种深度卷积网络模型。在该模型中，首先，利用潜在的上下文语义关系和推特中单词间的共现统计特征构建了词向量。其次，将得到的词向量与 n-grams 特征和词汇情感得分相结合构建了推特情感特征集合。再次，将得到的特征集合输入深度卷积神经网络中，可以预测推特的情感类别。最后，通过实验验证了提出方法的有效性。

张海涛等[③]针对微博舆情情感分类问题，提出了一种卷积神经网络模型。其一，通过网络爬虫获取微博话题数据，并利用 word2vec 算法训练词向量；其二，采用 NLPIR/ICTCLAS2016 工具对微博数据进行分词，基于 2018 年 4 月微博话题榜的有关话题及评论数据进行实验验证。结果表明，提出的模型能够实现有效的微博舆情情感分

① 梁斌、刘全、徐进：《基于多注意力卷积神经网络的特定目标情感分析》，《计算机研究与发展》2017 年第 8 期。

② J. Zhao, X. Gui, X. Zhang, "Deep Convolution Neural Networks for Twitter Sentiment Analysis", *IEEE Access*, Vol. 6, 2018, pp. 23253 – 23260.

③ 张海涛、王丹、徐海玲：《基于卷积神经网络的微博舆情情感分类研究》，《情报学报》2018 年第 7 期。

类，相较传统机器学习具有一定的优越性。

陈洁等①针对传统的卷积神经网络在进行情感分析任务时会忽略词的上下文语义以及卷积神经网络在最大池化操作时会丢失大量特征信息，从而限制模型的文本分类性能这两大问题，提出一种并行混合神经网络模型 CA-BGA。首先，采用特征融合的方法在卷积神经网络的输出端融入双向门限循环单元神经网络，通过融合句子的全局语义特征加强语义学习；其次，在卷积神经网络的卷积层和池化层之间以及双向门限循环单元的输出端引入注意力机制，从而在保留较多特征信息的同时，降低噪声干扰；最后，基于以上两种改进策略构造出了并行混合神经网络模型。实验结果表明，提出的混合神经网络模型具有收敛速度快的特性，并且有效地提升了文本分类的 F1 值，在中文评论短文本情感分析任务上具有优良的性能。

（2）循环神经网络

与普通的全连接神经网络相比，循环神经网络（recurrent neural network）的最大特点就是隐藏层各单元之前有连接。循环神经网络的这种隐藏层各单元之间的连接使循环神经网络能够更好地处理序列任务。由于文本情感分类本质上属于序列任务，因此，循环神经网络天然非常适合文本情感分类。目前，关于基于循环神经网络的情感分类研究，引起了国内外学者的广泛关注并取得了一定的研究成果。下面针对基于循环神经网络的情感分类方法相关研究成果进行文献综述。

Dong 等②提出了一种自适应的循环神经网络来进行目标依存（target-dependent）的推特情感分类方法。提出的自适应地循环神经

---

① 陈洁、邵志清、张欢欢：《基于并行混合神经网络模型的短文本情感分析》，《计算机应用》2019 年第 8 期。

② L. Dong et al. , "Adaptive Recursive Neural Network for Target-Dependent Twitter Sentiment Classification", Proceedings of the 52nd Annual Meeting of the Association for Computational Linguistics, 2014, pp. 49 – 54.

网络能够依据情感词和目标之间的上下文和语法关系自适应地将情感词传递给目标。最后，通过实验验证了提出的自适应的循环神经网络在目标依存（target-dependent）的推特情感分类中的有效性。

Tang 等[1]针对文档水平的情感分类问题，提出了一种门控递归神经网络模型。在该模型中，首先，采用卷积神经网络或者长短时记忆神经网络学习句子的语义及其上下文关系。其次，利用门控递归神经网络对句子的语义及其上下文关系进行自适应编码，进而可以对文本进行情感分类。最后，以四个大规模评论语料为数据来源进行实验分析，验证了提出方法的有效性。

梁军等[2]针对长短时记忆（Long Short Term Memory，LSTM）不能有效表征语言的结构层次信息问题，将 LSTM 扩展到基于树结构的递归神经网络上，用于捕获文本更深层次的语义语法信息，并根据句子前后词语间的关联性引入情感极性转移模型。实验证明，提出的模型优于 LSTM、递归神经网络等，验证了提出方法的有效性。

Wang 等[3]针对方面水平的情感分类问题，提出了一种基于注意力的 LSTM 模型，其中注意机制可以集中在句子的不同部分，当不同的方面作为输入。在 SemEval 2014 数据集上进行了实验，结果表明，提出的模型在方面级别的情感分类中有较好的表现。

余传明[4]针对跨领域情感分类问题，提出了一种跨领域深度循环神经网络模型，实现不同领域环境下的知识迁移。以亚马逊在

---

[1]　D. Tang, B. Qin, T. Liu, "Document Modeling with Gated Recurrent Neural Network for Sentiment Classification", *Proceedings of the 2015 Conference on Empirical Methods in Natural Language Processing*, 2015, pp. 1422 – 1432.

[2]　梁军、柴玉梅、原慧斌：《基于极性转移和 LSTM 递归网络的情感分析》，《中文信息学报》2015 年第 5 期。

[3]　Y. Wang, M. Huang, L. Zhao, "Attention-based LSTM for Aspect-Level Sentiment Classification", Proceedings of the 2016 Conference on Empirical Methods in Natural Language Processing, 2016, pp. 606 – 615.

[4]　余传明：《基于深度循环神经网络的跨领域文本情感分析》，《图书情报工作》2018 年第 11 期。

书籍、DVD 和音乐类目下的中文评论作为实验数据进行实验，结果表明，提出的模型在跨领域环境下的平均分类准确度达到了81.70%，优于传统的栈式长短时记忆网络模型（79.90%）、双向长短时记忆网络模型（80.50%）、卷积神经网络长短时记忆网络串联模型（74.70%）以及卷积神经网络长短时记忆网络并联模型（80.90%）。

Li 等①针对情感分类中没有考虑主题和忽略不同词汇在情感分类中的不同重要性等问题，将主题模型和注意力机制相结合，提出了一种双向门控递归单元神经网络模型，并通过实验验证了提出模型的有效性。

Hong 等②针对现有情感分类模型在进行情感分类时忽略了句子中关键词的位置和语义连接的不同倾向的问题，提出了一种双向门控循环单元模型。该模型与一种新的注意池（attention pooling）相结合，将最大注意池与关键词相结合，自动地保持文本中更有意义的特征，从而实现长时间编码。最后，基于四个数据集验证了提出模型的有效性。

Feng 等③针对微博情感分类问题，将微博会话作为一个序列，将之前的推文合并到上下文感知情感分类中，开发了一个基于上下文感知（context-aware）的长短期记忆网络模型。提出的模型采用层次结构对微博序列进行建模，并利用关注机制分配不同权重的单词和微博。对公共数据集的实验评估表明，提出的模型在很大程度上优于其他已有算法。

---

① Q. Li et al., "Tourism Review Sentiment Classification Using a Bidirectional Recurrent Neural Network with an Attention Mechanism and Topic-Enriched Word Vectors", *Sustainability*, Vol. 10, No. 9, 2018, pp. 1 – 15.

② M. Hong et al., "Combining Gated Recurrent Unit and Attention Pooling For Sentimental Classification", Proceedings of the 2018 2nd International Conference on Computer Science and Artificial Intelligence, 2018, pp. 99 – 104.

③ S. Feng et al., "Attention Based Hierarchical LSTM Network for Context-Aware Microblog Sentiment Classification", *World Wide Web*, Vol. 22, No. 1, 2019, pp. 59 – 81.

(二) 无监督的机器学习算法

对于无法预先获得标记好情感倾向的训练样本的情形，则可以采用无监督的机器学习算法对其进行情感分类。无监督的机器学习算法，主要是依据领域关键词计算文档间的相似度，进而通过对文本进行聚类来实现文本的情感分类。[①] 目前，关于基于无监督机器学习的情感分类研究，引起了国内外学者的广泛关注并取得了一定的研究成果。下面针对基于无监督机器学习的情感分类方法相关研究成果进行简要文献综述。

Ko 和 Seo[②] 提出了一种非监督的文本分类方法。在该方法中，首先，将文本分成若干句子，并依据每个类别的关键词列表和句子的相似度对句子进行分类。其次，依据得到的分好类别的句子训练朴素贝叶斯算法。最后，可以依据训练好的算法对文本进行分类。以从网上收集的 2268 个文档为数据集进行实验，结果表明所提出的方法的表现与传统的监督机器学习算法的表现类似。

Zagibalov 等[③]针对情感分类研究中的领域相关问题 (domain-dependency)，提出了一种基于自动选择种子词汇的非监督情感分类算法。整个方法是无监督的，不需要任何注释训练数据，只需要关于常见的否定和副词的信息。基于 10 类产品的在线评论进行实验，结果表明，提出的算法的分类精度与监督学习算法得到的精度接近，在一些情况甚至优于监督学习算法。

---

① K. Dave, S. Lawrence, D. M. Pennock, "Mining the Peanut Gallery Opinion Extraction and Semantic Classification of Product Reviews", Proceedings of the 12th International Conference on World Wide Web, 2003, pp. 519 – 528; X. Fu et al., "Multi-Aspect Sentiment Analysis for Chinese Online Social Reviews based on Topic Modeling and Hownet Lexicon", *Knowledge-Based Systems*, Vol. 37, 2013, pp. 186 – 195.

② Y. Ko, J. Seo, "Automatic Text Categorization by Unsupervised Learning", Proceedings of the 18th Conference on Computational Linguistics, 2000, pp. 453 – 459.

③ T. Zagibalov, J. Carroll, "Automatic Seed Word Selection for Unsupervised Sentiment Classification of Chinese Text", Proceedings of the 22nd International Conference on Computational Linguistics, 2008, pp. 1073 – 1080.

Zhang 等①针对中文手机评论情感分类问题，提出了一种基于互联网（Internet-based）的中文评论情感分析方法。在该方法中，首先，对评论内容进行分词和词性标注等预处理；其次，根据词性标注结果，有选择地提取符合一定模式的双词短语；再次，计算了提取的短语的情感得分；从次，计算评论中的所有短语的平均得分，进而可以确定评论的情感倾向；最后，通过实验验证了提出方法的有效性。

Paltoglou 和 Thelwall②针对非正式文本（informal textual）的情感分类问题，提出了一种可以用于非正式文本的主观性检测（subjectivity detection）和极性分类（polarity classification）的非监督学习算法。在三个现实数据集进行了大量的实验，结果表明，在大多数情况下，提出的算法的表现要优于监督机器学习算法，总体上为非正式文本的情感分类提供了一个非常可靠的解决方案。

Li 等③针对情感分类研究中的领域相关问题（domain-dependency），提出了一种基于搜索引擎的搜索结果页面上的摘要信息片段（sinppet-based）的非监督情感分类算法。该算法的一个基本假设是，具有类似情感倾向的术语往往会同时出现。通过使用从搜索引擎返回的片段来测量共现性，查询由文本和种子正向或负向情感词汇的组成，进而可以预测用户评论的平均情感倾向。以携程网中的600篇关于旅游目的地的在线评论为数据集进行实验，得到提出的方法的精度为76.5%。

---

① Z. Zhang et al., "Sentiment Classification for Chinese Product Reviews Using an Unsupervised Internet-Based Method", 2008 International Conference on Management Science and Engineering 15th Annual Conference Proceedings, 2008, pp. 3 – 9.

② G. Paltoglou, M. Thelwall, "Twitter, MySpace, Digg: Unsupervised Sentiment Analysis in Social Media", *ACM Transactions on Intelligent Systems and Technology*, Vol. 3, No. 4, 2012, pp. 1 – 19.

③ Y. Li et al., "Snippet-Based Unsupervised Approach for Sentiment Classification of Chinese Online Reviews", *International Journal of Information Technology & Decision Making*, Vol. 10, No. 6, 2011, pp. 1097 – 1110.

Fu 等[1]提出了一种基于主题建模和 HowNet 词典的中文在线社交评论的多方面（multi-aspect）情感分析方法。在该方法中，采用隐狄利克雷分配（Latent Dirichlet Allocation，LDA）主题模型挖掘社交评论中的多个方面的整体主题；基于一个滑动窗口提取局部主题和相关的情感，其中，局部主题是采用预先训练好的隐狄利克雷分配主题模型提取的，相关的情感是采用 HowNet 词典确定的。实验结果表明，提出的方法不仅可以获得好的主题划分结果，而且有助于提高情感分析的准确性。

Hu 等[2]针对获取社交媒体中数据类别标签成本高的问题，提出了一种基于情感符号的非监督情感分类方法。该方法使用了两类情感信号：情感指示（emotion indication）和情感关联（emotion correlation）。最后，基于两个推特数据库验证了提出的方法的有效性。

Pandarachalil 等[3]针对推特的情感分类问题，基于 SenticNet、SentiWordNet 和 SentislangNet 三个情感词典，开发了一种无监督推特情感分析方法并进行了实验比较分析。实验结果表明，该方法关于 F-score 的效果较好，该方法是并行实现和测试的 python 框架，并且在多核上具有大量数据的情况下可以很好地扩展。

García-Pablos 等[4]针对手动标记数据以训练所有领域和语言的监

① X. Fu et al. , "Multi-Aspect Sentiment Analysis for Chinese Online Social Reviews based On Topic Modeling and Hownet Lexicon", *Knowledge-Based Systems*, Vol. 37, 2013, pp. 186 – 195.

② X. Hu et al. , "Unsupervised Sentiment Analysis with Emotional Signals", Proceedings of the 22nd International Conference on World Wide Web, 2013, pp. 607 – 618.

③ R. Pandarachalil, S. Sendhilkumar, G. S. Mahalakshmi, "Twitter Sentiment Analysis for Large-Scale Data an Unsupervised Approach", *Cognitive Computation*, Vol. 7, No. 2, 2015, pp. 254 – 262.

④ A. García-Pablos, M. Cuadros, G. Rigau, "W2VLDA Almost Unsupervised System for Aspect based Sentiment Analysis", *Expert Systems with Applications*, Vol. 91, 2018, pp. 127 – 137.

督系统非常耗时的问题，提出了一个基于主题建模的几乎无监督的情感分析算法，它与其他一些无监督方法和最小配置步骤相结合，对任何给定领域和语言执行方面类别分类、方面术语和意见词分离以及情感极性分类。以多语言 SemEval 2016 任务 5（ABSA）数据集为样本，进行了比较性实验分析。结果表明，提出的算法在多个领域（酒店、餐厅、电子设备）和语言（英语、西班牙语、法语和荷兰语）的情感分类任务中表现较好，验证了提出方法的有效性。

第三节　关于基于在线评论的管理决策分析方面的研究

在线评论作为一种新的数据源已经被广泛地应用于实际的管理决策分析之中。按照所解决的实际的管理决策分析问题的不同，这些研究主要可以分成五大类：基于在线评论的产品排序研究、基于在线评论的产品推荐方法研究、基于在线评论的消费者满意度测量研究、基于在线评论的产品缺点识别及改进研究和基于在线评论的市场分析研究。下面分别针对上述五个方面的相关研究成果进行文献综述。

一　基于在线评论的产品排序研究

目前，关于基于在线评论的产品排序研究，引起了国内外学者的广泛关注并取得了一定的研究成果。下面针对基于在线评论的产品排序的相关研究成果进行文献综述。

Zhang 等[1]较早地提出了一种利用在线评论信息进行商品排序的方法。该方法通过一种动态编程技术来识别评论信息中的比较语句

---

① K. Zhang, R. Narayanan, A. Choudhary, "Mining Online Customer Reviews for Ranking Products", Technical Report, EECS Department, Northwestern University, 2009.

和主观语句，使用情感分析分别确定了关于单一商品的正面、负面主观语句的数量和关于商品的正面、负面比较语句的数量，依据正面、负面的主观语句和比较语句的信息构建了一种有向加权特征图，根据有向加权特征图利用改进的 PageRank 算法来确定商品排序。

Zhang 等①考虑到不同消费者可能重视商品的不同特征，进一步利用商品在线评论信息提出了一种基于特征的商品排序方法。在该方法中，首先，主观定义了针对所关注的一类商品的特征；其次，通过将评论与各特征同义词进行比对，确定了针对各特征的评论信息集合；最后，针对每个特征的评论信息集合确定针对该特征的商品排序结果。

Zhang 等②考虑到评论在商品排序中的重要性程度不同，通过计算各评论的有用性和时效性对上述方法进行了进一步改进。通过引入评论帮助性投票和评论发布日期等信息，对方法进行了进一步的扩展，提出了一种新的基于在线评论的商品排序方法。该方法大致可以被分为商品在线评论分析和商品排序两大部分。商品在线评论分析部分包括：（a）首先通过爬虫技术获取商品在线评论信息并对爬取的信息进行预处理；（b）根据有用投票和总投票的数量确定每条评论的有用性权重，并采用指数模型计算每条评论的时间权重。商品排序部分为依据评论的有用性权重、时间权重和评论情感倾向分析结果，计算商品整体排名分数并对商品进行排序。

Peng 等③针对中文在线评论信息，提出了一种基于模糊

---

① K. Zhang, R. Narayanan, A. Choudhary, "Voice of the Customers Mining Online Customer Reviews for Product Feature-Based Ranking", Proceedings of the 3rd Conference on Online Social Networks, 2010, pp. 1 – 11.

② K. Zhang et al., "Mining Millions of Reviews a Technique to Rank Products based on Importance of Reviews", Proceedings of the 13th International Conference on Electronic Commerce, 2011, pp. 1 – 8.

③ Y. Peng, G. Kou, J. Li, "A Fuzzy PROMETHEE Approach for Mining Customer Reviews in Chinese", Arabian Journal for Science and Engineering, Vol. 39, No. 6, 2014, pp. 5245 – 5252.

PROMETHEE 的商品排序方法。在该方法中，首先，通过对评论信息的分析和特征同义词合并，确定了各商品特征被提及的频率，通过删除提及频率较低的特征，确立了频繁特征集；其次，通过专家主观评价，确定了商品针对高频特征的模糊评价矩阵；最后，基于模糊加权矩阵，采用 PROMETHEE 对商品进行排序。

Chen 等①提出了一种基于在线评论的市场结构可视化方法。在该方法中，首先，人工将针对某类商品的评论分为正面和负面评论集合，依据正面评论通过主题模型和碎石图技术确定评论针对正面主题的概率分配矩阵；其次，依据概率分配矩阵确定商品关于重要主题的权重矩阵和重要主题的权重；再次，依据权重矩阵和主题权重采用多维标度测量方法，可以得到基于正面评论的市场结构的认知图，并通过 TOPSIS 方法确定基于正面评论的商品排序结果。另外，依据该类商品负面评论信息，采用与正面评论信息类似的计算过程，可以得到基于负面评论的市场结构的认知图和商品排序结果。

Najmi 等②提出了一种利用商品在线评论信息的综合性商品排序方法，在该方法中，通过对品牌得分和商品评论商品排序得分进行集结来确定商品排序得分，其中品牌得分是通过改进 Page-Rank 算法得到的，商品评论得分的确定综合考虑了评论情感倾向、产品方面和评论信息的有用性。

Yang 等③依据电子商务网站上消费者针对商品的打分评级、在线评论和对比性投票三类信息，构建了同类商品比较的有向加权图，进而提出了一种基于在线评论的商品排序方法。基于三种不同类别

---

①　K. Chen et al. , "Visualizing Market Structure Through Online Product Reviews: Integrate Topic Modeling, TOPSIS, and Multi-Dimensional Scaling Approaches", *Electronic Commerce Research and Applications*, Vol. 14 No. 1, 2015, pp. 58 – 74.

②　E. Najmi et al. , "CAPRA: A Comprehensive Approach to Product Ranking Using Customer Reviews", *Computing*, Vol. 97, No. 8, 2015, pp. 843 – 867.

③　X. Yang, G. Yang, J. Wu, "Integrating Rich and Heterogeneous Information to Design a Ranking System for Multiple Products", *Decision Support Systems*, Vol. 84, 2016, pp. 117 – 133.

产品（手机、笔记本电脑和数码相机）的描述性和比较性信息进行实验，并与已有的产品排序方法进行比较，验证了提出方法的有效性。

王伟和王洪伟①通过分析商品在线评论中的比较语句及其情感倾向，构建了商品比较的单边、双边以及多边的有向网络，采用网络分析方法确定商品的排序，进而识别商品的竞争优势。

Guo 等②将主观和客观情感值相结合，提出了一种依据在线评论的基于备选商品的不同方面（aspect）的排序方法。在该方法中，首先，通过主题模型确定商品方面的权重来计算产品的客观情感值。其次，基于消费者的个性化偏好计算了备选商品的分值，同时，也分析了每两种产品之间的比较优势。再次，可以构建产品比较的有向图模型，并通过改进的网页排序算法确定产品的排序结果。最后，通过实例分析说明了该方法的可行性和有效性。

Liu 和 Teng③针对依据在线评论的商品排序问题，提出了一种扩展的概率语言 TODIM 方法。在该方法中，提出了一个可能性公式来比较概率语言术语集（PLTSs）。此外，基于交叉熵（cross-entropy）和熵测度（entropy measures），提出了一种确定目标权重的组合加权方法，描述了扩展 PL-TODIM 方法的具体步骤。为了验证所提出方法的有效性和实用性，设计了一个 SUV 排序决策的案例研究。最后，通过与现有方法比较，进一步说明了提出方法的优越性。

二　基于在线评论的产品推荐方法研究

目前，关于基于在线评论的产品推荐方法的研究，引起了国内

① 王伟、王洪伟：《面向竞争力的特征比较网络情感分析方法》，《管理科学学报》2016 年第 9 期。

② C. Guo, Z. Du, X. Kou, "Products Ranking through Aspect-based Sentiment Analysis of Online Heterogeneous Reviews", *Journal of Systems Science and Systems Engineering*, Vol. 27, No. 5, 2018, pp. 542–558.

③ P. Liu, F. Teng, "Probabilistic Linguistic TODIM Method for Selecting Products through Online Product Reviews", *Information Sciences*, Vol. 485, 2019, pp. 441–455.

外学者的广泛关注并取得了一定的研究成果。下面针对基于在线评论的产品推荐方法的相关研究成果进行文献综述。

Leung 等①提出了一种基于协同过滤和在线评论情感分析的产品推荐方法。在该方法中，首先，应用词性标注来提取评论中的形容词和动词作为意见词。其次，依据单词在属于某个类别的评论中出现的频率确定意见词的情感倾向。再次，依据评论中所有意见词的情感强度确定用户对项的打分。最后，基于得到的用户打分开发了一种基于协同过滤的推荐算法。

Aciar 等②提出了一种基于顾客评论的推荐算法。在该方法中，首先，基于本体（ontology）将在线评论转换成适用于产生推荐的结构化形式。其次，通过一个排序推荐机制基于在线评论存储到本体中的信息计算产品的评级。最后，基于本体数据产生推荐。

Yates 等③提出了一种基于产品技术参数和用户评论的产品推荐方法。在他们的研究中，提出了一种"产品价值模型"（product value model）。模型表明产品对普通用户的内在价值，其可以被用在对目标用户的个性化推荐中。首先，以意见特征和技术参数作为输入变量，以产品价格作为输出变量，训练了一个支持向量回归模型。其次，基于得到的支持向量回归模型可以预测新产品的内在价值。在此基础上，构建了用户个性化价值模型（user's personalized value model）和产品价值模型（product's value model）。最后，基于得到的用户个性化价值模型和产品价值模型可以计算产品适合用户的程度，进而产生推荐。

---

①　C. W. K. Leung, S. C. F. Chan, F. Chung, "Integrating Collaborative Filtering and Sentiment Analysis: A Rating Inference Approach", Proceedings of the ECAI 2006 Workshop on Recommender Systems, 2006, pp. 62 – 66.

②　S. Aciar et al., "Informed Recommender Basing Recommendations on Consumer Product Reviews", *IEEE Intelligent Systems*, Vol. 22, No. 3, 2007, pp. 39 – 47.

③　A. Yates et al., "Shopsmart Product Recommendations through Technical Specifications and User Reviews", Proceedings of the 17th ACM Conference on Information and Knowledge Management, 2008, pp. 1501 – 1502.

Jamroonsilp 和 Prompoon[①] 基于软件评论提出了一种基于质量的软件排序推荐算法。在该方法中，首先，使用谷歌自定义搜索应用程序接口从相关网站中收集用户评论。其次，对评论进行分析得到不同软件的比较结果。再次，构建软件比较的有向加权图（directed and weighted graph）。最后，计算软件得分进而确定软件的排序推荐结果。

Liu 等[②]提出了一种基于在线评论分析的推荐算法。在该方法中，首先，依据评论中的副词提取了用户的意见。其次，提取这些意见词附近的特征，进而确定用户对项的意见特征组。再次，可以确定用户关注的内容（concern）和用户的需求（requirement）。从次，依据用户关注的内容和用户的需求确定用户的偏好。最后，依据得到的用户的偏好可以确定用户对项的满意度，进而产生推荐。

王伟等[③]提出了一种考虑在线评论的情感倾向的协同过滤推荐算法。在该方法中，首先，采用特征提取和情感分析确定了特征—观点对。其次，分别针对混合商品和同类商品计算了用户兴趣相似度。再次，依据用户兴趣相似度，计算用户对商品的兴趣度。最后，依据得到的兴趣度为用户做出推荐。

Ma 等[④]提出了一种基于在线评论用户偏好挖掘的个性化推荐方法。在该方法中，首先，通过基于方面（aspect）的意见挖掘将自由文本评论转化为结构化数据。其次，依据得到的结构化数据确定了方面重要性

① S. Jamroonsilp, N. Prompoon, "Analyzing Software Reviews for Software Quality-Based Ranking", The 10th International Conference on Electrical Engineering/Electronics, Computer, Telecommunications and Information Technology, 2013, pp. 1 – 6.

② H. Liu et al., "Combining User Preferences and User Opinions for Accurate Recommendation", *Electronic Commerce Research and Applications*, Vol. 12, No. 1, 2013, pp. 14 – 23.

③ 王伟、王洪伟、孟园：《协同过滤推荐算法研究：考虑在线评论情感倾向》，《系统工程理论与实践》2014 年第 12 期。

④ Y. Ma, G. Chen, Q. Wei, "Finding Users Preferences from Large-Scale Online Reviews for Personalized Recommendation", *Electronic Commerce Research*, Vol. 17, No. 1, 2017, pp. 3 – 29.

（aspect importance）和方面需求（aspect need）。再次，依据得到的方面重要性和方面需求确定了用户对方面的偏好。最后，基于得到的用户对方面的偏好可以计算用户之间的相似度，进而为用户产生推荐。

Zhang 等[1]针对医疗服务推荐中缺乏针对用户的个性化和专业化等问题，提出了一种基于混合矩阵分解的医疗推荐系统。在该系统中，通过在线评论的情感分析来揭示用户评论的情感偏移，并修正原有的用户对医生的评价。此外，采用 LDA 主题模型从评论中提取用户偏好和医生特征，并将其集成到传统矩阵分解方法中。

Jing 等[2]提出了一种基于顾客偏好挖掘和情感评估的个性化推荐方法。在该方法中，一是通过方面水平的情感分析（aspect-level）将在线评论转换成一个结构化的方面水平的评论向量。二是基于得到的向量提取特征词和情感得分。再次，基于得到的特征词及情感得分计算顾客偏好和相似度。最后，基于京东网站的实际数据验证了提出方法的有效性。

三　基于在线评论的消费者满意度测量研究

目前，关于基于在线评论的消费者满意度测量研究，引起了国内外学者的关注并取得了一定的研究成果。下面针对基于在线评论的消费者满意度测量的相关研究成果进行文献综述。

Decker 和 Trusov[3] 提出了一种计量经济学框架（econometric framework）从在线评论中估计顾客对属性的情感对顾客整体满意度

---

① Y. Zhang et al. , "iDoctor: Personalized and Professionalized Medical Recommendations based on Hybrid Matrix Factorization", *Future Generation Computer Systems*, Vol. 66, 2017, pp. 30 – 35.

② N. Jing et al. , "Personalized Recommendation Based on Customer Preference Mining and Sentiment Assessment from a Chinese E-Commerce Website", *Electronic Commerce Research*, Vol. 18, No. 1, 2018, pp. 159 – 179.

③ R. Decker, M. Trusov, "Estimating Aggregate Consumer Preferences from Online Product Reviews", *International Journal of Research in Marketing*, Vol. 27, No. 4, 2010, pp. 293 – 307.

的影响。在该框架中，分别采用泊松回归模型（Poisson regression model）、负二元回归模型（negative binominal regression model）和潜在分类泊松回归模型（latent class Poisson regression model）计算顾客对属性的情感对顾客整体满意度的影响。研究结果表明，在这几个模型中，负二元回归模型是用来估计顾客对属性的情感对顾客整体满意度的影响较好的选择。

Tirunillai 和 Tellis[①] 提出了一种基于改进 LDA 主题模型的顾客满意度维度提取框架。在该框架中，首先，对在线评论进行清洗并做标准化处理以便进一步分析。其次，基于改进的 LDA 主题模型提取满意度维度，并确定这些维度的重要性和情感倾向。最后，基于改进的 LDA 主题模型的输出，确定每个满意度维度的标签（label）、动态性（dynamics）和异质性（heterogeneity）。

Guo 等[②]使用 LDA 主题模型识别了旅游评论中的顾客满意度维度。在该研究中，首先，收集并处理了 266554 条游客评论。其次，基于 LDA 主题模型从处理后的评论中提取了 19 个顾客满意度维度。最后，基于酒店的打分信息，使用感知图（perceptual mapping）识别了顾客满意度的重要维度。

Farhadloo 等[③]提出了一种使用在线评论的顾客满意度维度建模的贝叶斯方法。在该方法中，一是使用方面级别（aspect-level）的情感分析方法将非结构化在线评论转换为半结构化数据，即确定了每个产品针对每个属性在每条评论中情感词的频次。二是通过

① S. Tirunillai, G. J. Tellis, "Mining Marketing Meaning from Online Chatter: Strategic Brand Analysis of Big Data Using Latent Dirichlet Allocation", *Journal of Marketing Research*, Vol. 51, No. 4, 2014, pp. 463 - 479.

② Y. Guo, S. J. Barnes, Q. Jia, "Mining Meaning from Online Ratings and Reviews: Tourist Satisfaction Analysis Using Latent Dirichlet Allocation", *Tourism Management*, Vol. 59, 2017, pp. 467 - 483.

③ M. Farhadloo, R. A. Patterson, E. Rolland, "Modeling Customer Satisfaction from Unstructured Data Using a Bayesian Approach", *Decision Support Systems*, Vol. 90, 2016, pp. 1 - 11.

提出一个概率方法确定每个属性的评级以及每个属性的相对重要性。

Qi 等①从产品改进的视角提出了一种基于在线评论的顾客需求挖掘方法。在该研究中，首先，提取了对产品改进有用的评论。其次，通过 LDA 主题模型和情感分析确定了产品的属性以及这些属性的情感倾向。最后，通过一种基于联合分析的方法确定了产品属性的权重，其中通过一个多元回归模型确定了对产品属性的情感对顾客整体满意度的影响。

Xiao 等②提出了一种基于在线评论的用于测量顾客偏好的计量经济模型。在该模型中，首先，基于半结构化（结构化）评论确定了顾客对产品特征的情感倾向。其次，基于顾客评分信息，通过构建顾客信任网络确定顾客的整体位置或者信誉。再次，通过一个改进的有序选择模型（modified ordered choice model）确定了顾客的偏好。最后，基于改进的有序选择模型的结果，通过提出基于边际影响的卡诺模型进一步将产品属性分成了六种不同类型。

Wang 等③基于产品在线评论测量了产品属性如何影响客户满意度。在该研究中，通过情感分析确定了顾客对购买的产品是否满意，并建立了一个 logistic 回归模型来估计不同产品属性对顾客满意度得分的影响。

四　基于在线评论的产品缺点识别及改进研究

目前，关于基于在线评论的产品缺点识别及改进的研究，引起了国内外学者的关注并取得了一定的研究成果。下面针对关于基于

---

① J. Qi et al., "Mining Customer Requirements from Online Reviews: A Product Improvement Perspective", *Information & Management*, Vol. 53, No. 8, 2016, pp. 951–963.

② S. Xiao, C. P. Wei, M. Dong, "Crowd Intelligence: Analyzing Online Product Reviews for Preference Measurement", *Information & Management*, Vol. 53, No. 2, 2016, pp. 169–182.

③ Y. Wang, X. Lu, Y. Tan, "Impact of Product Attributes on Customer Satisfaction: An Analysis of Online Reviews for Washing Machines", *Electronic Commerce Research and Applications*, Vol. 29, 2018, pp. 1–11.

在线评论的产品缺点识别及改进研究成果进行文献综述。

Zhang 等①较早地提出了一种使用中文在线评论的基于情感分析的产品缺点识别系统。该系统主要包括五个部分：（a）在线评论的爬取、预处理以及备选特征词提取；（b）将产品特征词进行聚类得到产品对应的方面（aspect）；（c）确定每个方面在每个评论中的句子的情感倾向；（d）从特定的产品评论中确定产品的缺点；（e）通过和其他竞争性产品比较确定产品的缺点。

Abrahams 等②提出了一种基于社交媒体的车辆质量管理模型。在该模型中，首先，从社交媒体的讨论区收集用户评论。其次，对收集得到的评论进行预处理。再次，邀请车辆专家标注评论信息并对评论中的内容进行评估。最后，依据标注好的评论，可以采用文本挖掘方法对缺陷进行分类，进而可以构建缺陷数据库并对车辆缺陷进行分析。

H. Wang 和 W. Wang③ 提出了一种基于情感分析的产品缺点识别系统。在该系统中，首先，从相关网站中获取产品在线评论并对其进行预处理。其次，通过半监督学习算法提取了产品的方面。再次，依据得到的产品方面，通过比较评估分析和非比较评估分析可以得到产品方面的得分。最后，将产品方面的得分与预定义的阈值相比较可以最终确定产品的缺点。

Jin 等④提出了一种基于在线评论的质量功能展开中工程特征优先级

① W. Zhang, H. Xu, W. Wan, "Weakness Finder: Find Product Weakness from Chinese Reviews by Using Aspects based Sentiment Analysis", *Expert Systems with Applications*, Vol. 39, No. 11, 2012, pp. 10283 – 10291.

② A. S. Abrahams et al., "Vehicle Defect Discovery from Social Media", *Decision Support Systems*, Vol. 54, No. 1, 2012, pp. 87 – 97.

③ H. Wang, W. Wang, "Product Weakness Finder: An Opinion-Aware System through Sentiment Analysis", *Industrial Management & Data Systems*, Vol. 114, No. 8, 2014, pp. 1301 – 1320.

④ J. Jin, P. Ji, Y. Liu, "Prioritising Engineering Characteristics Based on Customer Online Reviews for Quality Function Deployment", *Journal of Engineering Design*, Vol. 25, No. 7 – 9, 2014, pp. 303 – 324.

排序方法。在该方法中，首先，从在线评论中提取了关于工程特征的顾客意见。其次，基于得到的意见信息提出了一种有序分类的方法，对工程特征进行优先级排序。以顾客的意见为特征，以顾客的总体满意度为目标值，以成对的方式推导出工程特征的权重。最后，通过一个整数线性规划模型将成对结果转化为原始客户满意度评分。

Li 等①提出了一种基于社交媒体中评论内容的产品组合设计系统。该系统主要包括五个模块：特征词典构建模块、知识分析模块、权威分析模块、情感分析模块和产品组合构建模块。以手机为目标产品，从 Epinions 网站收集了 938 条在线评论进行实验分析。结果表明，提出的系统在市场趋势预测和客户接受度方面优于其他基准方法。

Jin 等②提出了一种能够将在线评论转换成工程质量展开中的工程特征的概率语言分析方法。在该方法中，首先，分析了关键词与邻近词之间的统计共现信息（statistic concurrence information）。其次，基于一元和二元模型通过提出集成影响学习算法（integrated impact learning algorithm）分别估计了关键词和其临近词的影响。最后，依据得到的影响来估计文本中隐含的工程特征。

Li 等③提出了一种基于用户在线点评信息的平板电脑产品定制方法。在该方法中，首先，从在线评论中提取关于用户类型和笔记本电脑属性的信息。其次，通过关联规则确定用户类型和笔记本电脑属性的关联规则。最后，依据得到的关联规则对平板电脑产品进行定制分析。

---

① Y. M. Li et al. , "Creating Social Intelligence for Product Portfolio Design", *Decision Support Systems*, Vol. 66, 2014, pp. 123 – 134.

② J. Jin et al. , "Translating Online Customer Opinions into Engineering Characteristics in QFD：A Probabilistic Language Analysis Approach", *Engineering Applications of Artificial Intelligence*, Vol. 41, 2015, pp. 115 – 127.

③ S. Li, K. Nahar, B. C. M. Fung, "Product Customization of Tablet Computers Based on the Information of Online Reviews by Customers", *Journal of Intelligent Manufacturing*, Vol. 26, No. 1, 2015, pp. 97 – 110.

Lee 等[①]提出了一种基于在线评论的感知图构建方法。在该方法中，首先，对评论进行词性标注，并依据词性标注结果提取了产品的被选特征。其次，对每个提取的特征分别构建了一个虚拟文档。再次，通过一个改进的 LDA 主题模型对产品特征进行聚类。最后，将每个产品特征视为一个维度可以构建产品的感知图和雷达图，进而确定产品的优势和劣势。

Timoshenko 和 Hauser[②] 提出了一种基于顾客生成的内容（user-generated content）的用户需求识别方法。在该方法中，首先，对顾客生成的内容进行分句、剔除停用词等预处理。其次，在一个较大的顾客生成的内容语料库中训练词向量。再次，通过卷积神经网识别有用的评论内容。最后，对词向量进行聚类并且从不同类别的句子中进行抽样，选择最可能代表不同顾客需求的句子。最后，专业的分析师审查不同的包含有用信息的句子以确定客户的需求，进而可以利用客户需求确定产品开发的新机会。

五　基于在线评论的市场分析研究

目前，关于基于在线评论的市场分析研究，引起了国内外学者的关注并取得了一定的研究成果。下面针对关于基于在线评论的市场分析研究成果进行文献综述。

Lee 和 Bradlow[③] 提出了一种基于在线评论的市场结构分析和可视化方法。在该方法中，首先，通过屏幕抓取软件（screen scraping software）自动地从评论中提取详细信息，包括品牌和正、负情感倾向评论等。其次，将所有的正、负情感倾向评论分成独立的短语。

---

① A. J. T. Lee et al. , "Mining Perceptual Maps from Consumer Reviews", *Decision Support Systems*, Vol. 82, 2016, pp. 12 – 25.

② A. Timoshenko, J. R. Hauser, "Identifying Customer Needs from User-Generated Content", *Marketing Science*, Vol. 38, No. 1, 2019, pp. 1 – 20.

③ T. Y. Lee, E. T. Bradlow, "Automated Marketing Research Using Online Customer Reviews", *Journal of Marketing Research*, Vol. 48, No. 5, 2011, pp. 881 – 894.

再次，采用 K 均值聚类对得到的短语进行聚类。最后，将产品属性分层分解为其组成维度。

Netzer 等[①]提出了一种基于文本挖掘的市场结构监视方法。在该方法中，首先，挖掘顾客生成的数据（consumer-generated data）。其次，将其转化为可量化的感知关联和品牌间的相似性。再次，将条件随机场（conditional random field）方法与手工制定的规则相结合对文本数据进行挖掘。最后，使用网络分析技术将文本挖掘的数据转换成一个能够反映市场结构和其中有意义的关系的语义网络。

Chen 等[②]提出了一种基于在线评论的市场结构可视化方法。在该方法中，首先，人工将针对某类商品的评论分为正面和负面评论集合，依据正面评论通过主题模型和碎石图技术确定评论针对正面主题的概率分配矩阵。其次，依据概率分配矩阵确定了商品关于重要主题的权重矩阵和重要主题的权重；依据权重矩阵和主题权重采用多维标度测量方法，可以得到基于正面评论的市场结构的认知图，并通过 TOPSIS 方法确定基于正面评论的商品排序结果。最后，依据该类商品负面评论信息采用与正面评论信息类似的计算过程可以得到基于负面评论的市场结构的认知图和商品排序结果。

Krawczyk 和 Xiang[③]提出了一种基于在线评论的酒店品牌感知映射方法。在该方法中，首先，将酒店按照子品牌进行分类并进一步将其合并为母品牌。其次，使用文本分析技术来识别在线评论中有关酒店客人体验的词语。最后，使用对应分析（correspondence analysis）来理解和显示基于在线评论的酒店品牌与语义空间之间的关联。

[①]　O. Netzer et al. , "Mine Your Own Business: Market-Structure Surveillance through Text Mining", *Marketing Science*, Vol. 31, No. 3, 2012, pp. 521 – 543.

[②]　K. Chen et al. , "Visualizing Market Structure through Online Product Reviews: Integrate Topic Modeling, TOPSIS, and Multi-Dimensional Scaling Approaches", *Electronic Commerce Research and Applications*, Vol. 14, No. 1, 2015, pp. 58 – 74.

[③]　M. Krawczyk, Z. Xiang, "Perceptual Mapping of Hotel Brands Using Online Reviews: A Text Analytics Approach", *Information Technology & Tourism*, Vol. 16, No. 1, 2016, pp. 23 – 43.

　　Culotta 和 Cutler[①] 提出了一种从 Twitter 社交网络中挖掘品牌认知的算法。算法将输入一个品牌名称和一个指定感兴趣的属性（如生态友好性），然后返回一个实际值，指示品牌和属性之间的关联强度。

　　Moon 和 Kamakura[②] 提出了一个将产品在线评论转换成产品定位图的框架。在该框架中，首先，对产品评论文本分词和词性标注等进行预处理。其次，对预处理结果分类为有意义的产品特定主题和相关描述性术语的词典。最后，通过分析每个评论者在描述每个产品时使用的主体和词汇可以生成两个低维空间，其中一个代表产品和主题在公共空间中的位置，另一个代表"方言"以区分每个评论者的写作风格和感性敏锐度。

　　Gao 等[③]提出了一种通过对餐饮行业在线评论的比较关系挖掘来识别竞争对手的方法。在该方法中，首先，提出了一种从在线评论中提取比较关系的新模型。其次，构建了能够进行三种竞争分析任务的三种类型的比较关系网络：第一个网络能够帮助餐馆分析其市场结构以用于市场定位，第二个网络可以使用竞争指数和差异指数来识别顶级竞争对手，第三个网络通过方面比较关系挖掘帮助餐厅识别优缺点。最后，根据三种类型的网络，对市场环境进行直观的描述。

第四节　对已有研究的贡献与不足的总结

　　文献综述从两个方面——关于在线评论的情感分析的研究和关

　　① A. Culotta, J. Cutler, "Mining Brand Perceptions from Twitter Social Networks", *Marketing Science*, Vol. 35, No. 3, 2016, pp. 343 – 362.

　　② S. Moon, W. A. Kamakura, "A Picture is Worth a Thousand Words: Translating Product Reviews into a Product Positioning Map", *International Journal of Research in Marketing*, Vol. 34, No. 1, 2017, pp. 265 – 285.

　　③ S. Gao et al., "Identifying Competitors Through Comparative Relation Mining of Online Reviews in the Restaurant Industry", *International Journal of Hospitality Management*, Vol. 71, 2018, pp. 19 – 32.

于基于在线评论的管理决策分析的研究进行了回顾和系统的分析，可以发现，基于在线评论的管理决策分析问题越来越受到国内外学者的关注，并且形成了许多具有学术参考价值和实践指导意义的研究成果。但是，目前针对基于在线评论的服务属性分类和服务要素配置问题的研究，尚缺少系统性和有针对性的理论与方法，仍存在一些问题值得进一步研究。后文将分别对已有研究成果的主要贡献、不足之处或局限性以及对本研究的启示加以分析和阐述。

一　主要贡献

已有的基于在线评论的服务属性分类与服务要素配置的相关研究成果，不仅从理论、技术和方法上为后续研究奠定了坚实的基础，也为现实中具体的基于在线评论的服务属性分类与服务要素配置问题提供了可行的研究思路和解决途径，同时也为本书的研究提供了有效的指引和借鉴，其主要贡献表现在以下四个方面。

第一，指明了基于在线评论情感分析的服务属性分类与服务要素配置方法的研究意义与价值。

已有研究成果表明在线评论作为一种新的数据源，其中包含大量的有价值的信息，如客户的情感、意见和建议等。在线评论不仅是公开的、易于收集的、成本低的、自发产生的、富有洞察力的，而且更易于企业进行监控和管理。已有的大量研究证明在线评论可以被用来进行多种管理决策分析，[①] 如产品排名、产品推荐、客户满意度建模、服务改进、品牌分析、消费者偏好分析和市场结构分析等。在线评论同样是对服务属性分类与服务要素配置的有前景的数

---

① A. Culotta, J. Cutler, "Mining Brand Perceptions from Twitter Social Networks", *Marketing Science*, Vol. 35, No. 3, 2016, pp. 343 – 362; M. Farhadloo, R. A. Patterson, E. Rolland, "Modeling Customer Satisfaction from Unstructured Data Using a Bayesian Approach", *Decision Support Systems*, Vol. 90, 2016, pp. 1 – 11; R. Decker, M. Trusov, "Estimating Aggregate Consumer Preferences from Online Product Reviews", *International Journal of Research in Marketing*, Vol. 27, No. 4, 2010, pp. 293 – 307.

据源。如果能够基于海量的在线评论信息进行服务属性分类与服务要素配置，那么相关企业则可以以更低的成本，实时地、动态地确定服务要素优化配置方案。因此，基于在线评论情感分析的服务属性分类与服务要素配置方法的研究是一个非常重要且值得关注的课题，具有广泛的现实背景和实际意义。目前，基于在线评论的产品/服务的改进/设计研究成果主要是关于产品/服务属性表现优劣的研究，① 在解决实际问题时尚存在一些局限性。例如，无法对服务属性进行多角度分类以及无法对服务要素进行优化配置等。这为本研究动机的形成和研究主题的确立提供了重要的方向指导，同时进一步明确了本研究主题与研究内容的意义与价值。

第二，为基于在线评论情感分析的服务属性分类与服务要素配置问题的提炼提供了现实背景。

已有的研究成果提炼了现实中大量的产品/服务改进或设计问题，如洗发水产品改进/设计问题、② 手机改进/设计问题、③ 汽车改进/设计问题、④ 平板电脑改进/设计问题⑤等。这表明产品/服务在线评论中

---

① Y. Liu, C. Jiang, H. Zhao, "Using Contextual Features and Multi-View Ensemble Learning in Product Defect Identification from Online Discussion Forums", *Decision Support Systems*, Vol. 105, 2018, pp. 1 – 12; S. Gao et al., "Identifying Competitors through Comparative Relation Mining of Online Reviews in the Restaurant Industry", *International Journal of Hospitality Management*, Vol. 71, 2018, pp. 19 – 32; K. Y. Lee, S. B. Yang, "The Role of Online Product Reviews on Information Adoption of New Product Development Professionals", *Internet Research*, Vol. 25, No. 3, 2015, pp. 435 – 452.

② W. Zhang, H. Xu, W. Wan, "Weakness Finder: Find Product Weakness from Chinese Reviews by Using Aspects based Sentiment Analysis", *Expert Systems with Applications*, Vol. 39, No. 11, 2012, pp. 10283 – 10291.

③ Y. M. Li et al., "Creating Social Intelligence for Product Portfolio Design", *Decision Support Systems*, Vol. 66, 2014, pp. 123 – 134.

④ A. S. Abrahams et al., "Vehicle Defect Discovery from Social Media", *Decision Support Systems*, Vol. 54, No. 1, 2012, pp. 87 – 97.

⑤ S. Li, K. Nahar, B. C. M. Fung, "Product Customization of Tablet Computers based on the Information of Online Reviews by Customers", *Journal of Intelligent Manufacturing*, Vol. 26, No. 1, 2015, pp. 97 – 110.

包含大量的有价值的信息，可以被用于进行产品/服务改进或者设计。而服务属性分类与服务要素配置问题是服务改进或设计的核心内容之一，因此已有研究中这些实际产品/服务改进或者设计问题的提炼为本书提供了丰富的研究背景，并进一步确定了本研究的现实意义。

第三，为研究基于在线评论情感分析的服务属性分类与服务要素配置问题提供了方法与技术支持。

从现有的研究成果来看，关于在线评论的情感分析方面取得了一些有价值的研究成果，如基于情感词典的情感分析方法与技术[①]和基于机器学习的情感分析方法[②]等。该方面的研究成果为开发针对基于在线评论情感分析的服务属性分类与服务要素配置问题的多粒度情感分析方法提供了方法借鉴和技术支持；此外，基于在线评论的管理决策分析亦取得了有价值的研究成果：基于在线评论的产品排序方法、[③]基于在线评论的产品推荐方法[④]和基于在线评论的产品缺点识别及改进方法[⑤]等。这些研究为如何基于在线评论多粒度情感分析结果开发服务属性分类与服务要素配置方法提供了思路指导和技术支持。

---

① M. Hu，B. Liu，"Mining and Summarizing Customer Reviews"，Proceedings of the Tenth ACM SIGKDD International Conference on Knowledge Discovery and Data Mining ACM，2004，pp. 168 – 177.

② D. Maynard，A. Funk，"Automatic Detection of Political Opinions in Tweets"，Extended Semantic Web Conference，2011，pp. 88 – 99.

③ E. Najmi et al. ，"CAPRA：A Comprehensive Approach to Product Ranking Using Customer Reviews"，Computing，Vol. 97，No. 8，2015，pp. 843 – 867；X. Yang，G. Yang，J. Wu，"Integrating Rich and Heterogeneous Information to Design a Ranking System for Multiple Products"，Decision Support Systems，Vol. 84，2016，pp. 117 – 133.

④ S. Aciar et al. ，"Informed Recommender Basing Recommendations on Consumer Product Reviews"，IEEE Intelligent Systems，Vol. 22，No. 3，2007，pp. 39 – 47；Y. Ma，G. Chen，Q. Wei，"Finding Users Preferences from Large-Scale Online Reviews for Personalized Recommendation"，Electronic Commerce Research，Vol. 17，No. 1，2017，pp. 3 – 29.

⑤ H. Wang，W. Wang，"Product Weakness Finder：An Opinion-Aware System through Sentiment Analysis"，Industrial Management & Data Systems，Vol. 114，No. 8，2014，pp. 1301 – 1320；A. S. Abrahams et al. ，"Vehicle Defect Discovery from Social Media"，Decision Support Systems，Vol. 54，No. 1，2012，pp. 87 – 97.

第四,为研究基于在线评论情感分析的服务属性分类与服务要素配置问题提供了理论指导与方法借鉴。

已有的关于基于在线评论的管理决策分析的相关研究成果中涉及基于在线评论的产品/服务缺点识别及改进研究,提出了基于在线评论的产品/服务缺点识别及改进的框架和方法,并通过实验验证了提出方法的可行性及有效性。例如,Zhang 等①提出了一种使用中文在线评论的基于情感分析的产品缺点识别框架,Li 等②提出了一种基于用户在线点评信息的平板电脑产品定制方法。这些研究弥补了传统产品/服务改进中数据难以获取的不足,扩展了进行产品/服务改进的数据来源。由于服务属性分类与服务要素优化配置问题是服务改进或设计的核心内容之一,因此,上述研究为本书基于在线评论情感分析的服务属性分类与服务要素配置方法研究奠定了坚实的理论基础,提供了理论指导与方法借鉴。

二　不足之处

目前,基于在线评论情感分析的服务属性分类与服务要素配置方法的研究仍处于探索阶段,对于研究问题缺乏系统、清晰的认识,未能使零散的研究问题形成一个系统的思想、理论和方法体系。已有研究成果的不足之处主要表现在以下几个方面。

第一,对基于在线评论情感分析的服务属性分类与服务要素配置问题尚缺少系统的研究。在线评论作为一种新的数据源具有诸多优势,已经被成功地应用于多种管理决策分析之中,例如基于在线评论的产品排

---

① W. Zhang, H. Xu, W. Wan, "Weakness Finder: Find Product Weakness from Chinese Reviews by Using Aspects based Sentiment Analysis", *Expert Systems with Applications*, Vol. 39, No. 11, 2012, pp. 10283 – 10291.

② S. Li, K. Nahar, B. C. M. Fung, "Product Customization of Tablet Computers based on the Information of Online Reviews by Customers", *Journal of Intelligent Manufacturing*, Vol. 26, No. 1, 2015, pp. 97 – 110.

名/推荐、① 基于在线评论的客户满意度建模、② 基于在线评论的产品/服
务改进、③ 基于在线评论的市场结构分析④等。这些研究验证了通过
在线评论进行管理决策分析是可行的，然而这些研究关注的面较大、
点较散，对服务产品改进仍缺少系统的研究，尤其是并未见到基于
在线评论情感分析的服务属性分类与服务要素配置研究的报道。

第二，缺少能够有效地对面向服务属性的在线评论进行多粒度
情感分类的方法与技术。基于在线评论进行服务属性分类与服务要
素优化配置的前提是将海量的非结构化的文本数据转换为可以直接
用于决策分析的结构化数据，即挖掘隐含在大量在线文本中的观点
并分析大量在线评论的情感类别。尽管一些学者关注到了文本情感
分类问题，并提出了多种文本情感分类方法。⑤ 但是，大多数关于情

---

① Y. Peng, G. Kou, J. Li, "A Fuzzy PROMETHEE Approach for Mining Customer Reviews in Chinese", *Arabian Journal for Science and Engineering*, Vol. 39, No. 6, 2014, pp. 5245 – 5252; E. Najmi et al., "CAPRA: A Comprehensive Approach to Product Ranking Using Customer Reviews", *Computing*, Vol. 97, No. 8, 2015, pp. 843 – 867; X. Yang, G. Yang, J. Wu, "Integrating Rich and Heterogeneous Information to Design a Ranking System for Multiple Products", *Decision Support Systems*, Vol. 84, 2016, pp. 117 – 133.

② M. Farhadloo, R. A. Patterson, E. Rolland, "Modeling Customer Satisfaction from Unstructured Data Using a Bayesian Approach", *Decision Support Systems*, Vol. 90, 2016, pp. 1 – 11; Y. Guo, S. J. Barnes, Q. Jia, "Mining Meaning from Online Ratings and Reviews: Tourist Satisfaction Analysis Using Latent Dirichlet Allocation", *Tourism Management*, Vol. 59, 2017, pp. 467 – 483.

③ J. Jin, P. Ji, Y. Liu, "Prioritising Engineering Characteristics based on Customer Online Reviews for Quality Function Deployment", *Journal of Engineering Design*, Vol. 25, No. 7 – 9, 2014, pp. 303 – 324; Y. M. Li et al., "Creating Social Intelligence for Product Portfolio Design", *Decision Support Systems*, Vol. 66, 2014, pp. 123 – 134.

④ T. Y. Lee, E. T. Bradlow, "Automated Marketing Research Using Online Customer Reviews", *Journal of Marketing Research*, Vol. 48, No. 5, 2011, pp. 881 – 894; M. Krawczyk, Z. Xiang, "Perceptual Mapping of Hotel Brands Using Online Reviews: A Text Analytics Approach", *Information Technology & Tourism*, Vol. 16, No. 1, 2016, pp. 23 – 43; S. Moon, W. A. Kamakura, "A Picture is Worth a Thousand Words Translating Product Reviews into a Product Positioning Map", *International Journal of Research in Marketing*, Vol. 34, No. 1, 2017, pp. 265 – 285.

⑤ Q. Sun et al., "Exploring eWOM in Online Customer Reviews: Sentiment Analysis at a Fine-Grained Level", *Engineering Applications of Artificial Intelligence*, Vol. 81, 2019, pp. 68 – 78; E. Cambria, "Affective Computing and Sentiment Analysis", *IEEE Intelligent Systems*, Vol. 31, No. 2, 2016, pp. 102 – 107.

感分类的研究只考虑了两种类型的情感类别，即将文本分成了正向情感倾向或者负向情感倾向。然而，只考虑在线文本的正向或者负向情感倾向是一种过于简化的处理方式。① 如果能识别出在线文本的多种情感类别（如很差、差、一般、好、很好），那么将可以得到更加精细、准确的在线文本的分析结果以支持决策者做出更有效的决策。需要指出的是，目前关于多粒度情感分类的研究仍相对较少，尤其是已有的多粒度情感分类算法的分类精度较低，这限制了已有的多粒度情感分类算法在实际问题中的应用。因此，目前仍缺少能够有效地对面向服务属性的在线评论进行多粒度情感分类的方法与技术。

第三，对基于在线评论的服务属性的 Kano 分类方法的研究尚待进一步丰富和改进。目前，关于基于在线评论对服务/产品属性进行 Kano 分类的研究还非常少见。Xiao 等②提出一种基于效用的 Kano 模型，将产品属性分成六种类型：基本型（basic）、一维型（performance）、兴奋型（excitement）、需要创新型（innovation-needed）、反向型（reverse）和有分歧型（divergent）。Qi 等③提出了一种基于联合分析的 Kano 分类方法对产品/服务属性进行分类。在进行实际应用时，这两个研究仍然存在一些局限。以这两个研究中的方法进行参数估计，潜在假设是在线评价（顾客满意度）服从高斯分布，但是这个假设并不总是能被满足的。实际上，在

---

① J. Serrano-Guerrero et al. "Sentiment Analysis: A Review and Comparative Analysis of Web Services", *Information Sciences*, Vol. 311, 2015, pp. 18 – 38; H. Tang, S. Tan, X. Cheng, "A Survey on Sentiment Detection of Reviews", *Expert Systems with Applications*, Vol. 36, No. 7, 2009, pp. 10760 – 10773.

② S. Xiao, C. P. Wei, M. Dong, "Crowd Intelligence: Analyzing Online Product Reviews for Preference Measurement", *Information & Management*, Vol. 53, No. 2, 2016, pp. 169 – 182.

③ J. Qi et al., "Mining Customer Requirements from Online Reviews: A Product Improvement Perspective", *Information & Management*, Vol. 53, No. 8, 2016, pp. 951 – 963.

多数情况下，在线评价（顾客满意度）服从正偏斜的、不对称的双峰（或"J"形）分布。① 此外，已有研究假设评论者发表的在线评价（顾客满意度）是该评论者发表的在线评论中的所有提到的产品属性的情感倾向的线性组合。然而，实际上从在线评论中提取的产品/服务属性与问卷调查设计的产品/服务属性并不相同，从在线评论中提取的产品/服务属性与顾客满意度之间可能存在复杂的关系（如多重共线和非线性关系等）。因此，对基于在线评论的服务属性的 Kano 分类方法的研究仍需进一步丰富和改进。

第四，缺少能够基于在线评论对服务属性进行 IPA 分类的方法与技术。在线评论作为一种新的数据源，包含了大量有价值的信息。如前文所述，与问卷调查相比，在线评论有很多优点。由于可以很容易获取多个竞争者关于不同时间段的在线评论，如果可以使用这些在线评论来实施 IPA，那么这将会使决策者或管理人员能够更加方便地了解客户满意度，并制定考虑多个竞争者和不同时间段的产品/服务改进策略。本书提出的基于在线评论对服务属性进行 IPA 分类问题的研究尚处于初级阶段，缺少能够有效解决基于在线评论对服务属性进行 IPA 分类问题的方法与技术，尤其是并未见到在考虑多个竞争者和不同时间段的情形下如何基于在线评论来确定服务属性 IPA 类别的方法与技术。

第五，缺少能够基于 Kano 分类和 IPA 分类结果对服务要素进行优化配置的方法与技术。在线评论作为一种新的数据源具有诸多优势，已经被成功应用于多种管理决策分析之中，例如基于在线评论的产品

---

① N. Hu, P. A. Pavlou, J. J. Zhang, "On Self-Selection Biases in Online Product Reviews", *MIS Quarterly*, Vol. 41, No. 2, 2017, pp. 449 – 471; N. Hu, P. A. Pavlou, J. Zhang, "Why Do Product Reviews Have a J-Shaped Distribution?", *Communications of the ACM*, Vol. 52, No. 10, 2009, pp. 144 – 147.

排名/推荐、① 基于在线评论的客户满意度建模、② 基于在线评论的产品/服务改进、③ 基于在线评论的市场结构分析④等。在线评论同样是对服务要素优化配置的有前景的数据源。然而，本书提出的基于在线评论的服务要素优化配置问题的研究尚处于初级阶段，关于该方面的研究仍处于起步阶段。如何基于 Kano 分类和 IPA 分类结果对服务要素进行优化配置，在过程中应该遵循怎么样的流程、使用什么方法、基于什么理论等都是不清楚的。因此，目前仍缺少能够有效解决基于 Kano 分类和 IPA 分类结果的服务要素优化配置问题的方法与技术。

三　研究启示

已有研究成果为开展基于在线评论情感分析的服务属性分类与

① Y. Peng, G. Kou, J. Li, "A Fuzzy PROMETHEE Approach for Mining Customer Reviews in Chinese", *Arabian Journal for Science and Engineering*, Vol. 39, No. 6, 2014, pp. 5245 – 5252; E. Najmi et al. , "CAPRA: A Comprehensive Approach to Product Ranking Using Customer Reviews", *Computing*, Vol. 97, No. 8, 2015, pp. 843 – 867; X. Yang, G. Yang, J. Wu, "Integrating Rich and Heterogeneous Information to Design a Ranking System for Multiple Products", *Decision Support Systems*, Vol. 84, 2016, pp. 117 – 133.

② M. Farhadloo, R. A. Patterson, E. Rolland, "Modeling Customer Satisfaction from Unstructured Data Using a Bayesian Approach", *Decision Support Systems*, Vol. 90, 2016, pp. 1 – 11; Y. Guo, S. J. Barnes, Q. Jia, "Mining Meaning from Online Ratings and Reviews: Tourist Satisfaction Analysis Using Latent Dirichlet Allocation", *Tourism Management*, Vol. 59, 2017, pp. 467 – 483.

③ J. Jin, P. Ji, Y. Liu, "Prioritising Engineering Characteristics Based on Customer Online Reviews for Quality Function Deployment", *Journal of Engineering Design*, Vol. 25, No. 7 – 9, 2014, pp. 303 – 324; Y. M. Li et al. , "Creating Social Intelligence for Product Portfolio Design", *Decision Support Systems*, Vol. 66, 2014, pp. 123 – 134.

④ T. Y. Lee, E. T. Bradlow, "Automated Marketing Research Using Online Customer Reviews", *Journal of Marketing Research*, Vol. 48, No. 5, 2011, pp. 881 – 894; M. Krawczyk, Z. Xiang, "Perceptual Mapping of Hotel Brands Using Online Reviews: A Text Analytics Approach", *Information Technology & Tourism*, Vol. 16, No. 1, 2016, pp. 23 – 43; S. Moon, W. A. Kamakura, "A Picture is Worth a Thousand Words Translating Product Reviews into a Product Positioning Map", *International Journal of Research in Marketing*, Vol. 34, No. 1, 2017, pp. 265 – 285.

服务要素配置的研究奠定了坚实的理论基础、指明了科学的研究思路、提供了宝贵的学术经验，并为本研究带来了一些有价值的启示，主要体现在以下几个方面。

第一，针对面向服务属性的在线评论的多粒度情感分类问题，可以借鉴已有的关于情感分类方面的相关研究成果的一些原理和思想，给出针对面向服务属性在线评论多粒度情感分类框架，明确研究思路，并给出具体在线评论多粒度情感分类方法，其中涉及基于词袋模型的在线评论结构化表示方法、基于信息增益算法的文本有效特征选择算法、基于 SVM 的文本情感二分类算法以及基于改进 OVO 策略的 SVM 二分类结果融合策略。[①] 为开展基于在线评论的服务属性分类与服务要素优化配置方法的研究提供必要的技术支持，也将为相关理论和研究的扩展奠定基础。

第二，针对基于在线评论的服务属性 Kano 分类问题，可以借鉴已有的关于基于在线评论的产品/服务属性 Kano 分类方面的相关研究成果的一些原理和思想，[②] 给出基于在线评论的服务属性 Kano 分类的研究框架，明确研究思路和步骤，并系统性地给出基于在线评论的服务属性 Kano 分类方法，其中涉及基于在线评论的顾客对服务属性的情感挖掘方法、基于在线评论的顾客对服务属性的情感对顾客满意的影响测量方法和基于影响的 Kano 分类方法。通过该方法可以确定每个属性的 Kano 类别，为开展基于在线评论的服务要素优化配置方法的研究奠定基础。

第三，针对基于在线评论的服务属性 IPA 分类问题，可以借鉴

---

① T. Wilson, J. Wiebe, R. Hwa, "Recognizing Strong and Weak Opinion Clauses", *Computational Intelligence*, Vol. 22, No. 2, 2006, pp. 73 – 99.

② S. Xiao, C. P. Wei, M. Dong, "Crowd Intelligence Analyzing Online Product Reviews for Preference Measurement", *Information & Management*, Vol. 53, No. 2, 2016, pp. 169 – 182; J. Qi et al., "Mining Customer Requirements from Online Reviews: A Product Improvement Perspective", *Information & Management*, Vol. 53, No. 8, 2016, pp. 951 – 963.

已有的基于在线评论的管理决策分析方面的相关研究成果的一些原理和思想,① 给出基于在线评论的服务属性 IPA 分类的研究框架,明确研究思路和步骤,并系统性地给出基于在线评论的服务属性 IPA 分类方法,其中涉及基于在线评论的有用信息的挖掘方法、服务属性重要性和表现的估计方法、基于服务属性表现和重要性的 IPA 图的构建方法。通过该方法可以确定每个属性的 IPA 类别,为开展基于在线评论的服务要素优化配置方法的研究奠定基础。

第四,针对基于 Kano 分类和 IPA 分类结果的服务要素优化配置问题,可以借鉴已有的基于在线评论的管理决策分析方面的相关研究成果的一些原理和思想,② 给出基于 Kano 分类和 IPA 分类结果的服务要素优化配置的研究框架,明确研究思路和步骤,并系统性地给出基于 Kano 分类和 IPA 分类结果的服务要素优化配置方法,其中涉及基于在线评论的服务属性的 Kano 分类和 IPA 分类方法、基于在线评论的服务要素对服务属性的满足程度的估计方法、基于 Kano 分类和 IPA 分类结果的服务要素优化配置模型及求解方法。

---

①　K. Zhang et al. , "Mining Millions of Reviews a Technique to Rank Products based on Importance of Reviews", Proceedings of the 13th International Conference on Electronic Commerce, 2011, pp. 1 – 8; A. J. T. Lee et al. , "Mining Perceptual Maps from Consumer Reviews", Decision Support Systems, Vol. 82, 2016, pp. 12 – 25; A. Timoshenko, J. R. Hauser, "Identifying Customer Needs from User-Generated Content", Marketing Science, Vol. 38, No. 1, 2019, pp. 1 – 20.

②　于超、张重阳、樊治平:《考虑顾客感知效用的服务要素优化配置方法》,《管理学报》2015 年第 5 期; Y. M. Li et al. , "Creating Social Intelligence for Product Portfolio Design", Decision Support Systems, Vol. 66, 2014, pp. 123 – 134; J. Jin et al. , "Translating Online Customer Opinions into Engineering Characteristics in QFD: A Probabilistic Language Analysis Approach", Engineering Applications of Artificial Intelligence, Vol. 41, 2015, pp. 115 – 127; J. Qi et al. , "Mining Customer Requirements from Online Reviews: A Product Improvement Perspective", Information & Management, Vol. 53, No. 8, 2016, pp. 951 – 963.

第五节　本章小结

　　本章在对多个数据库进行检索和对研究成果进行筛选的基础上，围绕关于情感分析和关于基于在线评论的管理决策分析两个方面进行了系统的文献综述，介绍了这两个方面的研究现状，总结与分析了已有研究成果的主要贡献、不足之处和对本研究的启示。本章的文献综述工作深化了本书的研究意义，明确了主要研究方向，为后续章节的展开奠定了良好的基础。

第 三 章

相关概念界定及研究框架

通过第二章中针对基于在线评论情感分析的服务属性分类与服务要素配置方法的相关研究成果的综述工作，明确了基于在线评论情感分析的服务属性分类与服务要素配置方法的研究现状，并总结了相关研究成果的贡献与不足以及对本研究的启示。本章将进一步给出基于在线评论情感分析的服务属性分类与服务要素配置研究中涉及的相关概念，包括在线评论的相关概念和服务属性的相关概念。在此基础上，给出基于在线评论情感分析的服务属性分类与服务要素配置方法研究框架描述以及研究框架的有关说明。通过本章的研究，为本书后续章节的展开奠定理论基础并提供总体研究框架。

第一节　在线评论的相关概念界定

研究基于在线评论的服务属性分类与服务要素优化配置方法，有必要先明晰在线评论的相关概念，本节将针对在线评论的概念与特征、在线评论的情感倾向与情感强度进行说明。

一　在线评论的概念与特征

本部分主要介绍在线评论的概念与特征。下面首先介绍在线评论的概念，然后阐述在线评论的特征。

（一）在线评论的概念

在线评论（online reviews）又称用户产生的在线评论（user generated online reviews）或者在线顾客评论（online consumer review），是一种网络口碑的表现形式。在线评论这一概念在 2005 年前后开始引起了学术界的广泛关注，一些学者尝试给在线评论进行定义。例如，Park 和 Kim[①] 认为在线评论是电子口碑（electronic Word-of-Mouth，eWOM）的一种形式，具体指的是可以通过互联网提供给个人和机构的，由潜在的、实际的或者以前的顾客发表的关于产品的正向或者负向的陈述。Chen 和 Xie[②] 认为在线评论是一种由用户基于自身对产品的使用体验产生的一种新型口碑信息。Duan 等[③] 认为在线评论是一种对顾客有借鉴价值的，能够充分反映顾客对产品的满意度和体验的一种口碑。Mudambi 和 Schuff[④] 认为在线评论是顾客产生的，发表在公司或者第三方网站上的产品评估信息，其具体的内容可以是关于产品的自由文本评论或者数字星级评分（如 1—5 星）。尽管上述研究对在线评论的定义不完全相同，但上述定义的内涵基本一致，都是指用户通过互联网发表的关于产品的评价信息。结合上述概念和本书的研究内容，下面给出本书关于在线评论的定义：用户通过互联网发表的关于产品/服务的文本评论和星级评分信息。定义中文本评论指的是顾客以文本形式发表的对产品/服

---

① D. H. Park, S. Kim, "The Effects of Consumer Knowledge on Message Processing of Electronic Word-of-mouth via Online Consumer Reviews", *Electronic Commerce Research and Applications*, Vol. 7, No. 4, 2008, pp. 399 – 410.

② Y. Chen, J. Xie, "Online Consumer Review Word-of-mouth as a New Element of Marketing Communication Mix", *Management Science*, Vol. 54, No. 3, 2008, pp. 477 – 491.

③ W. Duan, B. Gu, A. B. Whinston, "The Dynamics of Online Word-of-mouth and Product Sales—An Empirical Investigation of the Movie Industry", *Journal of Retailing*, Vol. 84, No. 2, 2008, pp. 233 – 242.

④ S. M. Mudambi, D. Schuff, "What Makes a Helpful Online Review? A Study of Customer Reviews on Amazon. com", *MIS Quarterly*, Vol. 34, No. 1, 2010, pp. 185 – 200.

务的体验、建议和意见等，星级评分指的是顾客以星级打分的形式发表的对产品/服务的整体评级。星级评分可以看作顾客对产品/服务的整体满意度。例如，图 3.1 是一条发表在旅游点评网站Tripadvisor 中的关于酒店的在线评论，其中下面的实线框中的内容为顾客发表的文本评论，上面的虚线框中的内容表示顾客对酒店的星级评分。文本评论中包含了顾客对酒店位置、客房、接送服务等方面的评价。此外，文本评论中也包含了该顾客对酒店的具体建议，即希望酒店能够增加一些早餐的供应品种。星级评分则为顾客对该酒店的整体评价和满意度，该顾客对该酒店的整体评分为 5 星。

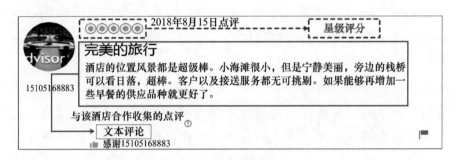

图 3.1   在线评论举例

(二) 在线评论的特征

在线评论具有如下六个方面的特征。[①]

第一，增长快且数量大。随着电子商务和信息技术的快速发展，越来越多的顾客通过互联网购买产品/服务并发表在线评论。截止到2018 年年底，全球范围内互联网用户已经超过 41 亿人。全球网站索引（Global Web Index）的一项调查显示，有超过 60% 的互联网用户发表过对产品或者服务的在线评论。随着社交媒体平台和电子商务网站的快速发展，通过互联网购买产品/服务并发表在线评论的用户也在快速

---

① 江彦：《在线商品评论信息质量影响因素及提升策略研究》，博士学位论文，华中师范大学，2018 年。

增长，在线评论的数量呈现出几何式增长。

第二，受众多且传播范围广。传统的产品/服务口碑主要是通过口头交流的方式进行传播，其传播的范围较小而且口碑传播的受众较少，通常会受到时间和地域的局限。与传统口碑相比，在线评论是通过互联网平台发布和传播的，在能与互联网相连的情况下，任何用户在任何时间和地点都能阅读、浏览甚至发表在线评论。因此，在线评论的传播范围广且受众多。

第三，保存时间长。传统的产品/服务口碑主要是通过口头交流的方式进行传播，因此传统口碑具有即时性特点，不能被保存，随着时间的推移，口碑内容可能会淡化甚至消失。与传统口碑相比，在线评论主要是依托电商网站和社交媒体平台进行发布和传播的，在线评论通常是以文字形式存在的，可以长时间保存。例如，一个顾客可以通过淘宝、京东、汽车之家和猫途鹰等网站浏览几个月前甚至几年前的产品评论。

第四，非结构化。在线评论中的文本评论内容是顾客采用自然语言撰写的，其对产品/服务的体验、建议和意见等。由于不同的用户关注的服务产品的内容、表达意见的方式、书写评论的风格、撰写意见的方式等存在差异，因此在线评论中的文本评论具有非结构化的特征。

第五，具有一定的互动性。随着电商网站和社交媒体平台的不断发展，各类网站中的顾客发表在线评论的机制也在不断完善。目前，不仅顾客可以发表关于产品/服务的在线评论，而且商家和其他顾客也可以对已发表的在线评论进行回复和点赞。通过这种形式的互动，可以让潜在顾客更加详细地了解产品/服务，而且可以帮助商家改善服务、提升产品/服务质量等。

第六，具有一定的不可控性。在线评论信息通常由消费者撰写，但消费者的在线评论动机和行为会受到多种不同因素的影响，致使评论信息的内容与产品/服务的真实情况存在一定的偏差，导致评论具有一定的不可控性。例如，在商家好评返利的诱导下，消费者撰写的评论可能与真实评论存在一定的偏差。此外，一些用户可能会发表一些恶意的评论。

二　在线评论的情感倾向与情感强度

在线评论的情感倾向通常是指用户发表的在线评论中对产品/服务正向或者负向的评价信息。这里的正向评价信息指的是包含用户对产品/服务的积极情感（如夸奖、赞扬、认同等）的评论内容，这是用户对产品/服务的肯定，能够在一定程度上表明产品/服务的优势，进而能够起到促进潜在顾客对产品/服务进行购买的正面效应；负向评价信息指的是包含用户对产品/服务的消极情感（如不满、批评、谴责等）的评论内容，这是用户对产品/服务的否定，能够表达出顾客对产品/服务的不满，进而能够起到劝说潜在顾客避免购买该产品/服务的作用。

在线评论的情感强度通常是指用户发表的在线评论中包含对产品/服务的多种不同情感程度（如非常差、差、一般、很好和非常好等）的评价信息。上述关于在线评论的情感倾向的定义中仅考虑了评论的情感极性（正或负），并未考虑具有相同极性的评论表达的情感程度。实际上，具有相同情感倾向的在线评论表达的情感程度可能不同，而不同的情感程度对顾客的影响也是不同的。例如，有两条关于酒店的评论，其中第一条描述的是酒店服务非常棒，第二条描述酒店的服务为较好。虽然两条评论对酒店的服务都是正向评价，但是第一条评论的语气和程度明显要比第二条强烈，对潜在消费者的影响更强。

为了进一步说明在线评论的情感倾向与情感强度的定义，图3.2给出了一条发表在旅游点评网站 Tripadvisor 中的关于酒店的在线评论。其中，实线框中的"好""方便""到位"为评论的情感倾向，分别表示对酒店的位置和服务的积极评价；而虚线框中的"很好""很方便""非常好""很到位"则表示评论的情感强度。显然，情感强度要比情感倾向能更加精确地描述顾客的情感和意见。

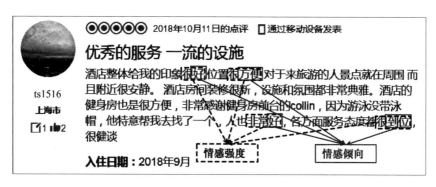

图3.2　在线评论情感倾向与情感强度举例

第二节　服务属性的相关概念界定

研究基于在线评论情感分析的服务属性分类与服务要素配置方法，除了涉及关于在线评论和服务属性的相关概念，还涉及关于Kano 模型和 IPA 模型等的相关理论。本节将针对服务属性的概念、服务要素的概念、服务属性的表现及重要性的概念、服务属性的Kano 分类的概念、服务属性 IPA 分类的概念进行说明。

一　服务属性

目前，关于服务/产品属性的研究中，基本都采用 Kotler 等[1]对服务/产品属性的定义，即能够使顾客通过购买和使用服务/产品而满足顾客的某些需求的特性。本书沿用 Kotler 等对服务/产品属性的定义。此外，也有一些学者对属性进行研究。例如，Jacoby 和Olson[2]认为服务/产品包括两个方面的属性，即内在属性和外在属

① 　P. Kotler, G. Armstrong, *Franke*, *Marketing*：*An introduction*, Upper Saddle River Prentice Hall Press, 1990.

② 　J. Jacoby, J. C. Olson, R. A. Haddock, "Price, Brand Name, and Product Composition Characteristics as Determinants of Perceived Quality", *Journal of Applied Psychology*, Vol. 55, No. 6, 1971, pp. 570 – 589.

性，其中内在属性指的是服务/产品的内在组成部分，内在属性在不改变产品性质的条件下不会发生变化；外在属性则指不是服务/产品内在组成部分且与服务/产品相关的一系列特性，例如产品的品牌、广告和价格等。Lefkoff-Hagius 和 Mason[1] 将产品/服务属性分成三种类型，即形象属性、利益属性和物理特性属性，其中形象属性指产品/服务与消费者自身的联系，利益属性指产品/服务的功能或者用途，物理特性属性指可以被直观测量的一类属性。Myers 和 Shocker[2] 将产品属性分为用户相关属性、产品相关属性、任务或结果相关属性三类，其中用户相关属性是一类无形的、主观的属性，用户能够从该类属性中获得象征利益，产品相关属性指的是有形的、客观存在的一类属性，任务或结果相关属性则指抽象的、无形的一类非物理属性。

需要说明的是，尽管上述研究对服务/产品属性的定义并不完全相同，但是上述定义的内涵基本一致，都是指通过购买和使用服务能满足顾客需求的一系列特征。例如，图 3.3 是一条发表在旅游点

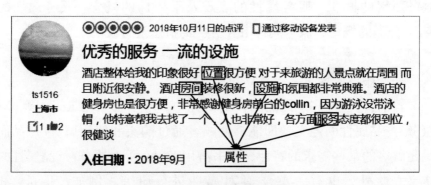

图 3.3　在线评论中属性举例

① R. Lefkoff-Hagius, C. H. Mason, "Characteristic, Beneficial, and Image Attributes in Consumer Judgments of Similarity and Preference", *Journal of Consumer Research*, Vol. 20, No. 1, 1993, pp. 100–110.

② J. H. Myers, A. D. Shocker, "The Nature of Product-Related Attributes", *Research in Marketing*, Vol. 5, No. 5, 1981, pp. 211–236.

评网站 Tripadvisor 中的关于酒店的在线评论，其中，框中的"位置""房间""设施""服务"等为酒店的属性。

二　服务要素

服务要素指的是能够满足顾客一项或多项需求的基本单元。在进行服务设计或改进时，可以根据顾客的需求将服务分解细化成多个属性。每个服务属性会有某个具体的选项或取值，在进行服务设计或改进时需要确定服务属性的选项或取值。对某个具体的服务属性来说，其可以对应多个选项或取值。有些服务属性的选项或取值可以进行量化表示，有些则不能进行量化表示，这类难以进行量化表示的服务属性对顾客来说同样重要，这里服务属性的选项或取值可以认为是能够满足顾客一项或多项需求的基本单元。例如，温泉度假酒店中泡池的数量和大小则为泡池这一服务属性的要素。一个属性可能会对应多个互相独立的服务要素，并且每一类服务要素之间在对实现顾客需求方面具有相互替代关系。

三　服务属性的表现及重要性

本部分首先给出服务属性的表现的概念，然后介绍服务属性的重要性的概念。

（一）服务属性的表现

本书沿用 Taplin[①] 对属性表现的定义，即顾客对服务属性的满意程度。通常服务属性的表现越好，顾客对服务属性的满意度越高，则表明该属性能够满足顾客的需求的程度越高；反之，如果服务属性的表现越差，顾客对服务属性的满意度越低，则表明该属性能够满足顾客的需求的程度越低。

---

① R. H. Taplin, "The Value of Self-stated Attribute Importance to Overall Satisfaction", *Tourism Management*, Vol. 33, No. 2, 2012, pp. 295 – 304.

（二）服务属性的重要性

服务属性的重要性指的是服务属性对服务产品的重要程度。[①] 这里的重要性与一般的比重并不相同，其体现的不仅仅是属性所占的百分比，更强调属性的相对重要程度，倾向于贡献度。若某个属性的重要性越大，则该属性对顾客来说越重要，对潜在顾客的影响往往越大；反之，若某个属性的重要性越小，则该属性对顾客来说越不重要，对潜在顾客的影响往往越小。目前，确定服务属性的重要性的方法主要有两类：直接方法和间接方法。[②] 直接方法指的是通过问卷调查、专家打分等方式，直接确定属性的重要性的一类方法。[③] 直接方法的主要优势是简单，但是得到的结果可能会受到属性的表现的影响。[④] 间接方法是指通过某些回归方法（如多元回归分析和神经网络等）估计每个属性对顾客整体满意度的影响大小来间接地确定属性重要性的一类方法。[⑤] 该类方法的主要优点是得到的属性的重要性更加客观，往往不会受属性表现的影响。

四 服务属性的 Kano 分类

Kano 模型是东京理工大学教授狩野纪昭（Noriaki Kano）在 20 世

[①] K. Matzler et al., "The Asymmetric Relationship Between Attribute-Level Performance and Overall Customer Satisfaction: A Reconsideration of the Importance-Performance Analysis", *Industrial Marketing Management*, Vol. 33, No. 4, 2004, pp. 271 – 277.

[②] K. V. Ittersum et al., "The Validity of Attribute-Importance Measurement: A Review", *Journal of Business Research*, Vol. 60, No. 11, 2007, pp. 1177 – 1190.

[③] R. Batra, P. M. Homer, L. R. Kahle, "Values, Susceptibility to Normative Influence, and Attribute Importance Weights: A Nomological Analysis", *Journal of Consumer Psychology*, Vol. 11, No. 2, 2001, pp. 115 – 128.

[④] I. K. W. Lai, M. Hitchcock, "A Comparison of Service Quality Attributes for Stand-alone and Resort-based Luxury Hotels in Macau 3-Dimensional Importance-Performance Analysis", *Tourism Management*, Vol. 55, 2016, pp. 139 – 159.

[⑤] J. Mikulić, D. Prebežac, "Accounting for Dynamics in Attribute-Importance and for Competitor Performance to Enhance Reliability of BPNN-Based Importance- Performance Analysis", *Expert Systems with Applications*, Vol. 39, No. 5, 2012, pp. 5144 – 5153.

纪 80 年代提出的一种对服务/产品属性进行分类的工具。[①] Kano 模型主要应用于服务/产品属性和用户满意度之间的非线性关系探究，需要说明的是，该模型仍以分析用户需求对用户满意度的影响为基础。根据不同类型的质量特性与顾客满意度之间的关系，Kano 模型将服务/产品属性分成五种不同的类型：基本型（或必备型）（basic）、一维型（或期望型）（performance）、兴奋型（或魅力型）（excitement）、反向型（reverse）和无差异型（indifferent）（见图 3.4）。

（一）基本型（或必备型）属性

基本型（或必备型）属性对顾客而言是必须被满足的属性或功能，体现了顾客对产品/服务属性的基本要求、核心需求。当企业不提供此需求或其特性不充足时，顾客满意度会大幅下降；而当企业提供了此需求或优化了其特性时，顾客满意度也不会得到提升。就此类需求而言，企业要及时、持续地调查顾客需求，采用适宜的方法将其体现在产品中，以达到不在必备型属性方面失分的目的。例如，就一部智能手机而言，通信信号及通话质量、待机时间、运行速度是其提供的核心功能。一旦智能手机出现运行经常卡顿、操作系统不兼容，反复出现信号差的问题，便会激发用户的不满情绪，导致用户不满意；当上述性能全部正常运行时，用户最多会感知自己的基本诉求得到满足。

（二）一维型（或期望型）属性

一维型（或期望型）属性需求的被满足程度与顾客满意度呈正相关关系，即这类属性需求被满足时顾客会感到满意，这类属性需求未被满足时顾客会表现出不满意。市场调查显示，这类属性深受顾客关注，即期望型属性往往是属于成长期的需求，就企业而言，

---

① N. Kano et al., "Attractive Quality and Must-be Quality", *Journal of Japanese Society for Quality Control*, Vol. 14, No. 2, 1984, pp. 39 –48; Q. Xu et al., "An Analytical Kano Model for Customer Need Analysis", *Design Studies*, Vol. 30, No. 1, 2009, pp. 87 – 110.

最优举措是增加投入以提高此类属性的竞争力。例如，有关产品/服务的质量投诉问题频发，然而相关质量投诉问题处理的及时性、合理性等服务属性的现状始终不令人满意，就顾客而言，该服务属性属于期望型需求，结合对期望型属性的描述可知，企业对质量投诉处理得越圆满，顾客的满意度越高。

（三）兴奋型（或魅力型）属性

兴奋型（或魅力型）属性与基本型属性相反，即当该类属性需求被满足时顾客会因此感到非常满意，但是如果这类属性需求未被满足，顾客并不会对服务表现出不满意。当顾客尚未意识到或者表明自身对某些属性或服务有需求时，意料之外的产品属性的提供或服务行为的发生会给顾客带来惊喜的感觉，进而会促使顾客产生满意的态度，甚至会提升顾客的忠诚度。此类属性大多需要企业主动洞察、寻找、挖掘潜在需求，以培养企业的竞争优势。例如，一些知名酒店品牌会在不侵犯顾客隐私的前提下记录顾客的个人消费习惯、偏好，并且会定期通过邮件等形式对顾客进行回访、及时更新顾客信息，以便有针对性地为顾客提供服务、产品信息。与同等级的酒店相比，此类酒店更容易获得较高的顾客满意度。

（四）反向型属性

反向型属性与一维型属性相反，即这类属性需求被满足时顾客会感到不满意，但是这类属性需求未被满足时顾客会表现出满意。值得注意的是，用户根本不需要的需求提供得越多，用户满意度下降得越明显。例如，一些银行用户倾向于选择定期储蓄等风险较低的产品，与此同时，部分用户则喜欢风险偏高的投资型理财产品，不区分用户需求的过于细致的介绍会消耗用户的耐心、引发用户的不满情绪。

（五）无差异型属性

如果一类属性需求的满足程度与顾客的满意度不相关，那么这类属性则为无差异型属性。例如，航空公司提供给乘客的赠品对乘客的飞行体验毫无影响，根本不被乘客在意的赠品即是无差异型属性。

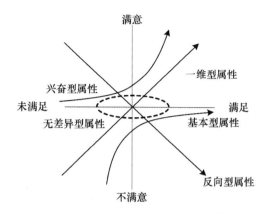

图 3.4　服务属性 Kano 分类

五　服务属性的 IPA 分类

重要性—表现分析法（Performance-Importance Analysis，IPA）
最早由 Martilla 和 James 在 1977 年提出，用于测量汽车产品的用户满
意度，旨在综合考虑产品属性和产品重要性的基础上，分析和确定
各个属性在用户满意度中的地位和作用，为进一步改善产品提供决
策依据。[①] 随后，IPA 被广泛应用到各个领域，例如市场营销、旅游
管理、医疗、教育、信息技术、交通等。[②]

在 IPA 中，分别将属性重要和属性表现这两个维度中的每一个

①　J. A. Martilla，J. C James，"Importance-Performance Analysis"，*Journal of Marketing*，Vol. 41，No. 1，1977，pp. 77 – 79.

②　E. Azzopardi，R. Nash，"A Critical Evaluation of Importance-Performance Analysis"，*Tourism Management*，Vol. 35，2013，pp. 222 – 233；J. Abalo，J. Varela，V. Manzano，"Importance Values for Importance Performance Analysis：A Formula for Spreading out Values Derived from Preference Rankings"，*Journal of Business Research*，Vol. 60，2007，pp. 115 – 121；J. K. Chen，I. S. Chen，"An Inno-Qual Performance System for Higher Education"，*Scientometrics*，Vol. 93，No. 3，2012，pp. 1119 – 1149；W. Skok，A. Kophamel，I. Richardson，"Diagnosing Information Systems Success：Importance-Performance Maps in The Health Club Industry"，*Information Management*，Vol. 38，2001，pp. 409 – 419；J. S. Chou et al.，"Deploying Effective Service Strateg in the Operations Stage of High-Speed Rail"，*Transportation Research Part E：Logistics and Transportation Review*，Vol. 47，No. 4，2011，pp. 507 – 519.

维度划分成两个部分，产品/服务属性可以分成四类。图 3.5 给出了一个 IPA 分类的例子。在图 3.5 中，象限 Q1 被称为"优势保持区"（keep up the good work），落在该象限内的属性的表现较好而且重要性很高。换句话说，用户非常关注在象限 Q1 中的属性并且对这些属性的表现非常满意，这些属性为产品/服务的主要优势。象限 Q2 被称为"优先改进区"（concentrate here），落在该象限内的属性的表现较差但是重要性很高。换句话说，用户非常关注在象限 Q2 中的属性但是对这些属性的表现不满意，这些属性为产品/服务的主要劣势，需要重点改善。象限 Q3 被称为"低优先级区"（low priority），落在该象限内的属性的表现较差但是重要性较低。换句话说，在象限 Q3 中的属性表现较差，用户对这些属性的表现并不满意且对这些属性的关注程度也较低，这些属性为产品/服务的次要劣势，在进行产品/服务改进时，这些属性的优先程度较低。象限 Q4 被称为"过度投入区"（possible overkill），落在该象限内的属性表现较好，用户对这些属性非常满意但是对这些属性的关注程度较低，表明企业将很多的资源投入用户不关注的属性，在产品/服务改进时需要对这些属性减少资源投入。

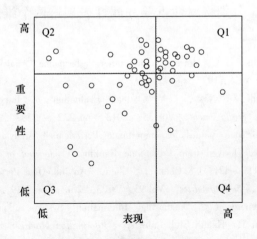

图 3.5 服务属性 IPA 分类

尽管标准的 IPA 被广泛应用到了各个领域，但是其本身存在的一些局限也在一定程度上限制了它的应用范围和应用效果，例如属性重要性确定问题、属性非对称影响问题以及竞争者的问题等。针对标准 IPA 的局限，一些改进 IPA 模型被提出。这里介绍两种应用比较广泛的标准 IPA 的改进模型：影响—非对称分析[①]（Impact-Asymmetry Analysis，IAA）和重要性表现竞争分析[②]（Importance Performance Competitor Analysis，IPCA）。

（一）影响—非对称分析

标准的 IPA 假设属性的正向表现和负向表现对在线评论的影响是对称的，即相同变化的属性的正向表现和相同变化的属性的负向表现对产品/服务的满意度的影响是相同的。然而，研究表明属性的表现和整体满意度之间的关系应该是非线性/非对称的。一方面，相同变化的属性积极表现和消极表现的变化会引起不同的满意度的变化;[③]另一方面，依据前文介绍的 Kano 模型，基于产品/服务属性顾客整体满意度之间的关系，可以把属性分成多种类别，例如基本型、贪污罪型、一维型等。考虑到产品/服务属性与整体满意度之间的非对称关系，一些 IPA 的改进模型被提出，其中应用最为广泛的为影响—非对称分析。

影响—非对称分析是由Mikulić和 Prebežac 于 2008 年提出的，该

---

① J. Mikulić, D. Prebežac, "Prioritizing Improvement of Service Attributes Using Impact Range-Performance Analysis and Impact-Asymmetry Analysis", *Managing Service Quality：International Journal*, Vol. 18, No. 6, 2008, pp. 559 – 576.

② T. Albayrak, "Importance Performance Competitor Analysis（IPCA）：A Study of Hospitality Companies", *International Journal of Hospitality Management*, Vol. 48, 2015, pp. 135 – 142.

③ T. Albayrak, M. Caber, "The Symmetric and Asymmetric Influences of Destination Attributes on Overall Visitor Satisfaction", *Current Issues in Tourism*, Vol. 16, No. 2, 2013, pp. 149 – 166; T. Albayrak, M. Caber, "Prioritisation of the Hotel Attributes According to Their Influence on Satisfaction：A Comparison of Two Techniques", *Tourism Management*, Vol. 46, 2015, pp. 43 – 50.

模型通过同时考虑属性的非对称影响和属性的影响范围将属性分成不同的类别。在这个模型中，每个属性的非对称影响值是由每个属性能够潜在产生的顾客满意程度和顾客不满意程度计算得到的，而属性的影响范围值则是由属性的高表现和低表现对顾客整体满意度的影响计算得到的。通过将属性的非对称影响值和属性的影响变化分别作为横轴和纵轴，可以得到 IAA 图。依据得到的属性非对称影响值，可以将属性分为 "delighters" "satisfiers" "hybrids" "dissatisfiers" "frustrators" 五类。同时，依据属性的影响变化范围值，可以将属性分为高影响、中影响和低影响三类。

（二）重要性表现竞争分析

传统的 IPA 忽略了竞争者的针对属性的表现情况，这可能会导致误导性的管理决策。为了解决这个问题，一些学者尝试在传统的 IPA 中考虑竞争者的相关信息，并且提出了一些 IPA 的改进模型，其中由 Albayrak 在 2015 年提出的重要性表现竞争分析的实用性较强。在重要性表现竞争分析中，通过计算目标公司产品/服务的属性表现与竞争者提供产品/服务的属性表现的差值，可以得到能够反映目标公司与竞争者针对产品/服务属性之间竞争优劣的属性表现差异得分。[①] 此外，通过计算目标产品/服务属性的重要性与属性的表现之间的差值，可以得到能够反映产品/服务属性与消费者需求之间的差距得分（gap score）。基于得到的上述两类得分，可以构建重要性表现竞争分析模型，如图 3.6 所示。在该图中，象限 Q1 的名称为 "稳固竞争优势区"（solid competitive advantage），该象限内的属性的两类得分都是正数，这表明不仅这些属性的表

---

① T. Albayrak, "Importance Performance Competitor Analysis (IPCA): A Study of Hospitality Companies", *International Journal of Hospitality Management*, Vol. 48, 2015, pp. 135 – 142; R. H. Taplin, "Competitive Importance-Performance Analysis of an Australian Wildlife Park", *Tourism Management*, Vol. 33, No. 1, 2012, pp. 29 – 37; R. H. Taplin, "The Value of Self-Stated Attribute Importance to Overall Satisfaction", *Tourism Management*, Vol. 33, No. 2, 2012, pp. 295 – 304.

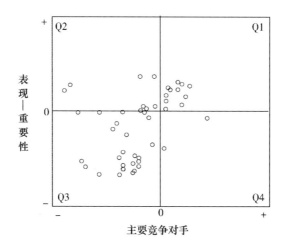

图 3.6　服务属性 IPCA 分类

现得分要高于重要性得分，而且这些属性的表现得分要高于其竞争对手关于这些属性的表现得分。因此，落在象限 Q1 的属性可以被认为是公司的关于服务的主要优势，并且公司应该努力保持这些属性的表现水平。象限 Q2 的名称为"面对面竞争区"（head-to-head competition），该象限内的属性的差距得分（gap score）是正数但属性表现的差值是负数，这表明尽管这些属性的表现要超出顾客的预期，但是这些属性的表现要低于其竞争对手。因此，对于落在 Q2 象限的属性，目标公司应该至少让这些属性的表现达到其竞争对手的水平。象限 Q3 的名称为"紧急行动区"（urgent action），该象限内的属性的两类得分都是负数，这表明不仅这些属性的表现得分低于重要性得分，而且这些属性的表现得分低于其竞争对手关于这些属性的表现得分。因此，落在象限 Q3 的属性可以被认为是公司的关于服务的主要劣势，并且公司应该采取紧急措施来提升这些属性的表现水平。象限 Q4 的名称为"无效优势区"（null advantage），该象限内的属性的差距得分（gap score）是负数但属性表现的差值是正数，这表明尽管这些属性的表现要高于其竞争对手，但是这些属性的表现没有达到顾客的预期。因此，由于落在第 Q4 象限的属性并没有满足顾客的期望，所以这些属性并不是公司关于该服务的真正优势。

第三节　理论基础

研究基于在线评论情感分析的服务属性分类与服务要素配置方法，除了涉及关于在线评论和服务属性的相关概念，还涉及关于 Kano 模型和 IPA 模型等的相关理论。本节将针对双因素理论、前景理论进行说明。

一　双因素理论

双因素理论（two factor theory）于 1959 年由美国心理学家赫茨伯格（Frederick Herzberg）提出，也被称为"激励—保健理论"。该理论将满意因素与不满意因素作为划分影响企业员工工作绩效因素的指标，满意因素主要包括能够使人感到满足、受到激励的因素，不满意因素或保健因素指的是促使意见、消极行为发生的因素。保健因素包含公司组织政策、管理措施、工作环境与条件、人际关系等与具体工作内容本身无关的基本因素，保健因素得到满足的结果是员工不满情绪的消失以及原有工作效率的恢复，无法激发员工产生更加积极的态度与行为。激励因素的涵盖范围是成就、赏识、责任、职业晋升与发展等与工作内容直接相关的因素，激励因素得到满足，可以极大提升个人的积极性与工作效率、激发潜能；若未得到满足，也不会产生任何负面结果。

保健因素、激励因素得以明显区别的原因在于其分别归属于"平等因素"与"公平因素"，平等因素的内核是共同享有、共同承担、共同面对；公平因素则与工作职责目标紧密相关，工作的成就享有、责任承受、任务面对是有层次、等级区别的。凡是平等的必是保健的，因此达到基本满足的状态是必须的，然而达到完全满足的状态基本是不可能的；而公正的必然是激励因素，即使并非员工主动要求，但因其具有的激励性，企业要给予提倡、实施。

工作性质是划分保健因素、激励因素的关键。例如就对安全舒适度有高要求的高科技公司员工而言，高工资、高福利待遇、优美随意的工作环境、宽松的工作时间是必须的，隶属于保健因素，这是因为高创造性的工作内容需要解决员工的后顾之忧，以此为员工创造一个心无旁骛的工作状态来激发其灵感。与此相反的是高外向性的工作性质需要将机动工资作为激励因素，实施低基本工资与高机动工资的薪资组合，达到"重赏之下必有勇夫"的工作状态，激励员工不畏艰难地面对工作环境与工作内容。

二　前景理论

前景理论又被称为展望理论，是丹尼尔·卡内曼（Daniel Kahneman）和阿莫斯·特沃斯基（Amas tversky）于1979年将心理学研究应用在经济学研究中后凝练提出的，而后主要被应用于解释不确定情况下的人为判断和决策。[①] 不同于长期被使用的理性人假设，前景理论从人的心理特质与行为特征两方面揭示了影响选择行为的非理性心理因素。前景理论通过系列实验观测发现人的决策受制于结果与期望（预期、设想）的对比，并非仅依靠结果自身，即更看重变化量而非仅重视绝对量。人在做出决策的过程中，首先会在心里预设一个参照标准，逐一对比每个结果与参照标准的差距。就高于参照点的获利型结果，人们倾向于确定的收益，表现为风险厌恶；而对于低于参照点的损失型结果，人们会选择"赌一把"，表现为风险喜好。除此之外，该理论还提出人对不同程度的概率具有非线性的敏感，就小概率而言会有反应"过敏"的倾向，对于大概

---

① A. Tversky, D. Kahneman, "Advances in Prospect Theory: Cumulative Representation of Uncertainty", *Journal of Risk and Uncertainty*, Vol. 5, No. 4, 1992, pp. 297 –323.

率反而会反应"迟钝"。举例来说，中彩票是小概率事件，但仍有不计其数的人选择购买；即使车祸发生的概率很小，绝大多数人仍然坚持购买保险，上述现象是人们的真实反应也是阿莱悖论的表现，即期望效用对概率的依赖表现为线性。

前景理论包含两大定律。第一，人们在面临获得时，往往小心翼翼，不愿冒风险；而在面对损失时，人人都愿意冒险。第二，人们对损失和获得的敏感程度是不同的。前景理论提出了五方面的个人选择特性：（1）在面临收益时表现为风险规避，所谓见好就收、落袋为安（确定性效应）；（2）在面临损失的时候表现为风险偏好，选择"赌一把"（反射效应）；（3）对损失的敏感要大于收益，所谓的白捡100元的快乐难以抵销丢失100元的痛苦（损失规避）；（4）对小概率事件的迷恋程度非常深（小概率迷恋）；（5）对收益与损失的定性判断取决于参照点的设定（参照依赖）。

第四节　基于在线评论情感分析的服务属性分类与服务要素配置方法的研究框架

本节在借鉴关于基于在线评论的管理决策分析方面的已有研究成果的基础上，给出基于在线评论情感分析的服务属性分类与服务要素配置方法研究框架以及研究框架的有关说明。

一　研究框架

基于已有的相关研究成果和前文的基本概念，下面给出基于在线评论情感分析的服务属性分类与服务要素配置方法研究框架，如图3.7所示。由图3.7可知，研究框架主要包括四个部分：（1）服务的在线评论获取及挖掘；（2）基于在线评论的服务属性的 Kano 分类；（3）基于在线评论的服务属性的 IPA 分类；（4）基于 Kano 分类

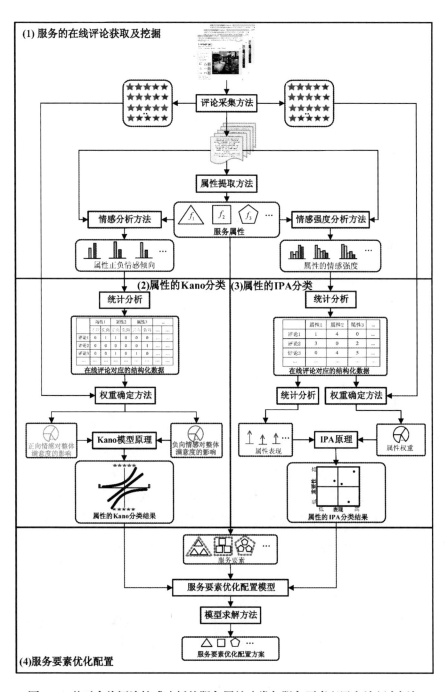

图3.7 基于在线评论情感分析的服务属性分类与服务要素配置方法研究框架

和 IPA 分类结果的服务要素优化配置。第一部分主要是获取服务产品的在线评论，从获取的在线评论中挖掘有用的信息，即从在线评论中确定顾客对属性的情感或意见。第二部分主要是依据得到的顾客对属性的情感倾向和顾客对产品的整体满意度，通过第五章提出的基于在线评论的服务属性 Kano 分类模型来对提取的服务属性进行 Kano 分类。第三部分主要是依据得到的顾客对属性的情感强度和顾客对产品的整体满意度，通过第六章提出的基于在线评论的服务属性 IPA 分类方法来对提取的服务属性进行 IPA 分类。第四部分主要是从在线评论中确定的服务要素和属性的 Kano 分类及 IPA 分类结果，通过第七章提出的基于 Kano 分类和 IPA 分类结果的服务要素优化配置模型来确定服务要素优化配置方案。

二　研究框架的有关说明

本部分将针对图 3.7 所示的基于在线评论情感分析的服务属性分类与服务要素配置方法研究框架中的四个部分给出相关说明。

第一，服务的在线评论获取及挖掘。在该阶段中，首先，依据目标服务产品，采用网络爬虫，从相关网站上获取在线评论信息，即文本评论和星级评价；其次，对获取的数据进行预处理，主要包括去除无效字符、分词、词性标注、去除停用词等；再次，依据得到的文本评论，采用 LDA 提取服务的属性；从次，采用情感二分类方法确定在线评论针对服务属性的正、负情感倾向；最后，依据爬取的文本评论和提取的属性，采用多粒度情感分类方法确定在线评论针对服务属性的情感强度。

第二，基于在线评论的服务属性的 Kano 分类。在该阶段中，首先，通过统计分析将在线评论针对属性的正情感倾向、负情感倾向转化为结构化数据；其次，依据得到的结构化数据和顾客的整体满意度，通过第五章提出的基于自适应 Boosting 神经网络模型（Adaptive Boosting Neural Network Model，ABNNM）来分别确定属性的正向情感倾向和负向情感倾向对顾客整体满意度的影响；最后，依据 Kano 模型的基本思想与得到的属性的正向和负向情感倾向的影响，可以通过第五章提出的基于影响的 Kano 模型（Effect-based Kano Model，EKM）来确定服务属性的 Kano 类别。

第三，基于在线评论的服务属性的 IPA 分类。在该阶段中，首先，通过统计分析将在线评论针对属性的情感强度转化为结构化数据；其次，依据得到的结构化数据和顾客的整体满意度，通过第六章提出的基于集成神经网络模型（Ensemble Neural Network based Model，ENNM）来确定属性重要性，并通过统计分析来估计属性表现；最后，依据 IPA 分类的基本原理与得到的属性表现和重要性，可以确定服务属性的 IPA 类别。

第四，基于 Kano 分类和 IPA 分类结果的服务要素优化配置。在该阶段中，首先，依据提取的属性和在线评论确定服务要素；其次，估计服务要素对服务属性的满足程度；再次，依据得到的满足程度和属性的 Kano 分类及 IPA 分类结果，可以构建服务要素优化配置模型；最后，可以通过模型求解确定服务要素优化配置方案。

第五节　本章小结

本章首先对基于在线评论情感分析的服务属性分类与服务要素配置研究中涉及的相关概念进行了梳理和研究，包括在线评论的相关概念和服务属性的相关概念。在此基础上，借鉴关于基于在线评论的管理决策分析方面的已有研究成果的思想，给出了基于在线评论情感分析的服务属性分类与服务要素配置方法研究框架以及研究框架的有关说明。本章奠定了本书后面章节研究的理论基础，明确了本书所研究的问题，建立了后续章节的体系结构。

第 四 章

面向服务属性的在线评论
多粒度情感分类方法

由第三章给出的基于在线评论情感分析的服务属性分类与服务要素配置方法研究框架可知，面向服务属性的在线评论的多粒度情感分类是基于在线评论情感分析的服务属性分类与服务要素配置方法研究的重要基础工作。本章将围绕面向服务属性的在线评论的多粒度情感分类问题进行研究。首先，给出在线评论的多粒度情感分类问题的研究背景；其次，给出基于在线评论的服务属性的提取过程；再次，进行多粒度情感分类中特征选择和机器学习算法有效性的比较研究；最后，给出基于改进 OVO 和 SVM 的多粒度情感分类方法并通过实验验证所提出方法的有效性。

第一节　研究问题的背景与描述

随着信息技术的飞速发展，越来越多的人喜欢在网上"冲浪"。目前，全球网民数量已经超过 30 亿人，并且这个数量仍在快速增长。[1] 越

---

① F. H. Khan, U. Qamar, S. Bashir, "eSAP: A Decision Support Framework for Enhanced Sentiment Analysis and Polarity Classification", *Information Sciences*, Vol. 367, 2016, pp. 862 – 873.

来越多的互联网用户喜欢在社交媒体平台或者在线点评网站上发表
在线文本来分享他们对产品或服务的意见、建议或者体验等。① 这些
在线文本对于改善政府、企业和消费者的决策具有重要意义。例如，
政府可以通过分析公民关于社会相关问题的在线文本来做出更为合
理的公共决策，② 企业可以通过分析产品在线评论来识别产品弱点或
者预测市场需求，③ 消费者可以通过识别大量在线评论中消费者的情
感倾向来做出更为合理的购买决策。④ 为了自动地挖掘隐含在大量在
线评论中的观点并分析大量在线评论的情感类别，一些学者展开了
关于意见挖掘和情感分析的研究。在这些研究中，情感分类是一个
可以用于识别文本情感类别的重要主题。近些年来，一些学者关注

①　W. Zhang, H. Xu, W. Wan, "Weakness Finder: Find Product Weakness from Chinese Reviews by Using Aspects based Sentiment Analysis", *Expert Systems with Applications*, Vol. 39, No. 11, 2012, pp. 10283 – 10291; T. Wilson, J. Wiebe, P. Hoffmann, "Recognizing Contextual Polarity in Phrase-Level Sentiment Analysis", Proceedings of Human Language Technology Conference and Conference on Empirical Methods in Natural Language Processing, 2005, pp. 347 – 354.

②　J. C. Bertot, P. T. Jaeger, D. Hansen, "The Impact of Polices on Government Social Media Usage Issues, Challenges, and Recommendations", *Government Information Quarterly*, Vol. 29, No. 1, 2012, pp. 30 – 40.

③　O. Netzer et al., "Mine Your Own Business: Market-Structure Surveillance through Text Mining", *Marketing Science*, Vol. 31, No. 3, 2012, pp. 521 – 543; E. J. S. Won, Y. K. Oh, J. Y. Choeh, "Perceptual Mapping Based on Web Search Queries and Consumer Forum Comments", *International Journal of Market Research*, Vol. 60, No. 4, 2018, pp. 394 – 407; X. Xu, Y. Li, "The Antecedents of Customer Satisfaction and Dissatisfaction Toward Various Types of Hotels: A Text Mining Approach", *International Journal of Hospitality Management*, Vol. 55, 2016, pp. 57 – 69.

④　A. Ghose, P. G. Ipeirotis, B. Li, "Designing Ranking Systems for Hotels on Travel Search Engines by Mining User-Generated and Crowdsourced Content", *Marketing Science*, Vol. 31, No. 3, 2012, pp. 493 – 520; W. Wang, H. Wang, "Opinion-Enhanced Collaborative Filtering for Recommender Systems Through Sentiment Analysis", *New Review of Hypermedia and Multimedia*, Vol. 21, No. 3 – 4, 2015, pp. 278 – 300; R. Dong et al., "Combining Similarity and Sentiment in Opinion Mining for Product Recommendation", *Journal of Intelligent Information Systems*, Vol. 46, No. 2, 2016, pp. 285 – 312.

到了文本情感分类问题，并提出了多种文本情感分类方法。① 需要指出的是，大多数关于情感分类的研究只考虑了两种类型的情感类别，即将文本分成了正向情感倾向和负向情感倾向。然而，已有文献指出只考虑在线文本的正向情感倾向和负向情感倾向是一种过于简化的处理方式。② 如果能够识别出在线评论的多种情感类别，那么将可以得到更加精细、准确的在线文本的分析结果，以支持政府、企业和消费者做出更有效的决策。因此，多粒度情感分类是一个具有广泛应用价值的研究课题。

目前，关于在线评论的多粒度情感分类研究引起了国内外学者的关注，并取得了一些研究成果。例如，Pang 和 Lee 提出了一种基于度量标记的情感多分类的元算法。在他们的研究中，构建了电影评论的两个情感分类系统，并且每个电影评论都分别标记一个 3 种情感类别和 4 种情感类别的标签。通过将提出的算法与 SVM 分类算法和 SVM 回归算法进行比较，验证了提出的情感多分类元算法的有效性。③ 考虑到标注情感类别的文本数量可能较少，Goldberg 和 Zhu 提出了一个基于图的半监督情感分类算法。在这个算法中，基于标注情感倾向和未标注情感倾向的文本构建了一个无向图，并且通过求解优化问题得到了一个光滑评价函数。依据得到的光滑评价函数可以确定未标注情感倾向的文本类别。最后，基于Pang和 Lee 构建

---

① T. Wilson, J. Wiebe, R. Hwa, "Recognizing Strong and Weak Opinion Clauses", *Computational Intelligence*, Vol. 22, No. 2, 2006, pp. 73 – 99.

② H. Tang, S. Tan, X. Cheng, "A Survey on Sentiment Detection of Reviews", *Expert Systems with Applications*, Vol. 36, No. 7, 2009, pp. 10760 – 10773; J. Serrano-Guerrero et al., "Sentiment Analysis: A Review and Comparative Analysis of Web Services", *Information Sciences*, Vol. 311, 2015, pp. 18 – 38.

③ B. Pang, L. Lee, "Seeing Stars Exploiting Class Relationships for Sentiment Categorization with Respect to Rating Scales", Proceedings of the 43rd Annual Meeting on Association for Computational Linguistics, 2005, pp. 115 – 124.

的电影评论数据库，验证了所提出的方法的有效性。[①] Bickerstaffe 和
Zukerman 提出了一种用于情感分类的多级情感分类器。在他们的研
究中，首先，通过使用最短路径优先算法计算了组间相似度来构建
一个决策树结构，其中每个叶表示一个目标情感类别。其次，将标
准二元分类器嵌入决策树中，可以得到一个多级情感分类器。最后，
通过实验验证了该分类器在多粒度情感分类中的有效性。[②] Cao 和
Zukerman 通过将词汇信息和特定语法结构特征结合到朴素贝叶斯分
类器中，开发了一个情感多分类的概率方法。该算法的表现至少不
比 Bickerstaffe 和 Zukerman 提出的算法的表现差。[③] 为了对非正式短
文本进行分类，Thelwall 等提出了 SentiStrength 算法。在他们的研究
中，首先，使用机器学习算法确定了情感强度词汇列表；其次，通
过考虑非正式文本的多种特征，如拼写纠正、助词、否定单词列表、
重复字母等，提出了 SentiStrength 算法。[④] SentiStrength 算法关于识
别非正式短文本的多种正向和负向情感类别的准确率分别为 72.8%
和 60.6%。可见，SentiStrength 算法对于识别文本的负向情感的表现
相对较差。为了解决这个问题，Thelwall 等提出了一种称为
Sentistrength 2 的改进算法。[⑤] 在 Sentistrength 2 中，通过将 General

---

① A. B. Goldberg, X. Zhu, "Seeing Stars: When There aren't Many Stars Graph-Based
Semi-Supervised Learning for Sentiment Categorization", Proceedings of the First Workshop on
Graph Based Methods for Natural Language Processing, 2006, pp. 45 – 52.

② A. Bickerstaffe, I. Zukerman, "A Hierarchical Classifier Applied to Multi-Way
Sentiment Detection", Proceedings of the 23rd International Conference on Computational
Linguistics, 2010, pp. 62 – 70.

③ M. D. Cao, I. Zukerman, "Experimental Evaluation of a Lexicon-and Corpus-based
Ensemble for Multi-Way Sentiment Analysis", Proceedings of the Australasian Language
Technology Association Workshop, 2012, pp. 52 – 60.

④ M. Thelwall et al. , "Sentiment Strength Detection in Short Informal Text", Journal
of the American Society for Information Science and Technology, Vol. 61, No. 12, 2010,
pp. 2544 – 2558.

⑤ M. Thelwall, K. Buckley, G. Paltoglou, "Sentiment Strength Detection for the Social
Web", Journal of the American Society for Information Science and Technology, Vol. 63,
No. 1, 2012, pp. 163 – 173.

Inquirer terms 集成到原始的 SentiStrength 算法中，显著地扩展了情感强度词汇列表中的负向情感词汇。

已有的关于多粒度情感分类的研究对这一领域做出了重大贡献。然而，目前关于多粒度情感分类的研究仍相对较少，尤其是已有的多粒度情感分类算法的分类精度较低，限制了已有的多粒度情感分类算法在实际问题中的应用。因此，有必要对多粒度情感分类展开更深入的研究。相关研究表明，可以通过将特征选择算法和机器学习算法相结合来开发更有效的多粒度情感分类算法。[①] 目前，有多种流行的特征选择算法和机器学习算法，其中常用的文本特征选择算法主要有文档频率（DF）、CHI 统计量（CHI）、信息增益（IG）和增益率（GR），而常用的进行文本分类的机器学习算法主要有决策树（DT）、朴素贝叶斯（NB）、支持向量机（SVM）、径向基函数神经网络（RBFNN）和 K 近邻算法（KNN）。在这些算法中，哪种特征选择算法和机器学习算法在多粒度情感分类中表现更好，仍然需要做进一步验证。验证结果将会有助于提升已有算法的表现，并有助于开发新的多粒度情感分类算法。

需要说明的是，本章的主要目的是针对服务属性的在线评论进行多粒度情感分类，为进行基于在线评论情感分析的服务属性分类与服务要素配置研究提供必要的技术支持。为此，本章第二节首先给出基于在线评论的服务属性的提取过程。基于提取的服务属性，可以进一步确定关于服务属性的评论内容。为了更加准确地识别提取的关于服

---

① E. Cambria, A. Hussain, "Sentic Computing", *Cognitive Computation*, Vol. 7, No. 2, 2015, pp. 183 – 185; R. Prabowo, M. Thelwall, "Sentiment Analysis: A Combined Approach", *Journal of Informetrics*, Vol. 3, No. 2, 2009, pp. 143 – 157; J. Serrano-Guerrero et al., "Sentiment Analysis: A Review and Comparative Analysis of Web Services", *Information Sciences*, Vol. 311, 2015, pp. 18 – 38; D. Bollegala, D. Weir, J. Carroll, "Cross-Domain Sentiment Classification Using a Sentiment Sensitive Thesaurus", *IEEE Transactions on Knowledge and Data Engineering*, Vol. 25, No. 8, 2013, pp. 1719 – 1731; H. Tang, S. Tan, X. Cheng, "A Survey on Sentiment Detection of Reviews", *Expert Systems with Applications*, Vol. 36, No. 7, 2009, pp. 10760 – 10773.

务属性的评论的情感强度，本章第三节给出了多粒度情感分类中特征选择和机器学习算法有效性的比较研究。在此基础上，本章第四节给出了一种基于改进 OVO 策略和 SVM 的多粒度情感分类算法。

第二节　基于在线评论的服务属性的提取

目前，有多种算法可以用于从在线评论中提取服务属性，其中 LDA 已经被证明是一种有效的方法。① 因此，本书采用 LDA 从在线评论中提取服务属性。下面首先对 LDA 进行简要介绍，然后给出基于 LDA 从在线评论中提取服务属性的过程。

一　LDA 的简介

隐狄利克雷分配模型（Latent Dirichlet Allocation，LDA）是一种非监督的可以用来从海量在线评论中提取潜在主题的概率生成模型。② 这里说的潜在主题是一系列用于描述一个概念或者一个方面的相关词汇的集合。在 LDA 中，每条在线评论被认为是由一些主题组成的混合概率分布，其中每个主题是关于某些词汇的一个概率分布。生成一条在线评论的过程是根据主题分布重复选择主题，然后根据每个选定主题的概率分布选择相应的词汇。依据上述过程，如果生成了一条在线评论，那么评论中每个词的概率可以表示为一个概率公式：

————————

① R. Decker, M. Trusov, "Estimating Aggregate Consumer Preferences from Online Product Reviews", *International Journal of Research in Marketing*, Vol. 27, No. 4, 2010, pp. 293 – 307; M. Farhadloo, R. A. Patterson, E. Rolland, "Modeling Customer Satisfaction from Unstructured Data Using a Bayesian Approach", *Decision Support Systems*, Vol. 90, 2016, pp. 1 – 11; Y. Guo, S. J. Barnes, Q. Jia, "Mining Meaning from Online Ratings and Reviews: Tourist Satisfaction Analysis Using Latent Dirichlet Allocation", *Tourism Management*, Vol. 59, 2017, pp. 467 – 483.

② D. M. Blei, A. Y. Ng, M. I. Jordan, "Latent Dirichlet Allocation", *Journal of Machine Learning Research*, Vol. 3, 2003, pp. 993 – 1022.

$$p(\text{词汇} \mid \text{评论}) = \sum_{\text{主题}} p(\text{词汇} \mid \text{主题}) \times p(\text{主题} \mid \text{评论}) \quad (4.1)$$

这个概率公式可以被进一步表示成矩阵的形式，如图4.1所示。

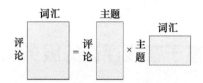

图4.1　矩阵形式的 LDA 概率公式

在图4.1中，矩阵"评论—词汇"中的项表示一个词汇在一条评论中出现的频率，矩阵"评论—主题"中的项表示一个主题在一条评论中出现的概率，矩阵"主题—词汇"中的项表示一个词汇在一个主题中出现的概率。基于大量的在线评论，通过统计每个词汇在每条评论中出现的概率可以得到"评论—词汇"矩阵。依据得到的"评论—词汇"矩阵，通过训练 LDA 模型可以得到"评论—主题"矩阵和"主题—词汇"矩阵。具体的训练过程和相关原理可以参见 Blei 等的研究。[①] 需要说明的是，尽管提出了一些改进的 LDA 算法，但是并未有一致的结论表明哪种改进的算法更好。因此，该部分的研究仅使用最基本的 LDA 算法。在实际应用过程中，也可以采用改进的 LDA 算法来从在线评论中提取服务属性。

二　基于 LDA 从在线评论中提取服务属性的过程

基于 LDA 从在线评论中提取服务属性的过程主要包括两个步骤：在线评论的预处理和服务属性的提取。

（一）在线评论的预处理

在线评论中不仅包含有关服务及其重要属性的词汇，还包含大量与服务及其重要属性不相关的词汇。为了提高关于服务重要属

---

① D. M. Blei, A. Y. Ng, M. I. Jordan, "Latent Dirichlet Allocation", *Journal of Machine Learning Research*, Vol. 3, 2003, pp. 993 – 1022.

性提取的效率，需要对在线评论进行预处理。令 $R = \{r_1, r_2, \cdots,$ $r_M\}$，表示 M 个在线评论的集合，其中，r_m 表示 R 中的第 m 条在线评论，$m = 1, 2, \cdots, M$。在该部分中，对在线评论进行分词和词性标注，然后剔除停用词、程度词等不相关词汇。通过统计每个词汇在每条评论中出现的概率，可以得到"评论—词汇"矩阵，记为 $X_{M \times N}$，其中，M 表示在线评论的数量，N 表示预处理后的评论中包含的词汇数量。

（二）服务属性的提取

依据得到的 $X_{M \times N}$，基于 LDA 的生成过程可以对 LDA 模型进行训练。训练好的 LDA 模型的输出包括"评论—主题"矩阵、主题—词汇矩阵和主题列表。由于提取的主题中可能包含噪声词汇，不同的主题可能具有相似的含义，为了得到更加合理的结果，决策者可以手动剔除噪声词汇，合并具有相似含义的主题，选择关注的主题并对其进行命名。依据相关文献，[①] 每个主题可以被认为是一个服务属性。令 I 表示提取的属性（主题），J_i 表示第 i 个主题中高频词汇的数量，第 i 个主题可以表示为 $f_i = \{word_{i1}, word_{i2}, \cdots, word_{iJ_i}\}$，其中，$word_{ij}$ 表示第 i 个主题中第 j 个高频词汇，$i = 1, 2, \cdots, I$；$j = 1, 2, \cdots, J_i$。

令 $R_i = \{r_{i1}^l, \cdots, r_{ic}^k, \cdots, r_{iC_i}^g\}$，表示在线评论集合 R 中关于第 i 个属性的在线评论的集合，其中，r_{ic}^k，表示从在线评论 R 中提取的第 k 条评论且表示 R_i 中的第 c 条评论，C_i 表示关于第 i 个属性的在线评论的数量，$l, k, g \in \{1, 2, \cdots, M\}$。$r_{ic}^k$ 的第二个下标（c）主要是用来记录 r_{ic}^k 在 R_i 中的位置与 R_i 中评论的数量；r_{ic}^k 的上标（k）主要是用来记录 r_{ic}^k

① R. Decker, M. Trusov, "Estimating Aggregate Consumer Preferences from Online Product Reviews", *International Journal of Research in Marketing*, Vol. 27, No. 4, 2010, pp. 293 – 307; M. Farhadloo, R. A. Patterson, E. Rolland, "Modeling Customer Satisfaction from Unstructured Data Using a Bayesian Approach", *Decision Support Systems*, Vol. 90, 2016, pp. 1 – 11; Y. Guo, S. J. Barnes, Q. Jia, "Mining Meaning from Online Ratings and Reviews: Tourist Satisfaction Analysis Using Latent Dirichlet Allocation", *Tourism Management*, Vol. 59, 2017, pp. 467 – 483.

在原始评论 R 中的位置，其目的是将提取出的评论映射到原始评论，以便后续对情感分析结果进行统计分析。为了得到 R_i，首先，依据标点符号将 R 中的在线评论分成句子。其次，依据得到的 $f_i = \{word_{i1}, word_{i2}, \cdots, word_{ij_i}\}$，通过提取 R 中包含词汇 $word_{ij}$ 的语句则可以确定 R_i，$i = 1, 2, \cdots, I$；$j = 1, 2, \cdots, J_i$。特别地，如果在一条评论中有多个关于同一属性的语句，那么需要预先将这些语句进行合并。

通过上述过程可以提取关于服务属性的评论内容，即确定 $R_i = \{r_{i1}^l, \cdots, r_{ic}^k, \cdots, r_{iC_i}^g\}$，$l, k, g \in \{1, 2, \cdots, M\}$。不失一般性，本章的第三节和第四节假定从原始评论中提取了关于服务属性的评论内容。

第三节　多粒度情感分类中特征选择和机器学习算法有效性比较研究

目前，有多种流行的特征选择算法和机器学习算法。在这些算法中，常用的文本特征选择算法主要有文档频率（DF）、CHI 统计量（CHI）、信息增益（IG）和信息增益率（GR），而常用的进行文本分类的机器学习算法主要有决策树（DT）、朴素贝叶斯（NB）、支持向量机（SVM）、径向基函数神经网络（RBFNN）和 K 近邻算法（KNN）。本节的主要目的是验证哪种特征选择算法和机器学习算法在多粒度情感分类中表现更好，为后续开发新的情感多分类算法奠定基础。

一　多粒度情感分类框架及相关算法描述

首先，本部分提出了一个多粒度情感分类框架，该框架包括两个部分：（1）使用特征选择算法选择文本的重要特征；（2）使用机器学习算法训练多粒度情感分类器。其次，简要介绍了四种常用的特征选择算法的原理。最后，简要介绍了五种常用的机器学习算法的原理。

（一）基于特征选择和机器学习算法的多粒度情感分类框架描述

图4.2展示了一个多粒度情感分类的框架。从图4.2中可以看出，该框架主要可以分为两部分：（1）使用特征选择算法选择文本的重要特征；（2）使用机器学习算法训练多粒度情感分类器。在第一部分中，将标注好情感倾向的文本转换为文本特征向量，其中每个文本特征代表文本中的一个项（词汇、符号等）；为了减少文本特征的数量以达到提高分类效率的目的，使用特征选择算法从构建的特征向量中选择重要文本特征。在第二部分中，基于所选的重要文本特征，采用机器学习算法对多粒度情感分类器进行训练。依据训练好的多粒度情感分类器，可以识别待分类文本的不同情感类别。

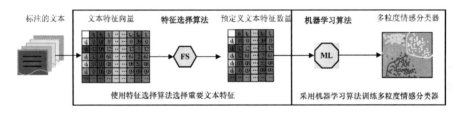

图4.2　多粒度情感分类框架

（二）相关特征选择算法描述

本部分将简要介绍四种常用的特征选择算法，即文本频率（DF）、CHI统计法（CHI）、信息增益（IG）和信息增益率（GR），这四种特征选择算法的主要思想类似。首先，计算每个文本特征的得分；其次，根据得到的文本特征得分的多少对文本特征进行排序；最后，通过预定义文本特征的数量或者文本特征得分阈值选择重要文本特征。

1. 文本频率（Document Frequency，DF）

DF特征选择方法是通过统计特征项出现的文档的数量来衡量某

个特征项的重要性。[1] DF 的基本思想：如果某些特征项在文档中出现的频率过高，那么这些特征项可能无法区别不同的文本类别；如果某些特征项在文档中出现的频率很低，那么这些特征项携带的信息量就很少，这些特征项甚至可能是"噪声"特征项，这些特征项对情感分类的作用很小。因此，在使用 DF 进行特征选择时需要预定义两个阈值，即文本特征项出现的最高频率和最低频率。超过预定义的最高频率或者低于预定义的最低频率的文本特征项将会被移除。DF 特征选择方法是最简单的特征选择方法，其计算复杂度随着文本数量的变化呈线性变化，因而更容易应用于较大的数据库。DF 特征选择方法属于无监督的学习算法，仅考虑了特征项频率因素，而没有考虑文本情感类别因素。因此，使用 DF 算法可能会引入一些没有意义的特征项。

2. CHI 统计法（CHI statistics，CHI）

CHI 统计法是一种基于统计学中"假设检验"思想的文本情感分类中常用的特征选择算法。CHI 的基本思想：假设文本的特征与文本所属的情感类别是不相关的，采用 CHI 分布计算检验值并与预定义的阈值进行比较。如果得到的检验值偏离阈值越大，那么越有信心否定原假设，接受原假设的备择假设，即文本特征项与文本的情感类别有着很高的关联度。[2] CHI 特征选择方法综合考虑了文本频率与情感类别比例两个因素。关于 CHI 检验值的定义如下：

$$\text{CHI}(t, C_i) = \frac{n \times (ad - bc)^2}{(a + c) \times (b + d) \times (a + b) \times (c + d)} \qquad (4.2)$$

$$\text{CHI}_{\max}(t) = \max_i [\text{CHI}(t, C_i)] \qquad (4.3)$$

① S. Tan, J. Zhang, "An Empirical Study of Sentiment Analysis for Chinese Documents", *Expert Systems with Applications*, Vol. 34, No. 4, 2008, pp. 2622 – 2629; Y. Yang, J. O. Pedersen, "A Comparative Study on Feature Selection in Text Categorization", Proceedings of the 14th International Conference on Machine Learning, 1997, pp. 412 – 420.

② L. Galavotti, F. Sebastiani, M. Simi, "Feature Selection and Negative Evidence in Automated Text Categorization", Proceedings of KDD, 2000.

其中，t 表示文本的特征，C_i 表示文本所属的情感类别，n 表示文本的总数，a 表示 t 和 C_i 共同出现的次数，b 表示 t 和 C_i 中仅出现 t 的次数，c 表示 t 和 C_i 中仅出现 C_i 的次数，d 表示 t 和 C_i 都没有出现的次数。

3. 信息增益（Information Gain，IG）

在信息增益中，衡量文本特征重要程度的标准是看文本特征能为分类系统带来多少信息。若文本特征带来的信息越多，则该特征越重要；反之，则该特征越不重要。文本特征所带来的信息量的多少，主要是通过在某个特征项的缺失与存在的两种情况下，文本语料中前后信息量的增加来确定。[1] 文本特征项的 IG 值可以通过式（4.4）进行计算。

$$IG(t) = -\sum_{t=1}^{|T|} P(C_i)\log P(C_i) + P(t)\sum_{t=1}^{|T|} P(C_i|t)\log P(C_i|t)$$
$$+ P(\bar{t})\sum_{t=1}^{|T|} P(C_i|\bar{t})\log P(C_i|\bar{t}) \tag{4.4}$$

式中，$P(C_i)$ 表示文本情感类别 C_i 出现的概率，$P(t)$ 表示文本特征 t 出现的概率，$P(\bar{t})$ 表示文本特征 t 不出现的概率，T 表示文本情感类别总数。

4. 信息增益率（Gain Ratio，GR）

由于使用 IG 进行特征选择可能出现因为某个特征项有较多的情感类别取值而导致该特征有较大的信息熵的情况，从而该特征更容易被选为文本分类的重要文本特征。Quinlan[2] 提出的 C4.5 算法中 GR 能够有效解决 IG 的上述问题。GR 考虑了分裂信息所需要付出的代价，进而能够部分抵销特征情感类别取值数量带来的影响。[3] 文本特征项的 GR 值可以通过式（4.5）和式（4.6）进行计算。

---

[1] S. Wang et al., "A Feature Selection Method based on Improved Fisher's Discriminant Ratio for Text Sentiment Classification", *Expert Systems with Applications*, Vol. 38, No. 7, 2011, pp. 8696 – 8702.

[2] J. R. Quinlan, *C4. 5 Programming for Machine Learning*, Morgan Kauffmann, 1993.

[3] J. R. Quinlan, *C4. 5 Programming for Machine Learning*, Morgan Kauffmann, 1993.

$$\text{SplitInfo}(t) = -\sum_{j=1}^{v} \frac{|D_j|}{|D|} \times \log_2 \frac{|D_j|}{|D|} \qquad (4.5)$$

$$\text{GR}(t) = \frac{\text{IG}(t)}{\text{SplitInfo}(t)} \qquad (4.6)$$

其中，D 表示文本集合，v 表示将文本集合 D 划分的 v 个部分，$\text{SplitInfo}(t)$ 表示特征项 t 的信息分裂值。GR 将信息分裂值作为分母，特征情感类别取值数量越大，分裂信息值越大，从而部分抵销了特征情感类别取值数量所带来的影响。

（三）相关机器学习算法描述

该部分主要简要介绍一下五种常用的机器学习算法方法，即 DT、NB、SVM、RBFNN 和 KNN。

1. 决策树（Decision Tree, DT）

DT 是一种经典的预测模型，它包括决策节点、分支和叶节点三个部分。[1] 进行文本分类时，决策节点代表文本特征向量中的某个特征，关于该特征的不同测试结果代表一个分支，某个分支代表某个决策节点的不同取值。分支下面的每个叶节点存放文本的某个情感类别标签，其表示一种可能的分类结果。决策树对未知文本的分类过程：自决策树根节点开始，自上沿着某个分支向下搜索，直到达到叶节点，叶节点的情感类别标签就是该未知文本的情感类别。目前，有多种具体的算法可以用来构建决策树，如 ID3、[2] C4.5[3] 和 CART[4] 等。在这些算法中，C4.5 被认为是一种最有效的构建决策树算法。本书采用 C4.5 算法来构建决策树进行文本多粒度情感分类。C4.5 算法的主要思想是 GR，具体可以参见前文关于 GR 的介绍。

---

[1] S. Ruggieri, "Efficient C4.5 Classification Algorithm", *IEEE Transactions on Knowledge and Data Engineering*, Vol. 14, No. 2, 2002, pp. 438–444.

[2] J. R. Quinlan, "Induction of Decision Trees", *Machine Learning*, Vol. 1, No. 1, 1986, pp. 81–106.

[3] J. R. Quinlan, *C4.5 Programs for Machine Learning*, Elsevier, 2014.

[4] L. Breiman et al., *Classification and Regression Trees*, Wadsworth, CA Chapman & Hall, 1984.

2. 朴素贝叶斯（Naïve Bayes，NB）

NB 是一种在许多领域表现良好的流行机器学习算法。目前，NB 被广泛应用于情感二分类之中。[①] NB 算法基于如下假设：文本中每个特征项出现的概率与该特征项所在的文本的上下文环境和位置无关。根据文本特征项和情感类别的联合概率，可以估计出每个文本属于每个情感类别的概率。在此基础上，依据文本属于每个情感类别的概率的大小来确定文本的情感类别。

令 $D = \{d_1, d_2, \cdots, d_n\}$，表示 n 个文本的集合，其中，d_l 表示 D 中的第 l 个文本。令 $X_l = (x_{1l}, x_{2l}, \cdots, x_{el})$，表示文本 d_l 关于特征 $T = \{t_1, t_2, \cdots, t_e\}$ 的特征向量，其中，t_k 表示 T 中的第 k 个特征，$l = 1, 2, \cdots, n$；$k = 1, 2, \cdots, e$。令 $C = \{C_1, C_2, \cdots, C_m\}$，表示 m 个情感类别的集合，其中，C_i 表示文本情感的第 i 个类别，$i = 1, 2, \cdots, m$。文本 d_l 属于情感类别 C_i 的概率可以通过式（4.7）进行估计。

$$p(d_l \mid C_i) = p(C_i) \prod_{k=1}^{e} p(t_k \mid C_i) \tag{4.7}$$

其中，$l = 1, 2, \cdots, n$；$i = 1, 2, \cdots, m$；$p(t_k \mid C_i)$ 是特征项 t_k 所在的文本属于情感类别 C_i 的条件概率；$p(C_i)$ 是文本属于情感类别 C_i 的先验概率。依据训练文本可以估计 $p(t_k \mid C_i)$ 和 $p(C_i)$。依据得到的 $p(d_l \mid C_i)$ 可以通过式（4.8）确定文本的最终情感类别。

$$C^* = \arg \max_{i \in \{1, 2, \cdots, m\}} p(d_l \mid C_i), \ l = 1, 2, \cdots, n \tag{4.8}$$

3. 支持向量机（Support Vector Machine，SVM）

SVM 是一种建立在结构风险最小原理和 VC 维理论基础上的有监督机器学习算法。[②] SVM 在解决高维度、非线性和小样本问题中表现

①　A. McCallum, K. Nigam, "A Comparison of Event Models for Naive Bayes Text Classification", *AAAI - 98 Workshop on Learning for Text Categorization*, Vol. 752, No. 1, 1998, pp. 41 - 48; P. Domingos, M. Pazzani, "On the Optimality of the Simple Bayesian Classifier under Zero-one Loss", *Machine Learning*, Vol. 29, No. 2 - 3, 1997, pp. 103 - 130.

②　J. A. K. Suykens, J. Vandewalle, "Least Squares Support Vector Machine Classifiers", *Neural Processing Letters*, Vol. 9, No. 3, 1999, pp. 293 - 300.

出很多特有的优势，因而被广泛应用。[①] SVM 的基本思想是，在特征空间中求取一个最优超平面使其满足距离样本数据点的"间隔"最大，并将这个问题转化为求解凸约束下的凸规划问题。下面对 SVM 的基本原理进行简单介绍，主要包括线性 SVM 和非线性 SVM 两种。

（1）线性 SVM

令 $\{(\vec{x}_n, y_n), \vec{x}_n \in R^\gamma, n = 1,2,\cdots,N\}$，表示包含 N 个样本的训练样本集合，其中 $y_n \in \{+1, -1\}$，表示样本的类别，γ 表示训练样本的维度。SVM 的思想是找到一个能够将 $y_n = 1$ 类别的样本与 $y_n = -1$ 类别的样本分开的"最大化间隔的超平面"（maximum-margin hyperplane）。在样本空间中，任何一个超平面都可以表示为式（4.9）。

$$\vec{\omega} \cdot \vec{x} + \xi = 0 \qquad (4.9)$$

其中，$\vec{\omega}$ 表示法向量，决定了超平面的方向；ξ 表示偏移量，决定了超平面与原点的距离。

如果训练样本是线性可分的，可以选择两个距离尽可能大的平行的超平面将两类样本分开。这两个超平面分别可以用式（4.10）和式（4.11）表示。

$$\vec{\omega} \cdot \vec{x}_n + \xi \geqslant 1, \ y_n = +1 \qquad (4.10)$$

$$\vec{\omega} \cdot \vec{x}_n + \xi \leqslant -1, \ y_n = -1 \qquad (4.11)$$

式（4.10）和式（4.11）又可以进一步表示为式（4.12）。

$$y_n(\vec{\omega} \cdot \vec{x}_n + \xi) \geqslant 1 \qquad (4.12)$$

这两个超平面之间的距离称为"间隔"（margin），"最大化间隔的超平面"是位于这两个超平面中间的超平面，如图 4.3 所示。

SVM 的思想是尽可能最大化间隔 $\dfrac{2}{\|\vec{\omega}\|}$，即最小化 $\|\vec{\omega}\|$。为了简化计算，这个过程可以转化为如下优化问题：

---

① D. Isa et al., "Text Document Preprocessing with the Bayes Formula for Classification Using the Support Vector Machine", *IEEE Transactions on Knowledge and Data engineering*, Vol. 20, No. 9, 2008, pp. 1264 – 1272.

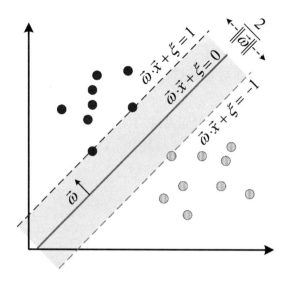

图4.3　支持向量机分类原理示意

$$\min \frac{1}{2} \parallel \vec{\omega} \parallel^2$$

$$\text{s. t.}\quad y_n(\vec{\omega} \cdot \vec{x}_n + \xi) \geqslant 1 \tag{4.13}$$

　　该优化问题是一个凸二次规划问题，可以采用拉格朗日乘子法对其对偶问题进行求解。关于具体的求解过程可以参见 Suykens 和 Vandewalle 的研究，[①] 最终的求解结果为：

$$f(x) = \vec{\omega} \cdot \vec{x} + \xi = \sum_{n=1}^{N} \psi_n y_n {x_n}^T x + \xi \tag{4.14}$$

其中，ψ_n 为拉格朗日函数参数。

（2）非线性 SVM

　　对于非线性分类问题，直接使用线性模型通常不能得到理想的结果。为了有效地解决非线性分类问题，通常需要构建非线性分类模型。然而，直接构建的非线性分类模型往往不好求解，因此，对于非线性分类问题，可以通过线性变换将非线性问题转换成线性问

---

① J. A. K. Suykens, J. Vandewalle, "Least Squares Support Vector Machine Classifiers", *Neural Processing Letters*, Vol. 9, No. 3, 1999, pp. 293 – 300.

题进行求解。解决该问题的一种常用做法是将训练样本从原始样本空间映射到一个具有更高维度的空间，使得训练样本在这个高维空间中线性可分，进而可以在这个高维空间中求取最优超平面来对样本进行分类。

令 $\varphi(\vec{x})$ 表示将 $\vec{x}$ 映射到高维空间后得到的特征向量。在这个高维空间中，求解超平面的过程与线性 SVM 求解超平面的过程类似，即这个过程可以转化为如下优化问题：

$$\min \frac{1}{2} \parallel \vec{\omega} \parallel^2$$

$$\text{s. t.} \quad y_n(\vec{\omega} \cdot \varphi(\vec{x}_n) + \xi) \geq 1$$

(4. 15)

类似的，可以采用拉格朗日乘子法对其对偶问题进行求解。关于具体的求解过程可以参见 Suykens 和 Vandewalle 的研究，[①] 最终的求解结果为：

$$f(x) = \vec{\omega} \cdot \varphi(\vec{x}) + \xi = \sum_{n=1}^{N} \psi_n y_n \kappa(\vec{x}_n, \vec{x}) + \xi \qquad (4.16)$$

其中，$\kappa(\vec{x}_n, \vec{x})$ 表示核函数。目前常用的核函数主要有多项式核函数、线性核函数、高斯径向基核函数和 Sigmoid 核函数。

4. 径向基神经网络（Radial Basis Function Neural Network, RBFNN）

RBFNN 是一种使用径向基函数作为激活函数的人工神经网络。[②] RBFNN 具有较强的非线性拟合能力和较高的可靠性，并且已经成功地应用于多个领域。[③] RBFNN 是一个三层（输入层、隐藏层和输出层）的前馈网络，信号从输入层到隐藏层的传输是非线性的，从隐

① J. A. K. Suykens, J. Vandewalle, "Least Squares Support Vector Machine Classifiers", *Neural Processing Letters*, Vol. 9, No. 3, 1999, pp. 293 – 300.

② M. T. Musavi et al., "On the Training of Radial Basis Function Classifiers", *Neural Networks*, Vol. 5, No. 4, 1992, pp. 595 – 603.

③ S. Chen, C. F. N. Cowan, P. M. Grant, "Orthogonal Least Squares Learning Algorithm for Radial Basis Function Networks", *IEEE Transactions on Neural Networks*, Vol. 2, No. 2, 1991, pp. 302 – 309.

藏层到输出层的传输是线性的。网络的输出是网络输入径向基函数和神经元参数的线性组合。当使用 RBFNN 识别测试文本的情感类别时，需要使用标注好情感类别的文本对应的特征向量来训练 RBFNN 分类器，然后将测试文本对应的特征向量输入训练好的 RBFNN 中，则可以得到测试文本的情感类别。

令 $X_l = (x_{1l}, x_{2l}, \cdots, x_{el})$，表示文本 d_l 关于特征项集合 $T = \{t_1, t_2, \cdots, t_e\}$ 的特征向量，其中，t_k 表示集合 T 中的第 k 个特征项，$k = 1, 2, \cdots, e$。关于 d_l 的 RBFNN 输出可以用式（4.17）计算。

$$y_j = \sum_{i=1}^{h} w_{ij} \exp\left(-\frac{1}{2\delta^2} \parallel x_p - c_i \parallel^2\right),\ j = 1, 2, \cdots, n \quad (4.17)$$

其中，h 表示隐藏层神经元的数量，w_u 表示第 u 个隐藏层与输出层之间的权重，Cu 表示第 u 个激活函数，$\parallel * \parallel$ 表示欧式范数，δ_u^2 表示接受阈（receptive field）的宽度。依据 y_l 的输出可以确定文本 d_l 的分类结果。[1]

5. K 近邻算法（K-Nearest Neighbor，KNN）

KNN 是一种流行的基于实例的机器学习算法。[2] 目前，KNN 已经被证明是情感分类中最有效的算法之一。[3] 在 KNN 中，为了确定测试文本的情感类别，需要从训练文本中选择与测试样本最近的 K 个邻居，记为 $td_1, td_2, \cdots, td_K$。令 $C = \{C_1, C_2, \cdots, C_m\}$，表示 m 个情感类别的集合，其中，C_i 表示文本的第 i 个情感类别。根据 d_l 与其

① F. Schwenker, H. A. Kestler, G. Palm, "Three Learning Phases for Radial-basis-function Networks", *Neural Networks*, Vol. 14, No. 4 – 5, 2001, pp. 439 – 458.

② Y. Yang, X. Liu, "A Re-Examination of Text Categorization Methods", Proceedings of the 22nd ACM Conference on Research and Development in Information Retrieval, 1999, pp. 42 – 49.

③ W. Lam, Y. Han, "Automatic Textual Document Categorization based on Generalized Instance Sets and a Metamodel", *IEEE Transactions on Pattern Analysis and Machine Intelligence*, Vol. 25, No. 5, 2003, pp. 628 – 633; T. F. Wu, C. J. Lin, R. C. Weng, "Probability Estimates for Multi-Class Classification by Pairwise Coupling", *Journal of Machine Learning Research*, No. 5, 2004, pp. 975 – 1005.

最近的 K 个邻居的相似度以及这 K 个邻居的情感类别，可以确定文本 d_l 关于情感类别 C_i 的 KNN 得分。

$$Score(d_l, C_i) = \sum_{k=1}^{K} sim(d_l, td_k) \delta(td_k, C_i) \qquad (4.18)$$

$$\delta(td_k, C_i) = \begin{cases} 1, & td_k = C_i \\ 0, & td_k \neq C_i \end{cases} \qquad (4.19)$$

其中，$sim(d_l, td_k)$ 表示文本 d_l 与训练文本 td_k 的相似度，$\delta(td_k, C_i)$ 表示训练文本 td_k 关于情感类别 C_i 的指示值。依据得到的 KNN 得分，测试文本 d_l 的情感类别可以通过式（4.20）确定。

$$f(d_l) = \arg \max_{i \in \{1,2,\cdots,m\}} Score(d_l, C_i) \qquad (4.20)$$

二 实验设计

本部分介绍多粒度情感分类中特征选择算法和机器学习算法有效性比较研究的实验设计，主要包括实验数据库介绍、实验过程描述和实验设置三个部分。

（一）实验数据库介绍

在实验中，使用的实验数据库包含三个公开的数据集，这三个数据集又可以被划分成 12 个数据子集。第一个数据集（Dataset 1）是 Movie Review Data 中的 sentiment scale 数据库。该数据库中包含了四个电影评论的语料库，在每个语料库中的每条评论都有两种类型的标签。[1] 因此，这四个语料库可以被进一步分成 8 个数据子集，分别表示为 Data subset 1，Data subset 2，…，Data subset 8。第二个数据集（Dataset 2）和第三个数据集（Dataset 3）是由 Thelwall 等[2]提

---

[1] B. Pang, L. Lee, "Seeing Stars: Exploiting Class Relationships for Sentiment Categorization with Respect to Rating Scales", Proceedings of the 43rd Annual Meeting on Association for Computational Linguistics, 2005, pp. 115 – 124.

[2] M. Thelwall et al., "Sentiment Strength Detection in Short Informal Text", *Journal of the American Society for Information Science and Technology*, Vol. 61, No. 12, 2010, pp. 2544 – 2558.

供的分别包含 1041 个和 3407 个非正式短文本数据集。由于每个短文本中可能同时包含正向情感和负向情感，因此这两个数据集中的每条短文本都被标注了两种情感强度类别。具体的，在 Dataset 2 和 Dataset 3 中，依据不同的评分，这两个数据集中的每一个非正式短文本都被标注一个正向情感强度得分（1—5 分，其中 1 分表示没有正向情感，5 分表示有非常强烈的正向情感）和一个负向情感强度得分（1—5 分，其中 1 分表示没有负向情感，5 分表示有非常强烈的负向情感）。因此，可以分别将 Dataset 2 和 Dataset 3 进一步划分成两个数据子集，即将 Dataset 2 分成数据子集 Data subset 9 和 Data subset 10，将 Dataset 3 分成数据子集 Data subset 11 和 Data subset 12。关于实验数据库（12 个数据子集）的详细信息见表 4.1。

在表 4.1 中，#Cl. 表示数据库中被标记文本所包含的情感类别的数量，#T 表示文本总数，#F 表示文本中包含的特征总数，C_1、C_2、C_3、C_4 和 C_5 表示属于不同情感类别的文本的数量。例如，在 Data subset 1 中有 1027 个文本，这些文本总共包含 19237 个文本特征，其中属于情感类别 C_1、C_2 和 C_3 的文本数量分别是 359 个、427 个和 241 个。

表 4.1　　　　　　　　　　　　**实验数据库的详细信息**

	数据子集	#Cl.	#T	#F	C_1	C_2	C_3	C_4	C_5
	Data subset 1	3	1027	19237	359	427	241		
	Data subset 2	3	1307	31188	186	491	630		
	Data subset 3	3	902	25897	239	349	314		
	Data subset 4	3	1770	26439	413	648	709		
Dataset 1	Data subset 5	4	1027	19237	171	440	302	114	
	Data subset 6	4	1307	31188	138	292	596	281	
	Data subset 7	4	902	25897	115	295	334	158	
	Data subset 8	4	1770	26439	191	526	766	287	
Dataset 2	Data subset 9	5	1041	4249	728	215	71	23	4
	Data subset 10	5	1041	4249	196	492	291	54	8

	数据子集	#Cl.	#T	#F	C_1	C_2	C_3	C_4	C_5
Dataset 3	Data subset 11	5	3407	12376	1708	1049	384	203	63
	Data subset 12	5	3407	12376	924	1056	893	431	103

(二) 实验过程描述

图4.4展示了多粒度情感分类中特征选择和机器学习算法有效性比较研究实验的整个过程。从图4.4可以看出，整个实验过程可以被分为三个阶段：第一阶段，采用不同特征选择算法选择重要特征；第二阶段，使用机器学习算法训练多粒度情感分类器；第三阶段，评估不同算法的表现。

1. 采用不同特征选择算法选择重要文本特征

由于文本数据是大量字符的集合，不能被已有的机器学习算法识别。因此，为了使用机器学习算法对文本情感进行分类，需要将文本数据转换为结构化数据。目前，将文本数据转换为结构化数据的主流做法是采用词袋模型（Bag-of-Words，BOW）。[①] 采用BOW模型将多个文本转换为对应的结构化数据的过程可以表示为表4.2中的形式。在式（4.21）中，n表示文本的数量，e表示文本特征的数量，w_{lk}表示特征t_k用来表达文本d_l的情感类别的权重。已有文献指出采用词频—逆向文本频率（Term Frequency-Inverse Document Frequency，TF-IDF）[②] 来表示文本特征对文本分类更加有效，故本书采用TF-IDF来表示w_{lk}。依据TF-IDF原理，可以用式（4.21）来计算w_{lk}。

$$w_{lk} = tf_{lk} \times \log(\frac{n}{n_k}) \tag{4.21}$$

---

① B. Pang, L. Lee, "Opinion Mining and Sentiment Analysis", *Foundations and Trends in Information Retrieval*, Vol. 2, No. 1 – 2, 2008, pp. 1 – 135.

② R. Baeiro-Yates, B. Ribeiro-Neto, *Modern Information Retrieval*, New York ACM Press, 1999.

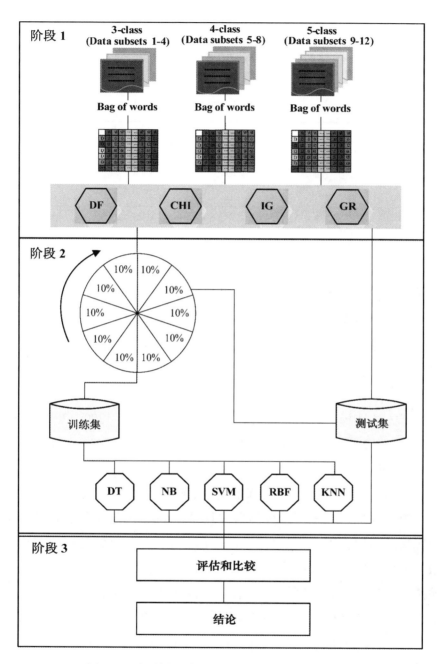

图 4.4 不同特征选择算法和机器学习算法在情感多
分类中有效性比较的实验过程

其中，$l = 1,2,\cdots,n$；$k = 1,2,\cdots,e$。tf_{lk} 表示特征项 t_k 在文本 d_l 出现的频率，n 表示文本的数量，n_k 表示包含特征项 t_k 的文本的数量。

表4.2　　　　　　　　　　　　基于词袋模型的文本表示

	t_1	t_2	$\cdots$	t_e
text$_1$	w_{11}	w_{12}	$\cdots$	w_{1e}
text$_2$	w_{21}	w_{22}	$\cdots$	w_{2e}
$\vdots$	$\vdots$	$\vdots$	$\vdots$	$\vdots$
text$_n$	w_{n1}	w_{n2}	$\cdots$	w_{ne}

尽管可以使用 BOW 模型将文本表示为特征向量，但是由于文本中包含的特征项非常多，这就会导致文本的特征空间具有非常高的维度，其中不仅包含有效的特征，还包含噪声和不相关的特征。因此，为了提高情感分类的效率和准确性，需要采用特征选择算法来降低特征向量的维度，即使用特征选择算法来选择部分文本的重要特征项。本书分别采用 DF、CHI、IG 和 GR 进行特征选择，每种特征选择方法选择的文本重要特征的数量分别为 100、200、300、400、500、600、700、800、900、1000、1500、2000、2500、3000 和 all（所有特征）。

2. 使用机器学习算法训练多粒度情感分类器

为了训练多粒度情感分类器并评估不同特征选择算法和机器学习算法的表现，需要将通过特征选择得到的文本数据对应的结构化数据分为两部分：训练集和测试集。其中，训练集用于训练多粒度情感分类器，测试集则用来评估不同特征选择算法和机器学习算法的表现。为了减少训练集中样本的差异对实验结果的影响，本书采用 10 折交叉验证（10-fold cross validation）的方式确定样本最终的情感多分类结果。具体的，将通过特征选择得到的文本数据对应的结构化数据分成 10 份，轮流将其中 9 份作为训练集，剩余的 1 份作为测试集进行实验，每次实验都会得出相应的分类结果。最后，将

10 次实验结果的平均值作为 10 折交叉验证的最终结果来评估不同特征选择算法和机器学习算法的表现。

　　本书分别采用通过上述 4 种特征选择方法确定的 720 组特征（4 种特征选择方法 × 12 个子数据集 × 15 组不同的特征数量）对应的结构化数据分别对 DT、NB、SVM、RBF 和 KNN 进行训练并对不同算法的表现进行评估，最终可以得到 3600 个（720 组特征 ×5 种机器学习算法）关于不同特征选择算法和机器学习算法的测试结果。

　　3. 评估不同算法的表现

　　为了评估不同算法在多粒度情感分类中的表现，需要计算每个分类器的分类精度，并验证采用不同算法得到的结果之间是否存在显著差异。为此，下面给出关于多粒度情感分类中的分类准确率以及用于不同算法比较的 Wilcoxon 检验的简要介绍。

　　（1）多粒度情感分类中的分类准确率

　　与 Thelwall 等[①]的研究类似，本书采用分类准确率来估计不同算法在情感多粒度分类中的表现。为了计算分类准确率，需要构建一个混淆矩阵，如表 4.3 所示。在式（4.22）中，$C_1, C_2, \cdots, C_m$ 表示 m 个情感类别，$c_{ii'}$ 表示文本真实情感类别为 $C_{i'}$ 但是被识别为情感类别 C_i 的文本的数量，$i = 1, 2, \cdots, m; i' = 1, 2, \cdots, m$。依据表 4.3，可以采用式（4.22）来计算多粒度情感分类中的分类准确率。

$$\text{分类准确率} = \frac{\sum\limits_{i=1}^{m} c_{ii}}{\sum\limits_{i=1}^{m} \sum\limits_{i'=1}^{m} c_{ii'}} \qquad (4.22)$$

---

　　①　M. Thelwall et al. , "Sentiment Strength Detection in Short Informal Text", *Journal of the American Society for Information Science and Technology*, Vol. 61, No. 12, 2010, pp. 2544 – 2558; G. Wang et al. , "Sentiment Classification the Contribution of Ensemble Learning", *Decision Support Systems*, Vol. 57, 2014, pp. 77 – 93.

表4.3 多粒度情感分类的混淆矩阵

		真实情感类别			
		C_1	C_2	⋯	C_m
情感分类结果	C_1	c_{11}	c_{12}	⋯	c_{1m}
	C_2	c_{21}	c_{22}	⋯	c_{2m}
	⋮	⋮	⋮	⋮	⋮
	C_m	c_{m1}	c_{m2}	⋯	c_{mm}

（2）不同算法比较的 Wilcoxon 检验

为了使得到的结论具有统计学意义，需要使用假设检验来验证采用不同的算法得到的结果之间是否存在显著性差异。根据 Demšar[1] 的研究建议，本书采用 Wilcoxon 检验[2]来验证采用不同的算法得到的结果之间是否存在显著性差异。后文给出 Wilcoxon 检验的原理和过程。这里以关于不同特征选择算法比较的 Wilcoxon 检验过程为例进行说明。关于不同机器学习算法比较的 Wilcoxon 检验过程可以采用类似的方法进行。

令 α_{ij}^k 表示采用第 i 个特征选择算法和第 j 个机器学习算法来识别第 k 个数据子集中的文本的情感类别的准确率，$i = 1,2,3,4$；$j = 1,2,\cdots,5$；$k = 1,2,\cdots,12$。令 $d_{ii'}^{kj}$ 表示 α_{ij}^k 和 $\alpha_{i'j}^k$ 的差值，则：

$$d_{ii'}^{kj} = \alpha_{ij}^k - \alpha_{i'j}^k \tag{4.23}$$

其中，$i = 1, 2, 3, 4$；$i' = 1,2,3,4$；$i \neq i'$；$j = 1,2,\cdots,5$；$k = 1,2,\cdots,12$。

由于总共有 12 个数据子集和 5 种机器学习算法，因此可以得到 60 个关于不同特征选择算法 i 和 i' 的 $d_{ii'}^{kj}$，记为 $d_{ii'}^{11},d_{ii'}^{12},\cdots,d_{ii'}^{15},\cdots,d_{ii'}^{11,5},d_{ii'}^{12,1},\cdots,d_{ii'}^{12,5}$。令 $|d_{ii'}^{(1)}| \leqslant |d_{ii'}^{(2)}| \leqslant \cdots \leqslant |d_{ii'}^{(60)}|$，表示关于 60

① J. Demšar, "Statistical Comparisons of Classifiers over Multiple Data Sets", *Journal of Machine Learning Research*, Vol. 7, 2006, pp. 1 – 30.

② F. Wilcoxon, "Individual Comparisons by Ranking Methods", *Biometrics Bulletin*, Vol. 1, No. 6, 1945, pp. 80 – 83.

个 $d_{ii'}^{kj}$ 的绝对值从小到大的排序。令 $r_{ii'}^{kj}$ 表示 $d_{ii'}^{kj}$ 在排序 $|d_{ii'}^{(1)}| \leqslant |d_{ii'}^{(2)}| \leqslant \cdots \leqslant |d_{ii'}^{(60)}|$ 中的位置，满足 $r_{ii'}^{kj} \in \{1,2,\cdots,60\}$ ，如果 $j \neq j'$ 或 $k \neq k'$ ，$r_{ii'}^{kj} \neq r_{ii'}^{k'j'}$ ；$i = 1$，2，3，4；$i' = 1,2,3,4$ ；$i \neq i'$ ；$j = 1,2,\cdots,5$ ；$k = 1,2,\cdots,12$ 。令 $I_{ii'}^{kj}$ 表示关于 $d_{ii'}^{kj}$ 的指示变量，$I_{ii'}^{kj}$ 的值可以用式 (4.24) 计算。

$$I_{ii'}^{kj} = \begin{cases} 1, & if d_{ii'}^{kj} > 0 \\ 0.5, & if d_{ii'}^{kj} = 0 \\ 0, & if d_{ii'}^{kj} < 0 \end{cases} \qquad (4.24)$$

其中，$i = 1$，2，3，4；$i' = 1,2,3,4$ ；$i \neq i'$ ；$j = 1,2,\cdots,5$ ；$k = 1,2,\cdots,12$ 。

令 $R_{ii'}^{+}$ 表示第 i 个特征选择算法优于第 i' 个特征选择算法的程度，令 $R_{ii'}^{-}$ 表示第 i' 个特征选择算法优于第 i 个特征选择算法的程度。依据 Demšar 等的研究，可以采用式 (4.25) 和式 (4.26) 来分别计算 $R_{ii'}^{+}$ 和 $R_{ii'}^{-}$ 。

$$R_{ii'}^{+} = \sum_{j=1}^{5} \sum_{k=1}^{12} r_{ii'}^{kj} I_{ii'}^{kj} \qquad (4.25)$$

其中，$i = 1,2,3,4$ ；$i' = 1,2,3,4$ ；$i \neq i'$ 。

$$R_{ii'}^{-} = \sum_{j=1}^{5} \sum_{k=1}^{12} r_{ii'}^{kj} (1 - I_{ii'}^{kj}) \qquad (4.26)$$

其中，$i = 1$，2，3，4；$i' = 1,2,3,4$ ；$i \neq i'$ 。

令 $T_{ii'} = \min\{R_{ii'}^{+}, R_{ii'}^{-}\}$ ，表示用于验证第 i 个特征选择算法和第 i' 个特征选择算法显著性差异的值。令 q 表示进行 Wilcoxon 检验的样本的数量。$i = 1,2,3,4$ ；$j = 1,2,\cdots,5$ ；$k = 1,2,\cdots,12$ 。因此可以得到用于比较不同特征算法的 Wilcoxon 检验的样本的数量，$q = 60$ ；用于比较不同机器学习算法的 Wilcoxon 检验的样本的数量，$q = 48$ 。依据得到的 $T_{ii'}$ 和 q ，可以通过查询 Wilcoxon 秩和表来验证第 i 个特征选择算法和第 i' 个特征选择算法是否具有显著性差异。

（三）实验设置

本部分的实验是在一台使用 Windows 7 操作系统的 PC（个人计算机）上进行的。在实验中，采用数据挖掘工具包 WEKA（Waikato Environment for Knowledge Analysis）3.7.0 版本进行实验。WEKA 是一个公开的数据挖掘工作平台，包含了大量的数据挖掘所用到的特征选择算法和机器学习算法。[1]

在本研究中，比较了四种特征选择算法（DF、CHI、IG 和 GR）和五种机器学习算法（DT、NB、SVM、RBFNN 和 KNN）在多粒度情感分类中的表现。这四种特征选择算法和五种机器学习算法分别是通过 WEKA 对应的模块来实施的。需要说明的是，在 LIBSVM 模块中，使用的是默认的 OVO 策略。实验中的主要参数及其设置见表4.4。

表4.4　　　　　　　　　实验中的主要参数及设置

	主要参数	参数描述
DT	Confidence Factor = 0.25	用于修剪的置信系数
	Min NumObj = 2	每个叶的最小实例数
NB	—	—
SVM	Coef 0 = 0	使用的系数
	Degree = 3	内核的程度
	Eps = 0.001	终止标准的容差
	Gamma = 0	核函数参数
	Kernel Type = "RBF"	使用的核函数类型
	Cost = 1	成本参数
RBFNN	Clustering Seed = 1	传递给 K-means 的随机种子
	Min Std Dev = 0.1	设置群集的最小标准偏差
	Num Clusters = 2	要生成的 K-Means 的簇数
KNN	KNN = 5	使用的邻居的数量

---

[1]　I. H. Witten et al., *Data Mining Practical Machine Learning Tools and Techniques*, Morgan Kaufmann, 2016.

三　实验结果分析

依据上述的实验设计，可以实施多粒度情感分类中的特征选择算法和机器学习算法的比较实验。

（一）基本实验结果

依据前文的实验设计进行实验，得到基本实验结果如图4.5—图4.8所示。为了更加清晰地说明图4.5—图4.8的含义，这里以图4.5为例进行具体说明。图4.5显示了将 DF 分别与五种机器学习算法（DT、NB、SVM、RBFNN 和 KNN）结合得到的多粒度情感分类器关于 12 个数据子集的分类准确率曲线，其中图 4.5（a）—图 4.5（1）分别显示了关于 Dataset 1，Dataset 2，…，Dataset 12 的分类准确率曲线。图4.5（a）—图4.5（1）的横轴表示15 个预先定义的特征数量大小，图4.5（a）—图4.5（1）的纵轴表示分类准确率。

从图4.5可以看出，将 DF 与不同的机器学习算法相结合得到的多粒度情感分类器的分类准确率随着特征数量的增加而呈现出上升的趋势。从图4.6—图4.8可以看出，随着特征数量的增加，将 CHI、IG 或 GR 与不同的机器学习算法相结合得到的多粒度情感分类器的分类准确率呈现出先上升后下降的趋势。

表4.5展示了将不同特征选择算法和机器学习算法结合得到的多粒度情感分类器关于 12 个数据子集的最佳分类准确率。例如，表4.5左上角的 48.49 表示当使用 15 个预先定义的特征数量时，将 DF 和 DT 结合得到的多粒度情感分类器关于 Data subset 1 的 15 个分类准确率中的最佳结果。具体来说，表4.5左上角的 48.49 对应于图4.5（a）中 DT 的曲线峰值。表4.6显示了与表4.5所示的最佳分类准确率相对应的每个多粒度情感分类器的运行时间。例如，表4.6左上角的 0.62 表示将 DF 和 DT 结合得到的多粒度情感分类器关于 Data subset 1 得到分类精度 48.49 所对应的运行时间。

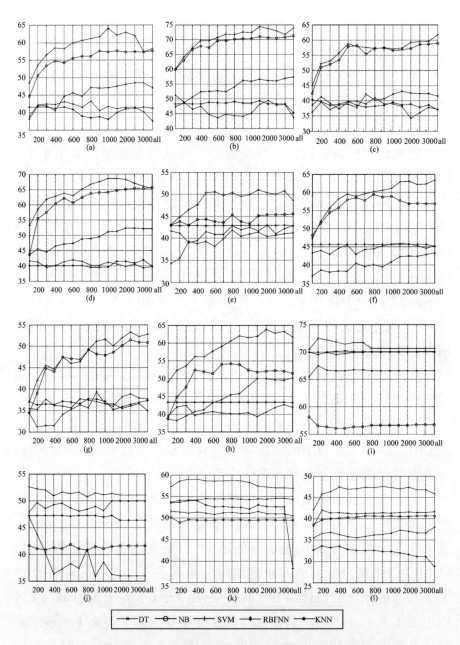

图 4.5　将 DF 分别与五种机器学习算法结合得到的情感多粒度分类器
关于 12 个数据子集的分类准确率曲线

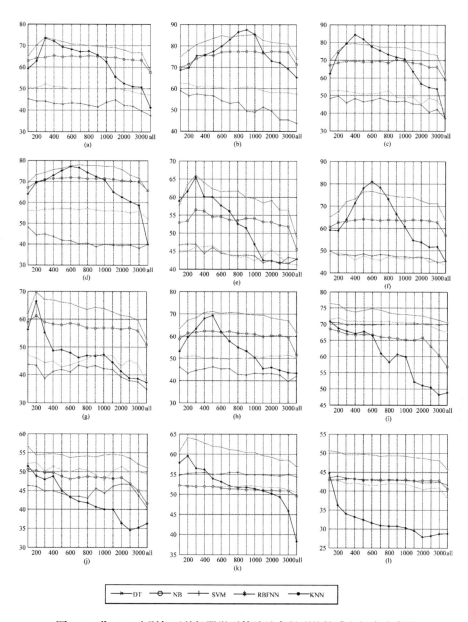

图 4.6 将 CHI 分别与五种机器学习算法结合得到的情感多粒度分类器
关于 12 个数据子集的分类准确率曲线

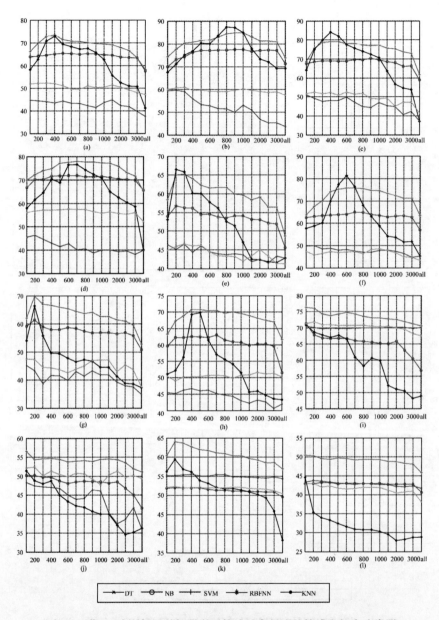

图 4.7 将 IG 分别与五种机器学习算法结合得到的情感多粒度分类器关于 12 个数据子集的分类准确率曲线

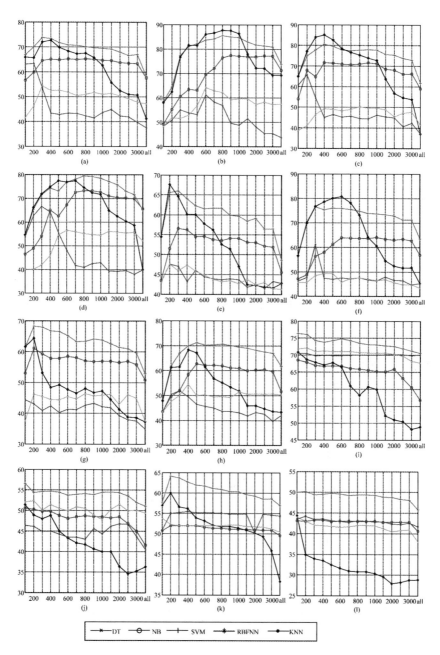

图 4.8 将 GR 分别与五种机器学习算法结合得到的情感多粒度分类器
关于 12 个数据子集的分类准确率曲线

表4.5　　　　将不同特征选择算法和机器学习算法结合得到的
多粒度情感分类器关于12个数据子集的最佳分类准确率

Data subset 1						Data subset 2				
	DF	CHI	IG	GR	平均值		DF	CHI	IG	GR	平均值
DT	48.49	52.19	52.19	54.24	51.78	DT	57.43	62.33	60.87	64.09	61.18
NB	57.55	65.34	65.34	65.24	63.37	NB	71.29	77.41	77.49	77.34	75.88
SVM	63.97	73.81	73.42	73.71	**71.23**	SVM	74.35	85.30	84.84	85.53	**82.50**
RBFNN	41.58	73.42	72.93	72.64	65.14	RBFNN	49.31	87.52	87.37	87.60	77.95
KNN	43.23	45.18	44.79	63.29	49.12	KNN	51.23	58.81	59.57	61.10	57.68
平均值	50.96	61.99	61.73	**65.82**		平均值	60.72	74.27	74.03	**75.13**	

Data subset 3						Data subset 4				
	DF	CHI	IG	GR	平均值		DF	CHI	IG	GR	平均值
DT	43.06	52.83	52.50	50.17	49.64	DT	52.35	57.04	57.43	56.47	55.82
NB	58.94	70.26	70.26	71.59	67.76	NB	65.63	71.79	71.85	73.15	70.61
SVM	61.71	79.36	79.02	80.47	**75.14**	SVM	68.57	77.95	77.90	79.37	**75.95**
RBFNN	40.29	84.35	84.13	85.13	73.47	RBFNN	41.89	77.11	76.54	77.39	68.23
KNN	41.40	49.72	50.94	65.82	51.97	KNN	41.95	48.11	46.24	66.54	50.71
平均值	49.08	67.30	67.37	**70.63**		平均值	54.08	66.40	65.99	**70.58**	

Data subset 5						Data subset 6				
	DF	CHI	IG	GR	平均值		DF	CHI	IG	GR	平均值
DT	41.81	46.49	46.49	47.56	45.59	DT	43.26	48.93	48.47	49.31	47.49
NB	45.52	56.43	56.73	56.53	53.80	NB	59.42	63.94	64.93	64.01	63.07
SVM	50.98	66.08	65.21	65.98	**62.06**	SVM	63.40	76.49	75.80	76.49	**73.05**
RBFNN	42.98	65.50	66.47	67.64	60.65	RBFNN	45.64	80.93	81.24	80.78	72.15
KNN	42.98	46.98	46.49	47.56	46.00	KNN	45.87	49.77	49.92	61.10	51.67
平均值	44.85	56.30	56.28	**57.06**		平均值	51.52	64.01	64.07	**66.34**	

Data subset 7						Data subset 8				
	DF	CHI	IG	GR	平均值		DF	CHI	IG	GR	平均值
DT	39.29	47.28	47.50	46.39	45.12	DT	50.14	51.72	51.56	54.44	51.96
NB	51.50	61.15	61.38	61.04	58.77	NB	54.16	62.24	63.03	62.69	60.53
SVM	53.27	69.59	69.81	68.26	**65.23**	SVM	63.77	71.00	70.83	71.17	**69.19**
RBFNN	37.74	66.37	66.37	64.37	58.71	RBFNN	43.36	69.25	69.81	68.29	62.68
KNN	37.74	43.73	45.17	44.28	42.73	KNN	42.68	46.13	46.64	51.78	46.81
平均值	43.91	**57.63**	58.05	56.87		平均值	50.82	60.07	60.37	**61.67**	

续表

	Data subset 9						Data subset 10				
	DF	CHI	IG	GR	平均值		DF	CHI	IG	GR	平均值
DT	70.00	71.92	71.92	72.12	71.49	DT	49.90	52.40	52.40	52.31	51.76
NB	68.94	68.46	71.35	68.46	69.30	NB	41.83	50.58	50.19	50.58	48.29
SVM	72.50	76.35	76.35	76.35	**75.39**	SVM	52.60	56.54	56.54	56.54	**55.55**
RBFNN	70.19	70.87	70.87	70.87	70.70	RBFNN	47.21	51.44	51.44	51.35	50.36
KNN	70.10	70.58	70.58	70.58	70.46	KNN	47.02	46.73	48.37	46.73	47.21
平均值	70.35	71.64	**72.21**	71.67		平均值	47.71	51.54	**51.79**	51.50	
	Data subset 11						Data subset 12				
	DF	CHI	IG	GR	平均值		DF	CHI	IG	GR	平均值
DT	54.54	55.39	55.47	55.39	55.20	DT	42.00	43.91	43.73	44.12	43.44
NB	50.10	52.22	52.01	51.98	51.58	NB	40.62	43.26	43.26	43.26	42.60
SVM	59.03	64.05	64.02	64.16	**62.81**	SVM	47.49	50.63	50.46	50.13	**49.68**
RBFNN	54.01	59.53	59.50	59.97	58.25	RBFNN	32.79	44.76	44.61	44.26	41.61
KNN	51.39	52.25	52.30	53.77	52.43	KNN	36.81	43.00	43.03	44.00	41.71
平均值	53.81	56.68	56.66	**57.05**		平均值	39.94	45.11	45.02	**45.15**	

表4.6   对应于表4.5所示的最佳分类准确率的每个多粒度
情感分类器的运行时间

	Data subset 1						Data subset 2				
	DF	CHI	IG	GR	平均值		DF	CHI	IG	GR	平均值
DT	0.62	18.81	2.03	1.12	5.65	DT	0.47	24.71	1.36	1.75	7.07
NB	0.16	0.20	0.09	0.08	0.13	NB	0.21	0.93	0.18	0.21	0.38
SVM	1.39	10.76	1.60	1.34	3.77	SVM	3.20	17.66	1.64	2.93	6.36
RBFNN	1.48	0.59	3.24	1.85	1.79	RBFNN	10.25	1.44	3.71	8.96	6.09
KNN	0.01	0.01	0.01	0.01	**0.01**	KNN	0.01	0.01	0.01	0.01	**0.01**
平均值	**0.73**	6.07	1.39	0.88		平均值	2.83	8.95	**1.38**	2.77	
	Data subset 3						Data subset 4				
	DF	CHI	IG	GR	平均值		DF	CHI	IG	GR	平均值
DT	0.64	7.74	2.33	0.62	2.83	DT	7.30	33.13	3.53	5.35	12.33
NB	0.13	0.65	0.05	0.13	0.24	NB	0.20	13.52	0.22	0.22	3.54

Data subset 3						Data subset 4				
	DF	CHI	IG	GR	平均值		DF	CHI	IG	GR	平均值
SVM	0.78	9.04	1.26	0.78	2.97	SVM	4.25	21.54	8.34	4.25	9.60
RBFNN	1.08	0.06	1.81	0.85	0.95	RBFNN	9.78	1.57	2.04	5.09	4.62
KNN	0.01	0.01	0.01	0.01	**0.01**	KNN	0.01	0.01	0.01	0.01	**0.01**
平均值	**0.53**	3.50	1.09	0.48		平均值	4.31	13.95	**2.83**	2.98	

Data subset 5						Data subset 6				
	DF	CHI	IG	GR	平均值		DF	CHI	IG	GR	平均值
DT	2.20	5.86	0.19	1.28	2.38	DT	1.28	30.78	0.91	0.62	8.40
NB	0.06	4.90	0.04	0.03	1.26	NB	0.12	0.24	0.12	4.20	1.17
SVM	1.17	5.81	1.16	1.26	2.35	SVM	2.95	17.45	0.66	2.50	5.89
RBFNN	0.95	4.33	0.41	0.61	1.58	RBFNN	3.30	2.90	3.38	3.44	3.26
KNN	0.01	0.01	0.01	0.01	**0.01**	KNN	0.01	0.00	0.00	0.01	**0.01**
平均值	0.88	4.18	**0.36**	0.64		平均值	1.53	10.27	**1.01**	2.15	

Data subset 7						Data subset 8				
	DF	CHI	IG	GR	平均值		DF	CHI	IG	GR	平均值
DT	3.15	17.33	2.66	0.30	5.86	DT	28.69	43.49	2.32	18.00	23.13
NB	0.03	0.55	0.02	0.02	0.16	NB	0.12	0.30	0.10	0.21	0.18
SVM	0.60	9.90	0.60	0.61	2.93	SVM	3.15	43.47	3.42	3.42	13.37
RBFNN	0.52	0.48	0.48	0.45	0.48	RBFNN	3.09	0.10	2.48	4.16	2.46
KNN	0.01	0.01	0.01	0.01	**0.01**	KNN	0.01	0.10	0.00	0.01	**0.01**
平均值	0.86	5.65	0.75	**0.28**		平均值	7.01	17.49	**1.66**	5.16	

Data subset 9						Data subset 10				
	DF	CHI	IG	GR	平均值		DF	CHI	IG	GR	平均值
DT	0.31	0.72	0.14	0.32	0.37	DT	0.81	18.59	0.17	0.38	4.99
NB	0.01	0.01	0.01	0.01	0.01	NB	0.01	0.02	0.01	0.01	0.01
SVM	0.53	0.93	0.51	0.51	0.62	SVM	0.67	1.05	0.64	0.65	0.75
RBFNN	0.44	1.35	0.44	0.44	0.67	RBFNN	0.42	0.07	0.42	0.42	0.33
KNN	0.01	0.01	0.01	0.01	**0.01**	KNN	0.01	0.01	0.01	0.01	**0.01**
平均值	0.26	0.60	**0.22**	0.26		平均值	0.38	3.95	**0.25**	0.29	

	Data subset 11						Data subset 12				
	DF	CHI	IG	GR	平均值		DF	CHI	IG	GR	平均值
DT	6.34	11.69	7.87	7.61	8.38	DT	2.40	4.87	2.14	2.31	2.93
NB	0.08	0.05	0.08	0.10	0.08	NB	0.13	0.43	0.16	0.13	0.21
SVM	6.17	9.90	6.83	6.32	7.31	SVM	5.76	9.95	5.44	5.65	6.70
RBFNN	3.73	2.97	4.77	4.03	3.88	RBFNN	1.53	3.49	2.00	1.33	2.09
KNN	0.00	0.01	0.01	0.01	**0.01**	KNN	0.01	0.01	0.01	0.01	**0.01**
平均值	**3.26**	4.92	3.91	3.61		平均值	1.96	3.75	1.95	**1.89**	

从表4.5可以看出，在四种特征选择算法中，GR在数据子集1—6、8、11和12上分类准确率表现最好；CHI在数据子集7上分类准确率表现最好；IG在数据子集9和10上分类准确率表现最好。另外，在五种机器学习算法中，SVM在所有数据子集上的分类准确率表现均最好。从表4.6可以看出，在四种特征选择算法中，DF在数据子集1、3和11上运行时间表现最好；IG在数据子集2、4—6和8—10上运行时间表现最好；GR在数据子集7和12上运行时间表现最好。另外，在五种机器学习算法中，KNN在所有数据子集上运行时间表现均最好。

（二）特征选择算法的比较

根据表4.5和表4.6中的数据，可以计算不同特征选择算法关于不同数据子集的最佳分类准确率的平均值和最佳运行时间的平均值，计算结果如表4.7所示。

表4.7　　　　不同特征选择算法关于不同数据子集的平均
最佳分类准确率和运行时间　　　　　　（单位：%，秒）

	分类准确率				运行时间			
	DF	CHI	IG	GR	DF	CHI	IG	GR
Data subset 1	50.964	61.986	61.733	**65.823**	**0.73**	6.07	1.39	0.88
Data subset 2	60.720	74.273	74.028	**75.130**	2.83	8.95	**1.38**	2.77

	分类准确率				运行时间			
	DF	CHI	IG	GR	DF	CHI	IG	GR
Data subset 3	49.079	67.303	67.370	**70.633**	**0.53**	3.50	1.09	0.48
Data subset 4	54.076	66.399	65.992	**70.582**	4.31	13.95	**2.83**	2.98
Data subset 5	44.854	56.296	56.277	**57.057**	0.88	4.18	**0.36**	0.64
Data subset 6	51.516	64.012	64.074	**66.340**	1.53	10.27	**1.01**	2.15
Data subset 7	43.907	**57.625**	58.047	56.870	0.86	5.65	0.75	**0.28**
Data subset 8	50.820	60.068	60.373	**61.673**	7.01	17.49	**1.66**	5.16
Data subset 9	70.346	71.635	72.212	**71.673**	0.26	0.60	**0.22**	0.26
Data subset 10	47.712	51.538	**51.788**	51.500	0.38	3.95	**0.25**	0.29
Data subset 11	53.813	56.683	56.660	**57.053**	**3.26**	4.92	3.91	3.61
Data subset 12	39.941	45.113	45.019	**45.154**	1.96	3.75	1.95	**1.89**
平均值	51.479	61.078	61.131	**62.457**	2.05	6.94	**1.40**	1.78

此外，可以计算不同特征选择算法关于不同数据子集的分类准确率的平均值和运行时间的平均值，见表 4.7 的最后一行。可以得出初步结论：在分类精度方面，GR 在四种特征选择算法中表现最好，CHI 和 IG 略差于 GR；在运行时间方面，IG 在四种特征选择算法中表现最好，DF 和 GR 的运行时间略长于 IG。为了验证上述结论的显著性，这里采用 Wilcoxon 检验对实验结果进行分析。通过 Wilcoxon 检验，可得到特征选择算法比较的 Wilcoxon 检验结果，如表 4.8 所示。从表 4.8 可以看出，就分类准确度而言，在 CHI 与 GR、CHI 与 DF、GR 与 DF、IG 与 DF（$\alpha = 0.01$）得到的结果之间存在显著差异，GR 与 IG（$\alpha = 0.1$）得到的结果之间也存在显著差异。在运行时间方面，CHI 与 GR、CHI 与 IG、CHI 与 DF（$\alpha = 0.01$）得到的结果之间存在显著差异，而 GR 与 IG、GR 与 DF、IG 与 DF 得到的结果之间无显著差异。因此，根据表 4.7 和表 4.8，可以得出结论：就分类精度而言，四种特征选择算法的排名是 GR > IG > CHI > DF，其中" > "表示"优于"；在运行时间上，四种特征选择算法的排序是 IG > GR > DF > CHI，但在 GR 与 IG、GR 与 DF、IG 与 DF 得到的结果之间没有显著差异。

表4.8　**不同特征选择算法关于分类准确率和运行时间的 Wilcoxon 检验**

	不同算法比较	R⁺	R⁻	Hypothesis	p-Value
分类 准确率	CHI vs. GR	6.5	71.5	Rejected for GR at 5%	0.011
	CHI vs. IG	32	46	Not rejected	0.583
	CHI vs. DF	78	0	Rejected for CHI at 1%	0.000
	GR vs. IG	65	13	Rejected for GR at 5%	0.041
	GR vs. DF	78	0	Rejected for GR at 1%	0.000
	IG vs. DF	78	0	Rejected for IG at 1%	0.000
运行时间	CHI vs. GR	91	0	Rejected for CHI at 1%	0.001
	CHI vs. IG	91	0	Rejected for CHI at 1%	0.001
	CHI vs. DF	91	0	Rejected for CHI at 1%	0.001
	GR vs. IG	55	36	Not rejected	0.507
	GR vs. DF	23	55	Not rejected	0.209
	IG vs. DF	25.5	65.5	Not rejected	0.162

　　此外，对应表4.5所示的最佳分类准确率，记录了每种特征选择算法运行时关于内存和中央处理器（CPU）的使用情况。每种特征选择算法的内存和 CPU 的平均使用情况，如图4.9所示。

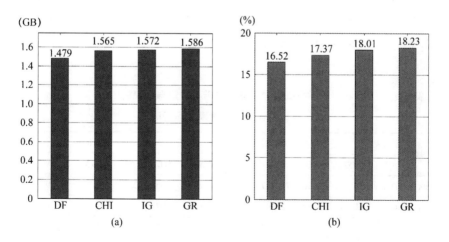

图4.9　**不同特征选择算法的平均内存和 CPU 的使用情况**

内存和 CPU 的平均使用量越大，则说明其对应特征选择算法的空间复杂度越高，依据图 4.9 可以得到四种特征选择算法的空间复杂度排序：GR > IG > CHI > DF。

（三）机器学习算法的比较

根据表 4.5 和表 4.6 中的数据，可以计算不同机器学习算法关于不同数据子集的最佳分类准确率的平均值和最佳运行时间的平均值，计算结果如表 4.9 所示。此外，可以计算不同机器学习算法关于不同数据子集的分类准确率的平均值和运行时间的平均值，见表 4.9 的最后一行。可以得出初步结论：在分类精度方面，SVM 在五种机器学习算法中表现最好，RBFNN 和 NB 略差于 SVM；在运行时间方面，KNN 在五种机器学习算法中表现最好，NB、RBFNN 和 SVM 的运行时间均长于 KNN。为了验证上述结论的显著性，这里采用 Wilcoxon 检验对实验结果进行分析。通过 Wilcoxon 检验，可以得到机器学习算法比较的 Wilcoxon 检验结果，如表 4.10 所示。从表 4.10 可以看出，无论是分类准确率还是运行时间，不同机器学习算法得到的结果之间均存在显著性差异。因此，根据表 4.9 和表 4.10，可以得出结论：就分类精度而言，五种机器学习算法的排名：SVM > RBFNN > NB > DT > KNN，其中"＞"表示"优于"；在运行时间上，五种机器学习算法的排序：KNN > NB > RBFNN > SVM > DT。

表 4.9   不同机器学习算法关于不同数据子集的平均最佳分类准确率和运行时间   （单位：%，秒）

| | 分类准确率 | | | | | 运行时间 | | | | |
	DT	NB	SVM	RBFNN	KNN	DT	NB	SVM	RBFNN	KNN
Data subset 1	51.777	63.364	**71.227**	65.141	49.124	5.65	0.13	3.77	1.79	**0.01**
Data subset 2	61.179	75.881	**82.504**	77.948	57.676	7.07	0.38	6.36	6.09	**0.01**
Data subset 3	49.639	67.758	**75.139**	73.474	51.97	2.83	0.24	2.97	0.95	**0.01**
Data subset 4	55.823	70.605	**75.947**	68.231	50.707	12.33	3.54	9.60	4.62	**0.01**

续表

	分类准确率					运行时间				
	DT	NB	SVM	RBFNN	KNN	DT	NB	SVM	RBFNN	KNN
Data subset 5	45.59	53.801	**62.061**	60.648	46.004	2.38	1.26	2.35	1.58	**0.01**
Data subset 6	47.492	63.074	**73.047**	72.148	51.665	8.40	1.17	5.89	3.26	**0.01**
Data subset 7	45.117	58.768	**65.233**	58.713	42.73	5.86	0.16	2.93	0.48	**0.01**
Data subset 8	51.964	60.529	**69.192**	62.677	46.806	23.13	0.18	13.37	2.46	**0.01**
Data subset 9	71.49	69.303	**75.385**	70.697	70.457	0.37	0.01	0.62	0.67	**0.01**
Data subset 10	51.755	48.293	**55.553**	50.361	47.212	4.99	0.01	0.75	0.33	**0.01**
Data subset 11	55.195	51.578	**62.812**	58.248	52.429	8.38	0.08	7.31	3.88	**0.01**
Data subset 12	43.440	42.604	**49.677**	41.606	41.709	2.93	0.21	6.70	2.09	**0.01**
平均值	52.538	60.463	**68.148**	63.324	50.707	7.03	0.61	5.22	2.35	**0.01**

此外，对应表4.9所示的最佳分类准确率，记录了每种机器学习算法运行时关于内存和CPU的使用情况。每种机器学习算法的内存和CPU的平均使用情况，如图4.10所示。内存和CPU的平均使用量越大，则说明其对应机器学习算法的空间复杂度越高，依据图4.10得到五种机器学习算法的空间复杂度排序是 DT > SVM > RBFNN > NB > KNN 。

表4.10　不同机器学习算法关于分类准确率和运行时间的 Wilcoxon 检验

	算法比较	R^+	R^-	Hypothesis	p-Value
分类 准确率	NB vs. SVM	0	78	Rejected for SVM at 1%	0.002
	NB vs. RBFNN	11	67	Rejected for RBFNN at 5%	0.028
	NB vs. KNN	73	5	Rejected for NB at 1%	0.008
	NB vs. DT	68	10	Rejected for NB at 5%	0.023
	SVM vs. RBFNN	78	0	Rejected for SVM at 1%	0.002
	SVM vs. KNN	78	0	Rejected for SVM at 1%	0.002
	SVM vs. DT	78	0	Rejected for SVM at 1%	0.002
	RBFNN vs. KNN	77	1	Rejected for RBFNN at 1%	0.003
	RBFNN vs. DT	72	6	Rejected for RBFNN at 1%	0.010
	KNN vs. DT	14	64	Rejected for DT at 5%	0.050

续表

算法比较	R⁺	R⁻	Hypothesis	p-Value
NB vs. SVM	0	91	Rejected for SVM at 1%	0.001
NB vs. RBFNN	0	91	Rejected for RBFNN at 1%	0.001
NB vs. KNN	66	0	Rejected for NB at 1%	0.003
NB vs. DT	0	91	Rejected for DT at 1%	0.001
SVM vs. RBFNN	90	1	Rejected for SVM at 1%	0.002
SVM vs. KNN	91	0	Rejected for SVM at 1%	0.001
SVM vs. DT	16	75	Rejected for DT at 5%	0.039
RBFNN vs. KNN	91	0	Rejected for RBFNN at 1%	0.001
RBFNN vs. DT	1	90	Rejected for DT at 1%	0.002
KNN vs. DT	0	91	Rejected for DT at 1%	0.001

（表左侧合并单元格：运行时间）

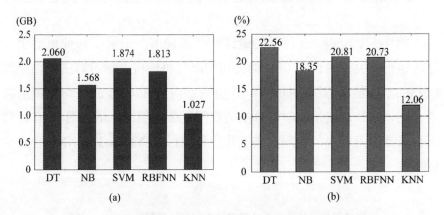

图 4.10　不同机器学习算法的平均内存和 CPU 的使用情况

（四）与已有方法准确率的比较

在已有的研究中,[①] 上述数据子集被用来验证已有的多粒度情感

---

① B. Pang, L. Lee, "Seeing Stars: Exploiting Class Relationships for Sentiment Categorization with Respect to Rating Scales", Proceedings of the 43rd Annual Meeting on Association for Computational Linguistics, 2005, pp. 115 – 124; A. B. Goldberg, X. Zhu, "Seeing Stars: When There aren't Many Stars Graph-Based Semi-Supervised Learning for Sentiment Categorization", Proceedings of the First Workshop on Graph Based Methods for Natural Language Processing, 2006, pp. 45 – 52; T. Wilson, J. Wiebe, R. Hwa, "Recognizing Strong and Weak Opinion Clauses", Computational Intelligence, Vol. 22, No. 2, 2006, pp. 73 – 99.

分类方法的有效性。图4.11为已有研究中得到的分类准确率和本研究得到的最佳分类准确率，其中，Thelwall's Unsupervised ssth 和 Thelwall's Supervised ssth 分别表示 Thelwall 等①提出的 Sentistrength 中的无监督版本和有监督版本。从图4.11可以看出，对于12个数据子集中的大多数数据子集来说，本研究得到的最佳分类准确率要高于已有研究中得到的分类准确率。

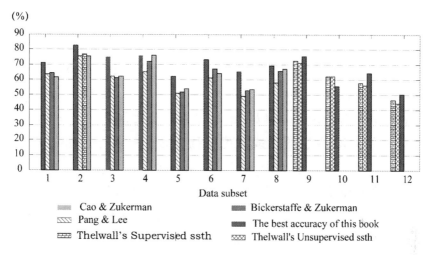

图4.11　**已有研究中得到的分类准确率和本研究得到的最佳分类准确率**

需要指出的是，已有研究中提出了几种可以用于多粒度情感分类的技术和方法，如度量标记技术、无向图技术、依赖树等。但是，已有的研究大多没有使用特征选择算法来选择文本的重要特征。因此，将本书提出的框架与已有研究中的度量标记、无向图、依赖树等技术相结合，有可能开发出更有效的多粒度情感分类方法。

---

①　M. Thelwall et al. , "Sentiment Strength Detection in Short Informal Text", *Journal of the American Society for Information Science and Technology*, Vol. 61, No. 12, 2010, pp. 2544 – 2558; M. Thelwall, K. Buckley, G. Paltoglou, "Sentiment Strength Detection for the Social Web", *Journal of the American Society for Information Science and Technology*, Vol. 63, No. 1, 2012, pp. 163 – 173.

第四节　基于改进 OVO 策略和 SVM 的多粒度情感分类方法

由本章第三节的实验结果可知，SVM 在多粒度情感分类中表现最好。因此，可以基于 SVM 来开发更加有效的多粒度情感分类算法。

一　基于改进 OVO 策略和 SVM 的多粒度情感分类方法的框架

基于改进 OVO 策略和 SVM 的多粒度情感分类方法的框架如图 4.12 所示。由图 4.12 可以看出，该方法主要包括两个阶段：基于 BOW 模型和 IG 算法的在线评论结构化表示、基于改进的 OVO 策略和 SVM 的文本情感类别确定。在第一个阶段中，通过 BOW 模型将训练样本和待分类样本表示为关于词汇（特征）的特征向量。为了提高分类精度和分类效率，采用 IG 算法从构建的高维特征向量中选择部分重要的特征。在第二个阶段中，首先，构建 $m(m-1)/2$ 个训练样本集合，其中每个训练样本集合是任意两类具有不同情感类别的样本的并集。其次，采用构建的 $m(m-1)/2$ 个训练样本集合对 SVM 算法进行训练，可以得到 $m(m-1)/2$ 个用于识别不同情感类别的 SVM 情感分类器。再次，为了识别一个测试样本的情感类别，分别采用得到的 $m(m-1)/2$ 个 SVM 情感分类器对其情感类别进行识别，即可以得到 $m(m-1)/2$ 个 SVM 情感分类器关于测试样本的分类结果。从次，构建关于 $m(m-1)/2$ 个 SVM 情感分类器分类结果的得分矩阵。最后，依据得到的得分矩阵，可以使用提出的改进 OVO 策略确定测试样本的最终类别。

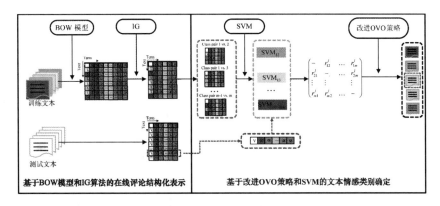

图4.12　基于改进 OVO 策略和 SVM 的多粒度情感分类方法的框架

二　基于 BOW 模型和 IG 算法的文本结构化表示

（一）基于 BOW 模型的在线评论结构化表示

由于本书提出的是一种基于监督学习的情感分类算法，即在使用提出的算法对文本数据进行情感分类之前需要使用训练样本对分类算法进行训练。为此，需要将训练样本和待分类文本同时表示为结构化数据。

令 $SC = \{SC_1, SC_2, \cdots, SC_m\}$，表示 m 个情感类别的训练样本的集合，其中 SC_i 表示第 i 个情感类别，$i = 1, 2, \cdots, m$。令 $T = \{T_1, T_2, \cdots, T_m\}$，表示训练样本的集合，其中 $T_i = \{T_{i1}, T_{i2}, \cdots, T_{iq_i}\}$，表示训练样本关于情感类别 SC_i 的集合，T_{ih} 表示关于情感类别 SC_i 的第 h 个训练样本，H_m 表示 T_m 中的词汇总数，$i = 1, 2, \cdots, m$；$h = 1, 2, \cdots, q_i$。

依据 BOW 模型的原理，可以将文本表示为关于特征（词汇）的特征向量，如表 4.11 所示。在式（4.27）中，n^t 表示文本中包含的特征（词汇）的数量，μ_{ih}^j 表示特征 t^j 用来表达文本 T_{ih} 的情感类别的权重，$i = 1, 2, \cdots, m$；$j = 1, 2, \cdots, n^t$；$h = 1, 2, \cdots, q_i$。已有研究结果表明，TF – IDF 是一个用来确定 μ_{ih}^j 的有效方法，[①] $i = 1, 2, \cdots, m$；$j = 1, 2, \cdots, n^t$；$h = 1$，

---

① R. Baeza-Yates, B. Ribeiro-Neto, *Modern Information Retrieval*, New York ACM Press, 1999.

$2, \cdots, q_i$。依据 TF – IDF 原理，权重 μ_{mh}^e 可以采用式（4.27）来计算。

$$\mu_{ih}^j = tf_{ih}^j \times \log\left(\frac{\sum_{i=1}^m q_i}{q^j}\right) \tag{4.27}$$

其中，$i = 1, 2, \cdots, m$；$j = 1, 2, \cdots, n^t$；$h = 1, 2, \cdots, q_i$。tf_{ih}^j 表示特征 t^j 在文本 T_{ih} 中出现的频率，$\sum_{i=1}^m q_i$ 表示不同情感类别的文本的数量，q^j 表示包含特征 t^j 的文本的数量。依据式（4.27），可以将每个文本 T_{ih} 表示为一个关于特征 $t^1, t^2, \cdots, t^{n^t}$ 的特征向量，即 $T_{ih} = (\mu_{ih}^1, \mu_{ih}^2, \cdots, \mu_{ih}^{n^t})$，$i = 1, 2, \cdots, m$；$j = 1, 2, \cdots, n^t$。

表 4.11　　　　　　　　　　　**文本关于特征的特征向量**

	文本	t^1	t^2	$\cdots$	t^{n^t}
	T_{11}	μ_{11}^1	μ_{11}^2	$\cdots$	$\mu_{11}^{n^t}$
	T_{12}	μ_{12}^1	μ_{12}^2	$\cdots$	$\mu_{12}^{n^t}$
T_1	$\vdots$	$\vdots$	$\vdots$	$\vdots$	$\vdots$
	T_{1q_1}	$\mu_{1q_1}^1$	$\mu_{1q_1}^2$	$\cdots$	$\mu_{1q_1}^{n^t}$
$\vdots$	$\vdots$	$\vdots$	$\vdots$	$\vdots$	$\vdots$
	T_{m1}	μ_{m1}^1	μ_{m1}^2	$\cdots$	$\mu_{m1}^{n^t}$
T_m	T_{m2}	μ_{m2}^1	μ_{m2}^2	$\cdots$	$\mu_{m2}^{n^t}$
	$\vdots$	$\vdots$	$\vdots$	$\vdots$	$\vdots$
	T_{mq_m}	$\mu_{mq_m}^1$	$\mu_{mq_m}^2$	$\cdots$	$\mu_{mq_m}^{n^t}$

（二）基于 IG 算法的文本重要特征选择

虽然 BOW 模型能够将文本转换成关于特征的特征向量，但是由于文本中通常包含大量的不同词汇，因此得到的关于特征 $t^1, t^2, \cdots, t^{n^t}$ 的特征向量的维度会很大，即 n^t 的值可能很大。在这些大量的特征中，不仅存在有效的特征，还存在噪声和对分类无效的特征。为了提高情感分类的效率和准确性，可以使用特征选择方法来降低特征向量的维度，即从特征 $t^1, t^2, \cdots, t^{n^t}$ 中选择重要特征。由本章第三节中的实验结果可知，使用 IG 算法进行特征选择不仅能够得到较好的分类效果，而且运行时间相对较短。因此，本书使用 IG 算法来选择重要特征。

　　IG 算法的基本思想是依据特征为分类系统带来的信息的多少来衡量这个特征的重要性。特征为分类系统带来的信息量越多，则该特征越重要；特征为分类系统带来的信息量越少，则该特征越不重要。将该思想对应到文本分类中，可以表述为某个特征 t^j 出现与否能够为情感分类系统降低多少不确定性，即特征 t^j 的 IG 值可以通过测量文本 T_{ih} 中包含特征 t^j 和不包含特征 t^j 时的信息量的差异而确定。可以使用熵来测量某个特征 t^j 出现与否，文本 T_{ih} 中信息量的差异。[①]具体的，令 $\varphi(t^j)$ 和 $\varphi(\bar{t}^j)$ 分别表示文本中包含特征 t^e 和不包含特征 t^j 时的信息熵。$\varphi(t^j)$ 和 $\varphi(\bar{t}^j)$ 可以分别用式（4.28）和式（4.29）计算。

$$\varphi(t^j) = -\sum_{t=1}^{m} P(SC_i)\log P(SC_i)$$
$$+ P(t^j)\sum_{t=1}^{m} P(SC_i \mid t^j)\log P(SC_i \mid t^j) \qquad (4.28)$$

$$\varphi(\bar{t}^j) = -P(\bar{t}^j)\sum_{t=1}^{m} P(SC_i \mid \bar{t}^j)\log P(SC_i \mid \bar{t}^j) \qquad (4.29)$$

　　其中，$P(SC_i)$ 表示一个文本属于情感类别 SC_i 的概率，$P(t^j)$ 表示特征 t^j 出现的概率，$P(\bar{t}^j)$ 表示特征 t^j 没有出现的概率。

　　依据得到的 $\varphi(t^j)$ 和 $\varphi(\bar{t}^j)$，可以用式（4.30）计算特征 t^j 的 IG 值。

$$\mathrm{IG}(t^j) = \varphi(t^j) - \varphi(\bar{t}^j) \qquad (4.30)$$

　　依据得到的 $\mathrm{IG}(t^j)$ 值的大小对特征进行排序，然后通过预定义 $\mathrm{IG}(t^e)$ 的阈值或特征数量来确定重要的特征，$j = 1, 2, \cdots, n^t$。这里假定采用 IG 算法最终选择出的重要的特征数量为 n^f，$n^f \leqslant n^t$。

---

　　① Y. Yang, J. O. Pedersen, "A Comparative Study on Feature Selection in Text Categorization", Proceedings of the 14th International Conference on Machine Learning, 1997, pp. 412 – 420.

因此，每个文本 T_{ih} 可以被表示为一个关于 n^f 个重要特征的特征向量，即 $T_{ih} = (\varpi_{ih}^1, \varpi_{ih}^2, \cdots, \varpi_{ih}^{n^f})$，其中 ϖ_{ih}^j 表示选择用来表示文本 T_{ih} 的情感类别的第 j 个特征的权重，$i = 1, 2, \cdots, m$；$j = 1, 2, \cdots, n^f$；$h = 1, 2, \cdots, q_i$。

三　基于改进 OVO 策略和 SVM 的文本情感类别确定

（一）改进 OVO 策略

本部分主要介绍一种改进的 OVO 策略。具体的，首先，简要介绍 OVO 策略；其次，介绍改进 OVO 策略的原理及步骤；最后，通过一个例子来进一步说明改进的 OVO 策略的使用。

1. OVO 策略简介

现实生活中存在大量的分类任务，这其中多数涉及超过两个类别的分类问题，也就是所谓的多分类问题。多分类问题涉及的范围非常广泛，例如多粒度文本情感分类问题、[1] 指纹识别、[2] 手语识别[3]以及脑电图信号分类[4]等。因为二分类任务的决策边界比多分类任务的决策边界更清晰和简单，所以构建一个仅能够区分两个类别的分类器比构建一个能够区分多种类别的分类器更容易。[5] 一些学者

---

①　J. Jin et al. , "Translating Online Customer Opinions into Engineering Characteristics in QFD: A Probabilistic Language Analysis Approach", *Engineering Applications of Artificial Intelligence*, Vol. 41, 2015, pp. 115 – 127.

②　J. H. Hong et al. , "Fingerprint Classification Using One-Vs-All Support Vector Machines Dynamically Ordered with Naive Bayes Classifiers", *Pattern Recognition*, Vol. 41, No. 2, 2008, pp. 662 – 671.

③　O. Aran, L. Akarun, "A Multi-Class Classification Strategy for Fisher Scores Application to Signer Independent Sign Language Recognition", *Pattern Recognition*, Vol. 43, No. 5, 2010, pp. 1776 – 1788.

④　I. Guler, E. D. Ubeyli, "Multiclass Support Vector Machines for EEG-Signals Classification", *IEEE Transactions on Information Technology in Biomedicine*, Vol. 11, No. 2, 2007, pp. 117 – 126.

⑤　M. Galar et al. , "An Overviewof Ensemble Methods for Binary Classifiers in Multi-Class Problems Experimental Study on One-Vs-One and One-Vs-All Schemes", *Pattern Recognition*, Vol. 44, No. 8, 2011, pp. 1761 – 1776.

开始尝试采用二值化分解策略（decomposition strategy）将原始的多分类问题转换成更容易解决的二分类问题来加以解决。[①] 目前，提出了多种分解策略，其中"One-vs-One"（OVO）策略是最常用和有效的一种分解策略。[②]

在 OVO 策略中，原始的 m 类分类问题被转化为 $m(m-1)/2$ 个二分类问题。首先，根据 m 个类别的训练样本，构建 $m(m-1)/2$ 个训练样本集合，其中每个训练样本集是关于任意两个不同类别的训练样本的集合，即 $T_i \cup T_i' = T_i' \cup T_i$，$i = 1, 2, \cdots, m$；$i' = 1, 2, \cdots, m$；$i \neq i'$。其次，依据得到的任意一个训练样本集合，可以训练一个具备二分类能力的二元基分类器，即依据构建的 $m(m-1)/2$ 个训练样本集合，可以得到 $m(m-1)/2$ 二元基分类器。为了确定待分类样本的类别，可以通过得到的 $m(m-1)/2$ 二元基分类器分别对待分类样本进行分类。最后，通过集成 $m(m-1)/2$ 二元基分类器的分类结果确定待分类样本的最终类别。为此，通常需要构造一个得分矩阵：

$$R = (r_{ii'})_{m \times m} = \begin{pmatrix} — & r_{12} & \cdots & r_{1m} \\ r_{21} & — & \cdots & r_{2m} \\ \vdots & \vdots & & \vdots \\ r_{m1} & r_{m2} & \cdots & — \end{pmatrix} \tag{4.31}$$

其中，$r_{ii'} \in [0,1]$ 表示能够区分类别 i 和 i' 的分类器支持分类结果为 i 的置信度；反之，$r_{i'i} \in [0,1]$ 表示能够区分类别 i 和 i' 的分类器支持分类结果为 i' 的置信度，满足 $r_{i'i} = 1 - r_{ii'}$。需要说明的是，$r_{ii'} \in [0,1]$ 的值与训练样本的数量和类别以及不同分类器的结果相关。

[①] M. Galar et al., "An Overviewof Ensemble Methods for Binary Classifiers in Multi-Class Problems Experimental Study on One-Vs-One and One-Vs-All Schemes", *Pattern Recognition*, Vol. 44, No. 8, 2011, pp. 1761 - 1776.

[②] A. C. Lorena et al., "A Review on the Combination of Binary Classifiers in Multiclass Problems", *Artificial Intelligence Review*, Vol. 30, No. 1 - 4, 2008, pp. 19 - 37.

2. 改进 OVO 策略原理及步骤

依据得到的 $R = (r_{ii'})_{m \times m}$，为了确定待分类样本的类别，可以采用多种集成策略，例如投票策略（V-OVO）、[①] 加权投票策略（WV-OVO）[②] 等。关于这些集成策略的详细介绍可以参见 Galar 等[③]的研究。需要说明的是，在已有的关于 OVO 集成策略的研究中，并没有考虑不同的二元基分类器的胜任能力。由于一个二元基分类器是使用关于两个类别的训练样本训练得到的，因此可以认为这个基分类器能够胜任属于这两个类别的测试样本的分类任务，不能胜任属于剩余的 $m - 2$ 个类别的测试样本的分类任务。[④]换句话说，对于一个给定的待分类样本，训练得到的 $m(m-1)/2$ 二元基分类器中的 $m - 1$ 个分类器被认为是具有胜任能力的分类器，剩余的 $m(m-1)/2 - (m-1)$ 个分类器被认为是不具有胜任能力的分类器。为了区分不同基分类器的胜任能力，Galar 等提出了一个基于距离的相对能力权重确定方法。在该方法中，每个二元分类器的相对能力权重是依据给定的测试样本与每个类别的训练样本中的距离测试样本最近的 K 个邻居的平均距离确定的。这是关于 OVO 策略中考虑不同的二元基分类器的胜任能力的一个有价值的尝试。然而，在一些情况下，仅基于每个类别的训练样本中的距离测试样本最近的 K 个邻居确定基分类器的相对能力权重是不够的。例如，如果在训练样本中存在一些异常值并且这些异常

① A. C. Lorena et al., "A Review on the Combination of Binary Classifiers in Multiclass Problems", *Artificial Intelligence Review*, Vol. 30, No. 1 – 4, 2008, pp. 19 – 37.

② E. Hüllermeier, S. Vanderlooy, "Combining Predictions in Pairwise Classification: An Optimal Adaptive Voting Strategy and its Relation to Weighted Voting", *Pattern Recognition*, Vol. 43, No. 1, 2010, pp. 128 – 142.

③ M. Galar et al., "Aggregation Schemes for Binarization Techniques Methods' Description", Pamplona, 2011.

④ M. Galar et al., "DRCW-OVO: Distance-based Relative Competence Weighting Combination for One-vs-One Strategy in Multi-class Problems", *Pattern Recognition*, Vol. 48, No. 1, 2015, pp. 28 – 42.

值被选作最近的邻居，那么这些异常值将会严重影响基分类器的相对能力权重。这无疑会降低分类结果的准确率。为此，本书提出了一个改进的 OVO 策略，其中基分类器的相对能力权重是由每个类别的训练样本中的距离测试样本最近的 K 个邻居和每个类别的训练样本的中心共同确定的。改进的 OVO 策略主要包括五个步骤，下面给出关于每个步骤的具体描述。

（1）确定训练样本关于每个类别的中心

令 $\overline{T_i} = (\overline{t_i^1}, \overline{t_i^2}, \cdots, \overline{t_i^n})$，表示关于情感类别 SC_i 的训练样本的中心，其中，$\overline{t_i^j}$ 表示 $\overline{T_i}$ 关于第 j 个特征的类别中心值，$i = 1, 2, \cdots, m$；$j = 1, 2, \cdots, n$。$\overline{t_i^j}$ 的值可以通过求取关于情感类别 SC_i 的训练样本对应的特征值的平均值来确定。

$$\overline{t_i^j} = \sum_{h=1}^{q_i} t_{ih}^j \Big/ q_i \qquad (4.32)$$

其中，$i = 1, 2, \cdots, m$；$j = 1, 2, \cdots, n$。

因此，可以将关于类别 SC_i 的训练样本中心表示为：

$$\overline{T_i} = \Big(\sum_{h=1}^{q_i} t_{ih}^1 \Big/ q_i, \sum_{h=1}^{q_i} t_{ih}^2 \Big/ q_i, \cdots, \sum_{h=1}^{q_i} t_{ih}^n \Big/ q_i \Big) \qquad (4.33)$$

其中，$i = 1, 2, \cdots, m$。

（2）计算测试样本与每类训练样本中心的距离

令 $V = (v^1, v^2, \cdots, v^n)$，表示一个测试文本对应的特征向量，其中，$v^j$ 表示 V 对应第 j 个特征的值，$j = 1, 2, \cdots, n$。令 d_i^c 表示 $V = (v^1, v^2, \cdots, v^n)$ 和 $\overline{T_i} = (\overline{t_i^1}, \overline{t_i^2}, \cdots, \overline{t_i^n})$ 之间的距离。d_i^c 可以通过式（4.34）进行计算。

$$d_i^c = \sqrt{\sum_{j=1}^{n} (v^j - \overline{t_i^j})^2}, \ i = 1, 2, \cdots, m \qquad (4.34)$$

（3）计算测试样本与每个类别最近的 K 个邻居的平均距离

令 d_{ih} 表示 $V = (v^1, v^2, \cdots, v^n)$ 和 $T_{ih} = (t_{ih}^1, t_{ih}^2, \cdots, t_{ih}^n)$ 之间的距离，$i = 1, 2, \cdots, m$；$h = 1, 2, \cdots, q_i$。d_{ih} 可以用式（4.35）进行计算。

$$d_{ih} = \sqrt{\sum_{j=1}^{n} (v^j - t_{ih}^j)^2} \qquad (4.35)$$

其中，$i = 1, 2, \cdots, m$；$h = 1, 2, \cdots, q_i$。

依据得到的 $d_{i1}, d_{i2}, \cdots, d_{iq_i}$，可以确定一个关于这 q_i 个距离的排序，记为 $d_{i(1)} \leqslant d_{i(2)} \leqslant \cdots \leqslant d_{i(q_i)}$，其中 $d_{i(h)}$ 表示在这 q_i 个距离中第 h 个距离测试样本的最小的距离，$i = 1, 2, \cdots, m$；$h = 1, 2, \cdots, q_i$。因此，V 和类别 SC_i 的最近的 K 个邻居之间的平均距离可以用式（4.36）进行计算。

$$\bar{d}_i^K = \sum_{t=1}^{K} d_{i(t)} \Big/ K, \ i = 1, 2, \cdots, m \qquad (4.36)$$

其中，$K \in \{1, 2, \cdots, q_i\}$，是一个需要预先设定的参数。

（4）计算每个基分类器的相对能力权重

令 $w_{ii'}$ 表示由关于类别 SC_i 和 $SC_i{}'$ 的训练样本集合训练得到的基分类器的相对能力权重，$i = 1, 2, \cdots, m$；$i' = 1, 2, \cdots, m$；$i \neq i'$。依据得到的 d^C 和 $\bar{d}_i^K$，可以用式（4.37）计算 $w_{ii'}$。

$$w_{ii'} = \frac{(d_i^{C'})^2}{(d_i^{C'})^2 + (d_i^C)^2} \times \frac{(\bar{d}_i^{K'})^2}{(\bar{d}_i^{K'})^2 + (\bar{d}_i^K)^2} \qquad (4.37)$$

其中，$i = 1, 2, \cdots, m$；$i' = 1, 2, \cdots, m$，$i \neq i'$。

（5）确定测试样本的最终类别

依据得到的得分矩阵 $R^w = (r_{ii'}^w)_{m \times m}$ 和基分类器的相对能力权重 $w_{ii'}$，可以得到一个加权的得分矩阵 $R^w = (r_{ii'}^w)_{m \times m}$，其中：

$$r_{ii'}^w = r_{ii'} \times w_{ii'} \qquad (4.38)$$

其中，$i = 1, 2, \cdots, m$；$i' = 1, 2, \cdots, m$；$i \neq i'$。

依据得到的 $R^w = (r_{mm'}^w)_{M \times M}$，可以用式（4.39）确定测试样本 V 的分类结果。

$$Class(V) = \arg \max_{i=1,2,\cdots,m} \sum_{m} r_{ii'}^w \qquad (4.39)$$

其中，$Class(V)$ 表示测试样本 V 的最终分类结果，$Class(V) \in \{C_1, C_2, \cdots, C_m\}$。

3. 说明例子

为了更加清晰地说明改进的 OVO 策略，这里给出一个说明例子。令 $SC = \{SC_1, SC_2, SC_3, SC_4\}$，表示一个包含四类训练样本的集合，其中 SC_m 表示第 m 类训练样本，$m = 1,2,3,4$。依据 $SC = \{SC_1, SC_2, SC_3, SC_4\}$，可以构建六个 $[4 \times (4-1)/2 = 6]$ 训练样本集合，其中每个训练样本集合是任意两类训练样本的并集。使用构建的六个训练样本集合分别对二元分类器进行训练，即可以得到对应六个训练样本集合的六个二元基分类器。令 V 表示一个测试样本，为了识别 V 的类别，分别使用训练得到的六个二元基分类器对 V 进行分类。依据六个二元基分类器的分类结果，可以确定得分矩阵 R。不失一般性，这里假设得分矩阵为：

$$R = \begin{bmatrix} — & 0.55 & 0.49 & 0.95 \\ 0.45 & — & 0.76 & 0.90 \\ 0.51 & 0.24 & — & 0.98 \\ 0.05 & 0.10 & 0.02 & — \end{bmatrix}$$

依据式（4.33），可以计算四类训练样本的中心，即 $\overline{T_1}$，$\overline{T_2}$，$\overline{T_3}$ 和 $\overline{T_4}$。依据式（4.34），可以计算测试样本 V 与四类训练样本中心（$\overline{T_1}$，$\overline{T_2}$，$\overline{T_3}$ 和 $\overline{T_4}$）的距离。这里假设 $d_1^C = 1$，$d_2^C = 2$，$d_3^C = 2.2$ 和 $d_4^C = 2.5$。依据式（4.36），可以计算测试样本 V 与每个类别中的最近的 K 个邻居的距离。这里假设 $d_1^K = 0.5$，$d_2^K = 0.4$，$d_3^K = 0.9$ 和 $d_4^K = 1.4$。在此基础上，依据式（4.37），可以计算每个分类器的相对能力权重，即 $w_{12} = 0.3122$，$w_{13} = 0.6333$，$w_{14} = 0.7645$，$w_{23} = 0.4572$，$w_{24} = 0.5637$，$w_{34} = 0.3988$，$w_{21} = 0.1220$，$w_{31} = 0.0404$，$w_{41} = 0.0156$，$w_{32} = 0.0746$，$w_{42} = 0.0295$ 和 $w_{43} = 0.1276$。依据得分矩阵 R 和相对能力权重 $w_{mm'}$，可以用式（4.38）计算加权得分矩阵 $R^w = (r_{ii'}^w)_{m \times m}$。

$$R^w = \begin{bmatrix} — & 0.1717 & 0.3103 & 0.7263 \\ 0.0549 & — & 0.3475 & 0.5074 \\ 0.0206 & 0.0179 & — & 0.3908 \\ 0.0008 & 0.0029 & 0.0026 & — \end{bmatrix}$$

最后，依据式（4.39）确定测试样本 V 的类别，即 $Class(V) = C_1$。

（二）SVM 训练及其分类结果置信度计算

本部分围绕 SVM 训练及其分类结果置信度计算问题进行研究，具体的，首先介绍 SVM 训练，在此基础上，进行 SVM 分类结果置信度计算。

1. SVM 训练

SVM 是一种建立在结构风险最小原理和 VC 维理论基础上的有监督机器学习算法。SVM 在解决高维度、非线性和小样本问题中表现出很多特有的优势，因而被广泛应用。SVM 的基本思想：在特征空间中求取一个最优超平面使其满足距离样本数据点的"间隔"最大，并将这个问题转化为求解凸约束下的凸规划问题。

为了使用 SVM 来识别文本的情感类别，需要训练多个关于不同训练样本对的 SVM 二元分类器。为此，首先需要构建 $m(m-1)/2$ 个训练样本集合，其中每一个训练样本集合都是关于具有不同情感类别的训练样本的并集。令 $TS_{ii'} = T_i \cup T_i' = \{T_{i1}, T_{i2}, \cdots, T_{iq_i}\} \cup \{T_{i'1}, T_{i'2}, \cdots, T_{i'q_{i'}}\}$，表示关于情感类别 SC_i 和 SC_i' 的训练样本的集合，$i = 1, 2, \cdots, m; i' = 1, 2, \cdots, m; i \neq i'$。基于训练样本集合 $TS_{ii'}$，可以训练一个可以识别情感类别 i 和 i' 的情感分类器，记为 $SVM_{ii'}$，$i = 1, 2, \cdots, m; i' = 1, 2, \cdots, m; i \neq i'$。因此，基于 $m(m-1)/2$ 个训练样本集合，可以得到 $m(m-1)/2$ 个二元 SVM 情感分类器，记为 SVM_{12}，SVM_{13}，$\cdots$，SVM_{1m}，SVM_{23}，$\cdots$，$SVM_{(m-1)m}$。

2. SVM 分类结果置信度计算

令 $V = \{V_1, V_2, \cdots, V_{q_v}\}$，表示 q_v 个测试文本的集合，其中 V_l 表示第 l 个测试文本，$l = 1, 2, \cdots, q_v$。不失一般性，这里考虑 V_l 已经被转换成关于重要特征的特征向量，即 $V_l = (v_l^1, v_l^2, \cdots, v_l^{n'})$，$l = 1, 2, \cdots, q_v$。为了识别文本 V_l 的情感类别，将特征向量 $V_l = (v_l^1,$

$v_l^2, \cdots, v_l^{n'}$) 输入 $SVM_{ii'}$ 中，可以得到一个关于测试文本 V_l 的函数值，记为 $x_l^{ii'}$，$l = 1, 2, \cdots, q_v$；$i = 1$，2，$\cdots$，m；$i' = 1, 2, \cdots, m$；$i \neq i'$。需要说明的是，$x_l^{ii'}$ 是关于 $SVM_{ii'}$ 分类结果的一个中间值，$l = 1$，$2, \cdots, q_v$；$i = 1$，2，$\cdots$，m；$i' = 1, 2, \cdots, m$；$i \neq i'$。依据 $x_l^{ii'}$，可以得到 $SVM_{ii'}$ 用来识别文本 V_l 的情感类别的输出，即 $sign(x_l^{ii'}) \in \{0, 1\}$，其中，$sign(x_l^{ii'}) = 1$，表示文本 V_l 的情感类别的分类结果为 SC_i，$sign(x_l^{ii'}) = 0$，表示文本 V_l 的情感类别的分类结果为 SC_i'，$l = 1, 2, \cdots, q_v$；$i = 1$，2，$\cdots$，m；$i' = 1, 2, \cdots, m$；$i \neq i'$。为了区分不同的二元 SVM 关于识别 V_l 的情感类别的置信度，依据得到的 $x_l^{ii'}$ 计算二元情感分类器 $SVM_{ii'}$ 的置信度，$l = 1, 2, \cdots, q_v$；$i = 1$，2，$\cdots$，m；$i' = 1, 2, \cdots, m$；$i \neq i'$。令 $R^l = (r_{ii'}^l)_{m \times m}$，表示关于测试文本 V_l 的得分矩阵，其中 $r_{ii'}^l \in [0, 1]$，表示 $SVM_{ii'}$ 用来识别测试文本 V_l 类别的置信度，$l = 1, 2, \cdots, q_v$；$i = 1$，2，$\cdots$，m；$i' = 1$，$2, \cdots, m$；$i \neq i'$。依据 Platt[①] 的研究，$r_{mm'}^a$ 可以用式（4.40）进行计算。

$$r_{ii'}^l = \frac{1}{1 + \exp(\alpha^{ii'} + \beta^{ii'} x_l^{ii'})} \tag{4.40}$$

其中，$i = 1$，2，$\cdots$，m；$i' = 1, 2, \cdots, m$；$i \neq i'$；$l = 1$，$2, \cdots, q_v$。$\alpha^{ii'}$ 和 $\beta^{ii'}$ 为参数，$\alpha^{ii'}$ 和 $\beta^{ii'}$ 的值取决于用于训练 $SVM_{ii'}$ 的训练样本的数量和类别。$\alpha^{ii'}$ 和 $\beta^{ii'}$ 的值可以通过最大化训练样本的似然函数确定。

$$L(\alpha^{ii'}, \beta^{ii'}) = \prod_{h=1}^{q_i + q_i'} (p_h^{ii'})^{t_i^{ii'}} (1 - p_h^{ii'})^{t_i^{ii'}} \tag{4.41}$$

$$p_h^{ii'} = \frac{1}{1 + \exp(\alpha^{ii'} + \beta^{ii'} \theta_h^{ii'})} \tag{4.42}$$

$$t_i^{ii'} = \frac{q_i + 1}{q_i + 2} \tag{4.43}$$

① J. C. Platt, "Using Analytic QP and Sparseness to Speed Training of Support Vector Machines", Advances in Neural Information Processing Systems, 1999, pp. 557 – 563.

$$t_i^{ii'}{'} = \frac{1}{q_i{'} + 2} \tag{4.44}$$

其中，$i = 1, 2, \cdots, m$；$i' = 1, 2, \cdots, m$；$i \neq i'$。$\theta_h^{ii'}$ 表示在集合 $TS_{ii'} = T_i \cup T_i{'}$ 中的第 h 个训练样本的得分值，$\theta_h^{ii'}$ 可以通过预训练的分类器进行计算。依据得到的 $r_{i'i}^l$，用 $SVM_{ii'}$ 对 V_l 进行分类得到的分类结果属于类别 m' 的置信度可以用式（4.45）计算。

$$r_{i'i}^l = 1 - r_{ii'}^l = 1 - \frac{1}{1 + \exp(\alpha^{ii'} + \beta^{ii'} x_l^{ii'})} \tag{4.45}$$

其中，$i = 1, 2, \cdots, m$；$i' = 1, 2, \cdots, m$；$i \neq i'$；$l = 1, 2, \cdots, q_v$。依据式（4.45），可以得到用于识别测试样本 V_l 的类别的 $m(m-1)/2$ 个二元 SVM 分类器的分类结果的置信度，即可以构建得分矩阵 $R^l = (r_{ii'}^l)_{m \times m}$，$l = 1, 2, \cdots, q_v$。依据得到的得分矩阵 $R^l = (r_{ii'}^l)_{m \times m}$，采用改进的 OVO 策略可以确定测试样本 V_l 的情感类别，$l = 1, 2, \cdots, q_v$。

四 实验设计

本部分主要介绍实验设计，具体的，首先，介绍实验中使用的数据库；其次，给出实验中的相关参数配置；最后，介绍实验中使用的表现测量及统计分析方法。

(一) 实验数据库

在本书中，使用 Movie Review Data 中的 sentiment scale 数据库进行实验研究。该数据库中包含四个电影评论的语料库，在每个语料库中的每条评论都有两种类型的标签。[①] 因此，这四个语料库可以被进一步分成八个数据集，表示为 Data subset 1，Data subset 2，⋯，Data subset 8，这八个数据集的相关信息如表 4.12 所示。在表 4.12 中，#Cl. 表示文本被标记情感类别的数量，#T 表示文本的数量，#F

---

① B. Pang, L. Lee, "Seeing Stars: Exploiting Class Relationships for Sentiment Categorization with Respect to Rating Scales", Proceedings of the 43rd Annual Meeting on Association for Computational Linguistics, 2005, pp. 115 – 124.

表示特征的数量，SC_1、SC_2、SC_3 和 SC_4 分别表示属于不同情感类别的文本数量。例如，在 Data subset 1 中，一共有 1770 个文本包含 26439 个文本特征，其中三个类别的情感类别标签已经被标记到这 1770 个文本中，即 SC_1、SC_2 和 SC_3。文本属于情感类别 SC_1、SC_2 和 SC_3 的数量分别是 413、648 和 709。

表 4.12   **实验数据的相关信息**

	#Cl.	#T	#F	SC_1	SC_2	SC_3	SC_4
Data subset 1	3	1770	26439	413	648	709	
Data subset 2	3	902	25897	239	349	314	
Data subset 3	3	1307	31188	186	491	630	
Data subset 4	3	1027	19237	359	427	241	
Data subset 5	4	1770	26439	191	526	766	287
Data subset 6	4	902	25897	115	295	334	158
Data subset 7	4	1307	31188	138	292	596	281
Data subset 8	4	1027	19237	171	440	302	114

在实验中，采用 10 折交叉验证的方式来评估方法的表现。具体的，在表 4.12 中的每个数据集被进一步分成 10 个具有相同大小和分布的子集。采用这 10 个子集中的 9 个子集作为训练样本，剩余的 1 个子集作为测试样本，对算法的表现进行评估。重复上述过程 10 次，并且满足每个子集都被用作 1 次测试样本。上述过程的 10 次测试样本分类结果的平均值即为 10 折交叉验证的最终结果。

（二）相关参数配置

实验是在使用 Windows 7 操作系统的有着 8GB 内存的个人电脑上进行的。在实验中，使用的是数据挖掘工具箱 WEKA

（Waikato Environment for Knowledge Analysis）。WEKA 是一个公开的集成了大量机器学习算法的数据挖掘平台，能够实现包括分类、聚类、回归以及特征选择在内的多种机器学习任务。[①] 在实验中，基本的算法，即 IG 算法和 SVM 算法分别是使用 Info Gain Attribute Eval 模块和 LIBSVM 模块实现的，其中关于这两个模块的参数设置如下。

① Info Gain Attribute Eval 模块的参数设置：Generate ranking = True，Num to select = -1，Threshold =0。

② LIBSVM 模块的参数设置：Cost parameter = 1.0，Tolerance parameter = 0.001，Kernel type = radial basis function，Degree = 3，Probability estimates = True。

（三）表现测量及统计分析方法

本部分主要介绍实验中使用的表现测量及统计分析方法，下面给出具体描述。

1. 表现测量

在实验中，采用平均准确率（Average Accuracy，AA）、加权平均召回值（Weighted Average Recall，WAR）、加权平均精度（Weighted Average Precision，WAP）和加权平均 F 测量值（Weighted Average F-Measure，WAF-M）来评估算法的表现。[②] 为了更加清晰地说明 AA、WAR、WAP 和 WAF-M 的计算方法，需要构建一个关于多粒度情感分类结果的混淆矩阵，如表4.13 所示。在式（4.46）中，$c_{ii'}$ 表示真实类别为 SC_i 但是被分成类别 SC_i' 的文本的数量，其中，$i = 1, 2, \cdots, m$；$i' = 1, 2, \cdots, m$。

---

① M. Galar et al. , "The WEKA Data Mining Software: An Update", *ACM SIGKDD Explorations Newsletter*, Vol. 11, No. 1, 2009, pp. 10 – 18.

② S. Demir, E. A. Sezer, H. Sever, "Modifications for the Cluster Content Discovery and the Cluster Label Induction Phases of the Lingo Algorithm", *International Journal of Computer Theory and Engineering*, Vol. 6, No. 2, 2014, pp. 86 – 90.

表4.13　　　　　　　　　　**情感多分类混淆矩阵**

		情感分类结果			
		SC_1	SC_2	...	SC_m
实际情感类别	SC_1	c_{11}	c_{12}	...	c_{1m}
	SC_2	c_{21}	c_{22}	...	c_{2m}
	⋮	⋮	⋮	⋮	⋮
	SC_m	c_{m1}	c_{m2}	...	c_{mm}

依据表4.13，可以分别用式（4.46）—式（4.49）来计算 AA、WAR、WAP 和 WAF-M。

$$AA = \frac{\sum_{i=1}^{m} c_{ii}}{\sum_{i=1}^{m} \sum_{i'=1}^{m} c_{ii'}} \tag{4.46}$$

$$WAR = \sum_{i=1}^{m} cw_i \times c_{ii} \Big/ \sum_{i'=1}^{m} c_{ii'} \tag{4.47}$$

$$WAP = \sum_{i=1}^{m} cw_i \times c_{ii} \Big/ \sum_{i'=1}^{m} c_{i'i} \tag{4.48}$$

$$WAF\text{-}M = 2 \times \sum_{i=1}^{m} cw_i \times \frac{c_{ii} \Big/ \sum_{i'=1}^{m} c_{ii'} \times c_{ii} \Big/ \sum_{i'=1}^{m} c_{i'i}}{c_{ii} \Big/ \sum_{i'=1}^{m} c_{ii'} + c_{ii} \Big/ \sum_{i'=1}^{m} c_{i'i}} \tag{4.49}$$

其中，cw_i 表示测试样本属于情感类别 SC_i 的权重，$i = 1,2,\cdots,m$。cw_i 可以用式（4.50）计算。

$$cw_i = \frac{\sum_{i'=1}^{m} c_{ii'}}{\sum_{i=1}^{m} \sum_{i'=1}^{m} c_{ii'}} = \frac{q_i}{\sum_{i=1}^{m} q_i}, \ i = 1,2,\cdots,m \tag{4.50}$$

2. 统计分析

为了验证实验结果的显著性，需要使用非参数检验来验证不同方法得到的结果之间是否具有显著性差异。依据相关文献的建议,[1] 本书采用 Wilcoxon 检验来验证不同方法得到的结果之间的显著性差异。

令 α_M^β 和 $\alpha_{M'}^\beta$ 分别表示方法 M 和 M′ 关于识别第 β 个数据库中的文本的情感类别的表现,$\beta = 1,2,\cdots,8$。在本实验中,表现 α_M^β 和 $\alpha_{M'}^\beta$ 指的是 AA、WAR、WAP 和 WAF-M。方法 M 和 M′ 指的是不同的情感多分类的方法,包括已有的方法和本书提出的方法。令 $\theta_{MM'}^\beta$ 表示 α_M^β 和 $\alpha_{M'}^\beta$ 之间的差异:

$$\theta_{MM'}^\beta = \alpha_M^\beta - \alpha_{M'}^\beta, \quad b = 1,2,\cdots,8 \tag{4.51}$$

因为实验是在八个数据集上实施的,所以对于任意两个给定的方法 M 和 M′ 来说,都有八个 $\theta_{MM'}^\beta$,即 $\theta_{MM'}^1,\theta_{MM'}^2,\cdots,\theta_{MM'}^8$。令 $|\theta_{MM'}^{(1)}|,|\theta_{MM'}^{(2)}|,\cdots,|\theta_{MM'}^{(8)}|$ 表示关于 $\theta_{MM'}^1,\theta_{MM'}^2,\cdots,\theta_{MM'}^8$ 的绝对值从小到大的排序。令 $\rho_{MM'}^\beta$ 表示 $\theta_{MM'}^\beta$ 在排序 $|\theta_{MM'}^{(1)}|,|\theta_{MM'}^{(2)}|,\cdots,|\theta_{MM'}^{(8)}|$ 中的位置,$\rho_{MM'}^\beta \in \{1,2,\cdots,8\}$。如果 $\beta \neq \beta'$,那么 $\rho_{MM'}^\beta \neq \rho_{MM'}^{\beta'}$。令 $I_{MM'}^\beta$ 表示 $\theta_{MM'}^\beta$ 的指示变量,$I_{MM'}^\beta$ 的值可以通过式(4.52)来表示。

$$I_{MM'}^\beta = \begin{cases} 1, & \theta_{MM'}^\beta > 0, \\ 0.5, & \theta_{MM'}^\beta = 0, \ b=1,2,\cdots,8 \\ 0, & \theta_{MM'}^\beta < 0, \end{cases} \tag{4.52}$$

令 $R_{MM'}^+$ 表示方法 M 优于方法 M′ 的程度的得分。令 $R_{MM'}^-$ 表示方法 M′ 优于方法 M 的程度的得分。依据 Wilcoxon[2] 的研究,$R_{MM'}^+$ 和 $R_{MM'}^-$ 可以分别采用式(4.53)和式(4.54)计算。

---

[1]   S. Garcia et al. , "Prototype Selection for Nearest Neighbor Classification: Taxonomy and Empirical Study", *IEEE Transactions on Pattern Analysis & Machine Intelligence*, Vol. 34, No. 3, 2011, pp. 417 – 435; F. Wilcoxon, "Individual Comparisons by Ranking Methods", *Biometrics Bulletin*, Vol. 1, No. 6, 1945, pp. 80 – 83.

[2]   F. Wilcoxon, "Individual Comparisons by Ranking Methods", *Biometrics Bulletin*, Vol. 1, No. 6, 1945, pp. 80 – 83.

$$R_{\mathrm{MM}'}^{+} = \sum_{\beta=1}^{8} \rho_{\mathrm{MM}'}^{\beta} I_{\mathrm{MM}'}^{\beta} \tag{4.53}$$

$$R_{\mathrm{MM}'}^{-} = \sum_{b=1}^{8} \rho_{\mathrm{MM}'}^{\beta}(1 - I_{\mathrm{MM}'}^{\beta}) \tag{4.54}$$

令 $T_{\mathrm{MM}'} = \min\{R_{\mathrm{MM}'}^{+}, R_{\mathrm{MM}'}^{-}\}$，表示方法 M 和方法 M′ 差异的显著性的值。依据得到的 $T_{\mathrm{MM}'}$ 和数据库的数量，可以通过查询 Wilcoxon 秩和表来确定方法 M 和方法 M′ 差异的显著性的值。

五 实验结果分析

(一)分析不同的 K 的取值对分类结果的影响

在提出的方法中，每个 SVM 二元分类器的相对能力权重是由 K 个最近的样本和每个类别的训练样本的中心共同确定的，因此不同的 K 值将会对提出的方法的表现具有一定的影响。为了分析不同的 K 值对提出方法的影响，这里选定了几个不同的 K 值进行分析，即 $K = 1$，5，10 和 20。此外，也考虑了每种情感类别的所有训练样本用来确定分类器相对能力权重的情况，在这种情况下 $K = -1$。

提出的方法分别在八个数据集中以 10 折交叉验证的方式进行实验。可以得到提出的方法在八个数据集中关于不同的 K 值的情况下的 AA、WAR、WAP 和 WAF-M，如表 4.14 所示。依据表 4.14，可以计算 AA、WAR、WAP 和 WAF-M 关于不同的 K 值的平均值，结果如图 4.13 所示。由图 4.13 可知，提出的方法在不同的 K 值情况下得到的结果是平稳的，在 $K = -1$ 的情况下得到的结果比 $K = 1$、5、10 和 20 的情况下得到的结果稍差。

为了得到更有意义的结论，采用 Wilcoxon 检验来验证提出的方法在使用不同的 K 值得到的结果之间是否具有显著性差异，结果如表 4.15 所示。在表 4.15 中，"Hypothesis" 表示采用不同的 K 值得到的关于 AA、WAR、WAP 和 WAF-M 的结果之间不存在显著性差异。例如，第一个假设表示"采用 $K = 1$ 和 $K = 5$ 得到的结果之间不存在显著性差异"。由表 4. 15 可以看出，在 K = 1、5、10 和 20 的情况下，采用任意两个 K 值得到的分类结果之间并不存在显著性差异。此外，由表 4. 15 可以看出，仅在 K = 1 vs. K = − 1，K = 10 vs. K = − 1，K = 20 vs. K = − 1 的情况下，得到的分类结果之间存在显著性差异。因此，K 的取值对于提出方法的分类结果的影响较小。

表 4. 14   提出的方法在八个数据集中在不同的 K 值的情况下的
AA、WAR、WAP 和 WAF-M

Data subset	K	AA	WAR	WAP	WAF-M	Data subset	K	AA	WAR	WAP	WAF-M
1	1	**80. 43**	**80. 43**	81. 07	**80. 55**	2	1	**80. 49**	**80. 49**	81. 06	**80. 53**
	5	80. 32	80. 32	81. 07	80. 47		5	80. 15	80. 15	80. 86	80. 21
	10	80. 37	80. 37	81. 19	80. 51		10	80. 04	80. 04	80. 82	80. 11
	20	80. 32	80. 32	81. 17	80. 46		20	80. 15	80. 15	80. 96	80. 23
	− 1	80. 32	80. 32	**81. 67**	80. 52		− 1	79. 93	79. 93	**81. 07**	80. 04
3	1	86. 31	86. 31	86. 90	86. 40	4	1	**74. 02**	**74. 02**	75. 36	**74. 12**
	5	82. 44	82. 44	83. 01	82. 60		5	72. 83	72. 83	76. 25	73. 37
	10	86. 57	86. 57	87. 02	86. 60		10	72. 83	72. 83	76. 25	73. 37
	20	**86. 59**	**86. 59**	87. 02	**86. 61**		20	72. 83	72. 83	76. 25	73. 37
	− 1	86. 49	86. 49	**87. 05**	86. 53		− 1	70. 65	70. 65	**76. 29**	70. 98
5	1	**73. 59**	**73. 59**	74. 61	**73. 53**	6	1	68. 14	68. 14	69. 12	67. 93
	5	**73. 59**	**73. 59**	**74. 83**	73. 47		5	**69. 79**	**69. 79**	**71. 26**	**69. 63**
	10	73. 19	73. 19	74. 56	73. 05		10	69. 13	69. 13	70. 78	68. 94
	20	73. 03	73. 03	74. 53	72. 87		20	69. 12	69. 12	71. 00	68. 86
	− 1	71. 90	71. 9	74. 01	71. 68		− 1	68. 13	68. 13	70. 46	67. 77
7	1	**78. 42**	**78. 42**	**78. 76**	**78. 10**	8	1	67. 33	67. 33	67. 89	66. 84
	5	77. 27	77. 27	77. 70	76. 94		5	**71. 15**	**71. 15**	**73. 70**	**70. 11**
	10	76. 81	76. 81	77. 32	76. 51		10	66. 35	66. 35	68. 23	64. 8
	20	76. 58	76. 58	77. 12	76. 23		20	66. 29	66. 29	67. 64	65. 45
	− 1	76. 27	76. 27	77. 27	75. 84		− 1	65. 61	65. 61	67. 99	64. 26

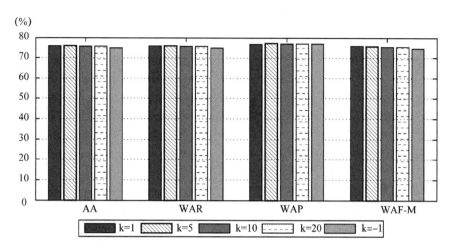

图 4.13　提出方法的 AA、WAR、WAP 和 WAF-M 关于不同的 K 值的平均值

表 4.15　　　　　　提出的方法在使用不同的 K 值得到结果
之间的 Wilcoxon 检验的结果

不同的 K 值	指标	R^+	R^-	Hypothesis	p-Value
1 vs. 5	AA	17	11	Not rejected	0.612
	WAR	17	11	Not rejected	0.612
	WAP	11	17	Not rejected	0.612
	WAF-M	23	13	Not rejected	0.484
1 vs. 10	AA	28	8	Not rejected	0.161
	WAR	28	8	Not rejected	0.161
	WAP	12	24	Not rejected	0.400
	WAF-M	28	8	Not rejected	0.161
1 vs. 20	AA	29	7	Not rejected	0.123
	WAR	29	7	Not rejected	0.123
	WAP	15.5	22.5	Not rejected	0.726
	WAF-M	28	8	Not rejected	0.161
1 vs. −1	AA	33	3	Rejected for −1 at 95%	0.036
	WAR	33	3	Rejected for −1 at 95%	0.036
	WAP	12.5	23.5	Not rejected	0.441
	WAF-M	34	2	Rejected for −1 at 95%	0.025

不同的 K 值	指标	R^+	R^-	Hypothesis	p-Value
5 vs. 10	AA	21	7	Not rejected	0.237
	WAR	21	7	Not rejected	0.237
	WAP	20	8	Not rejected	0.310
	WAF-M	21	7	Not rejected	0.237
5 vs. 20	AA	11	4	Not rejected	0.345
	WAR	11	4	Not rejected	0.345
	WAP	19	9	Not rejected	0.397
	WAF-M	20	8	Not rejected	0.310
5 vs. −1	AA	22	6	Not rejected	0.176
	WAR	22	6	Not rejected	0.176
	WAP	22	14	Not rejected	0.575
	WAF-M	16	12	Not rejected	0.735
10 vs. 20	AA	21	7	Not rejected	0.237
	WAR	21	7	Not rejected	0.237
	WAP	13	8	Not rejected	0.600
	WAF-M	16	12	Not rejected	0.735
10 vs. −1	AA	36	0	Rejected for −1 at 95%	0.012
	WAR	36	0	Rejected for −1 at 95%	0.012
	WAP	21	15	Not rejected	0.674
	WAF-M	35	1	Rejected for −1 at 95%	0.017
20 vs. −1	AA	28	0	Rejected for −1 at 95%	0.018
	WAR	28	0	Rejected for −1 at 95%	0.018
	WAP	15	21	Not rejected	0.674
	WAF-M	35	1	Rejected for −1 at 95%	0.017

(二) 与已有情感多分类方法的比较

为了验证所提出的方法的有效性，本部分将提出的基于改进 OVO

策略和 SVM 的多粒度情感分类方法与已有的情感多分类方法进行比较。目前，有一些学者关注到了情感多分类研究，并提出了一些方法，主要包括 Bickerstaffe 和 Zukerman[①] 的方法、Cao 和 Zukerman[②]的方法、Pang 和 Lee[③] 的方法、Goldberg 和 Zhu[④] 的方法。在部分，主要是将提出的方法的 AA（$K=20$）值与上述四种方法的 AA 值进行比较，结果如图 4.14 所示。需要说明的是，在 Goldberg 和 Zhu 的研究中并没有考虑 3 类别情感分类的情况，因此在图 4.14 中只有关于 Goldberg 和 Zhu 的方法针对 4 类别情感分类的结果。由图 4.14 可以看出，本书提出的方法的 AA 值要明显高于已有方法的 AA 值。为了得到更有意义的结论，采用 Wilcoxon 检验来验证使用本书提出的方法得到的 AA 值与已有方法得到的 AA 值之间是否存在显著性差异，结果见表 4.16。由表 4.16 可知，本书提出的方法与 Bickerstaffe 和 Zukerman 的方法、Cao 和 Zukerman 的方法、Pang 和 Lee 的方法得到的 AA 值之间存在显著性差异，显著水平为 95%。本书提出的方法与 Goldberg 和 Zhu 的方法得到的 AA 值之间也存在显著性差异，但是显著水平相对较低，为 90%。显著水平较低的原因主要是 Goldberg 和 Zhu 的方法中涉及的样本数量较少，即 Goldberg 和 Zhu 的方法中仅有四组结果。

---

① A. Bickerstaffe, I. Zukerman, "A Hierarchical Classifier Applied to Multi-Way Sentiment Detection", Proceedings of the 23rd International Conference on Computational Linguistics, 2010, pp. 62 – 70.

② M. D. Cao, I. Zukerman, "Experimental Evaluation of a Lexicon-and Corpus-based Ensemble for Multi-Way Sentiment Analysis", Proceedings of the Australasian Language Technology Association Workshop, 2012, pp. 52 – 60.

③ B. Pang, L. Lee, "Seeing Stars: Exploiting Class Relationships for Sentiment Categorization with Respect to Rating Scales", Proceedings of the 43rd Annual Meeting on Association for Computational Linguistics, 2005, pp. 115 – 124.

④ A. B. Goldberg, X. Zhu, "Seeing Stars: When There aren't Many Stars Graph-Based Semi-Supervised Learning for Sentiment Categorization", Proceedings of the First Workshop on Graph Based Methods for Natural Language Processing, 2006, pp. 45 – 52.

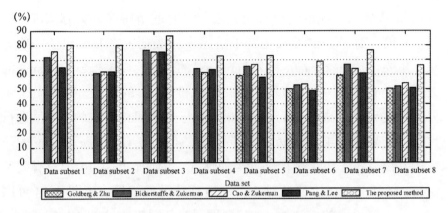

图4.14 本书提出的方法和已有方法的情感分类结果的 AA 值

表4.16　　　　　本书提出的方法与已有方法得到的结果之间

显著性差异的 Wilcoxon 检验结果

	R⁺	R⁻	Tie	Hypothesis	*p*-Value
Bickerstaffe 和 Zukerman 的方法 vs. 本书提出的方法	0	36	0	Rejected for Bickerstaffe 和 Zukerman 的方法 at 95%	0. 012
Cao 和 Zukerman 的方法 vs. 本书提出的方法	0	36	0	Rejected for Cao 和 Zukerman 的方法 at 95%	0. 012
Pang 和 Lee 的方法 vs. 本书提出的方法	0	36	0	Rejected for Pang 和 Lee 的方法 at 95%	0. 012
Goldberg 和 Zhu 的方法 vs. 本书提出的方法	0	10	0	Rejected for Goldberg 和 Zhu at 的方法 90%	0. 068

（三）改进的 OVO 策略与已有 OVO 策略在文本情感多分类中的比较

目前，已有研究提出了多种 OVO 策略，例如 V-OVO、[①] WV-OVO[②]

① A. C. Lorena et al. , "A Review on the Combination of Binary Classifiers in Multiclass Problems", *Artificial Intelligence Review*, Vol. 30, No. 1 – 4, 2008, pp. 19 – 37.

② E. Hüllermeier, S. Vanderlooy, "Combining Predictions in Pairwise Classification: An Optimal Adaptive Voting Strategy and its Relation to Weighted Voting", *Pattern Recognition*, Vol. 43, No. 1, 2010, pp. 128 – 142.

和 DRCW-OVO[①] 等。为了进一步说明本书提出的改进的 OVO 策略的有效性，将改进的 OVO 策略与已有 OVO 策略在文本情感多分类中进行比较。基于图 4.12 所示的研究框架，依据得到的每条评论的得分矩阵 $R^{a'i} = (r^{a'i}_{mm'})_{M \times M}$，采用已有的 OVO 策略对每条评论的情感类别进行识别，可以得到不同的 OVO 策略在八个数据集中的 AA 值，结果如表 4.17 所示。

表 4.17　　**不同的 OVO 策略在情感多分类中关于不同数据库的 AA 值**

	提出的 OVO 策略				DRCW-OVO 策略				V-OVO 策略	WV-OVO 策略
	$K=1$	$K=5$	$K=10$	$K=20$	$K=1$	$K=5$	$K=10$	$K=20$		
Data subset 1	74.02	72.83	72.83	72.83	74.15	72.83	72.83	73.91	72.70	72.49
Data subset 2	67.33	71.15	66.35	66.29	67.42	70.19	65.38	66.00	65.62	66.39
Data subset 3	86.31	82.44	86.57	86.59	86.26	81.68	86.48	86.59	85.81	86.22
Data subset 4	78.42	77.27	76.81	76.58	78.42	77.43	76.73	76.27	76.04	75.97
Data subset 5	80.49	80.15	80.04	80.15	80.49	80.04	79.82	80.04	79.38	79.71
Data subset 6	68.14	69.79	69.13	69.12	68.02	69.69	69.02	68.79	68.01	68.90
Data subset 7	80.43	80.32	80.37	80.32	80.37	80.26	80.49	80.32	80.37	80.43
Data subset 8	73.79	73.59	73.19	73.03	73.71	73.59	73.08	73.08	72.57	73.19
平均值	76.12	75.94	75.66	75.61	76.11	75.71	75.48	75.63	75.06	75.41

由表 4.17 可以看出，提出的改进的 OVO 策略和 DRCW-OVO 策略得到的 AA 值要明显高于采用 V-OVO 策略和 WV-OVO 策略得到的 AA 值。然而，提出的改进的 OVO 策略和 DRCW-OVO 策略得到的 AA 值的高低取决于实验中使用的 K 值和数据集。为了得到更有意义的结论，本书采用 Wilcoxon 检验来验证使用改进的 OVO 策略得到的 AA 值与已有 OVO 策略得到的 AA 值之间是否存在显著性差异。由于提出的改进的 OVO 策略和 DRCW-OVO 策略使用了四种不同的 K

---

① M. Galar et al., "DRCW-OVO: Distance-based Relative Competence Weighting Combination for One-vs-one Strategy in Multi-Class Problems", *Pattern Recognition*, Vol. 48, No. 1, 2015, pp. 28 – 42.

值（$K=1$、5、10 和 20），因此每个数据集都有关于这两种 OVO 策略的四个 AA 值。为了应用 Wilcoxon 检验，V-OVO 策略和 WV-OVO 策略在每个数据集中得到的 AA 值被重复使用四次以保证每种 OVO 策略得到的 AA 值的数量是相同的。最终，得到的 Wilcoxon 检验结果见表 4.18。由表 4.18 可以看出，提出的 OVO 策略得到的 AA 值要高于其他三种 OVO 策略得到的 AA 值，并且改进的 OVO 策略得到的 AA 值与已有 OVO 策略得到的 AA 值之间存在显著性差异，显著水平为 95%。

表 4.18　　**本书提出的 OVO 策略与已有 OVO 策略得到的结果之间**
显著性差异的 Wilcoxon 检验结果

	R^+	R^-	Hypothesis	p-Value
本书提出的 OVO 策略 vs. V-OVO 策略	463	33	Rejected forV-OVO at 95%	0.000
本书提出的 OVO 策略 vs. WV-OVO 策略	390	75	Rejected forWV-OVO at 95%	0.001
本书提出的 OVO 策略 vs. DRCW-OVO 策略	243.5	81.5	Rejected forDRCW-OVO at 95%	0.029

第五节　本章小结

本章研究了面向服务属性的在线评论的多粒度情感分类问题，首先，给出了在线评论的多粒度情感分类问题的研究背景；其次，给出基于在线评论的服务属性的提取过程；再次，进行了多粒度情感分类中特征选择和机器学习算法有效性的比较研究；最后，给出了基于改进 OVO 策略和 SVM 策略的多粒度情感分析方法并通过实验验证了所提出方法的有效性。本章的主要工作和学术贡献总结如下。

第一，比较分析了多粒度情感分类中常用的特征选择算法（DF、CHI、IG 和 GR）与机器学习算法（DT、NB、SVM、RBFNN

和 KNN）有效性。基于 3600 次实验，得到如下结论：① 就分类精度而言，四种特征选择算法的排名是 GR > IG > CHI > DF；在运行时间上，四种特征选择算法的排序是 IG > GR > DF > CHI，但在 GR 与 IG、GR 与 DF、IG 与 DF 得到的结果之间没有显著差异；②就分类精度而言，五种机器学习算法的排名是 SVM > RBFNN > NB > DT > KNN；在运行时间上，五种机器学习算法的排序是 KNN > NB > RBFNN > SVM > DT。得到的上述结论为后续开发新的多粒度情感分类算法奠定了基础。

第二，提出了一种新的多粒度情感分类算法，即基于改进 OVO 策略和 SVM 策略的多粒度情感分类方法，并通过实验验证了提出方法的有效性，这为进一步进行基于在线评论的挖掘与分析工作奠定了良好的基础。

本章提出的方法较好地解决了面向服务属性的在线评论的多粒度情感分类问题，不仅丰富了相关研究成果，还能较好地应用于解决实际的多粒度文本分类问题。

第 五 章

基于在线评论的服务属性
Kano 分类方法

由第三章给出的基于在线评论情感分析的服务属性分类与服务要素配置方法研究框架可知，基于在线评论的服务属性 Kano 分类是基于在线评论情感分析的服务属性分类与服务要素配置方法研究的核心环节之一。本章将围绕基于在线评论的服务属性 Kano 分类问题进行研究。首先，给出基于在线评论的服务属性 Kano 分类研究问题的背景；其次，给出基于在线评论的服务属性 Kano 分类方法的框架；再次，给出基于在线评论的有用信息挖掘方法、顾客对服务属性的情感对整体满意度影响的测量方法和服务属性 Kano 分类方法；最后，通过给出一个实例来说明提出的方法的可行性。

第一节　研究问题的背景与描述

Kano 模型是 Noriaki Kano 在 20 世纪 80 年代提出的一种对服务/产品属性进行分类的工具。[1] 通过 Kano 模型，可以将服务/产品属

---

[1]　N. Kano et al. , "Attractive Quality and Must-be Quality", *Journal of Japanese Society for Quality Control*, Vol. 14, No. 2, 1984, pp. 39 –48; Q. Xu et al. , "An Analytical Kano Model for Customer Need Analysis", *Design Studies*, Vol. 30, No. 1, 2009, pp. 87 – 110.

性分成不同的类别并确定它们的优先排序。确定服务属性 Kano 类别对于企业进行服务设计和改进具有重要作用。[①] 传统的，对服务属性进行 Kano 分类主要是基于通过问卷调查获取的数据来实施的。[②] 因此，有必要考虑使用其他数据源来对服务属性进行 Kano 分类。本章基于在线评论进行分析。

目前，关于基于在线评论对服务属性进行 Kano 分类的研究还非常少见。Xiao 等[③]提出了一个基于在线评论的顾客偏好测量模型。在他们的研究中，基于半结构化（或者结构化）的在线评论，确定了顾客对产品属性的情感倾向。基于打分行为信息，通过采用每个评论者的标准化的网页排序值（page rank value）构建一个顾客信任网络，并使用这个构建的网络确定了顾客的整体位置或者信誉。在此基础上，通过构建一个改进的排序选择模型（ordered choice model）来测量顾客的偏好。此外，基于排序选择模型的分析结果，通过提出一种基于效用的 Kano 模型将产品属性分成了六种类型，即基本型（basic）、一维型（performance）、兴奋型（excitement）、需要创新型（innovation-needed）、反向型（reverse）和有分歧型（divergent）。Qi 等[④]从产品改进的角度提出了一种基于在线评论的顾

① C. C. Chen, M. C. Chuang, "Integrating the Kano Model into a Robust Design Approach to Enhance Customer Satisfaction with Product Design", *International Journal of Production Economics*, Vol. 114, No. 2, 2008, pp. 667–681.

② E. K. Delice, Z. Güngör, "A Mixed Integer Goal Programming Model for Discrete Values of Design Requirements in QFD", *International Journal of Production Research*, Vol. 49, No. 10, 2011, pp. 2941–2957; A. Shahin, "Integration of FMEA and the Kano Model: An Exploratory Examination", *International Journal of Quality & Reliability Management*, Vol. 21, No. 7, 2004, pp. 731–746; Y. Sireli, P. Kauffmann, E. Ozan, "Integration of Kano's Model into QFD for Multiple Product Design", *IEEE Transactions on Engineering Management*, Vol. 54, No. 2, 2007, pp. 380–390.

③ S. Xiao, C. P. Wei, M. Dong, "Crowd Intelligence: Analyzing Online Product Reviews for Preference Measurement", *Information & Management*, Vol. 53, No. 2, 2016, pp. 169–182.

④ J. Qi et al., "Mining Customer Requirements from Online Reviews: A Product Improvement Perspective", *Information & Management*, Vol. 53, No. 8, 2016, pp. 951–963.

客需求挖掘方法。在他们的研究中，首先，通过提出一种评论有用性分析方法从在线评论中选出了对产品改进有帮助的在线评论。其次，采用 LDA 从在线评论中提取出产品属性，并通过使用基于词典的情感分析算法确定了这些属性的情感倾向。最后，通过采用一种基于联合分析的方法确定了产品属性的权重及类别。

上述研究对基于在线评论的服务属性 Kano 分类具有重要意义。而在进行实际应用时，上述研究仍然存在一些局限。用上述研究中的方法进行参数估计的一个潜在假设是在线评价（顾客满意度）服从高斯分布，但是这个假设并不总是能够被满足的。实际上，在多数情况下，在线评价（顾客满意度）服从一个正偏斜的、不对称的双峰（或"J"形）分布。[①] 此外，已有研究假设评论者发表的在线评价（顾客满意度）是该评论者发表的在线评论中的所有提到的服务/产品属性的情感倾向的线性组合。然而，实际上从在线评论中提取的服务/产品属性与问卷调查设计的服务/产品属性并不相同，从在线评论中提取的服务/产品属性与顾客满意度之间可能存在复杂的关系（例如多重共线和非线性关系等）。因此，有必要对基于在线评论的服务属性 Kano 分类做进一步研究。

第二节　基于在线评论的服务属性
Kano 分类方法的框架

本节给出一个基于在线评论的服务属性 Kano 分类的框架，如图5.1 所示。下面给出基于在线评论的服务属性 Kano 分类的框架中三个研究部分的具体描述。

---

① N. Hu, P. A. Pavlou, J. J. Zhang, "On Self-Selection Biases in Online Product Reviews", *MIS Quarterly*, Vol. 41, No. 2, 2017, pp. 449 – 471; N. Hu, P. A. Pavlou, J. Zhang, "Why Do Product Reviews Have a J-Shaped Distribution?", *Communications of the ACM*, Vol. 52, No. 10, 2009, pp. 144 – 147.

部分 1：基于在线评论的有用信息的挖掘。

由于从相关网站上获取的在线评论属于非结构化的文本信息，因此在线评论不能直接被用来进行相关决策分析。该部分的主要目的就是将非结构化的在线评论转化成可以用来进一步做服务属性 Kano 分类的结构化数据，即挖掘顾客对服务属性的正向和负向情感倾向。具体的，该部分主要包括两个阶段：基于 LDA 的服务属性的提取和基于 SVM 的关于服务属性的情感倾向的识别。

部分 2：测量顾客对服务属性的情感对顾客满意度的影响。

顾客发表的在线评价（顾客满意度）是该顾客发表的在线评论中所有提到的服务属性的情感倾向的复杂组合。依据部分 1 中得到的在线评论对应的结构化数据和顾客满意度，该部分主要通过提出一种基于自适应 Boosting 神经网络模型（Adaptive Boosting Neural Network Model，ABNNM）来测量顾客的正向和负向情感倾向对顾客满意度的影响。

部分 3：对服务属性进行 Kano 分类。

识别服务属性的 Kano 类别对于服务的改进以及顾客满意度的有效提升是非常有帮助的。依据部分 2 中得到的顾客的正向和负向情感倾向对顾客满意度的影响，该部分主要是通过提出一种基于影响的 Kano 模型（Effect-based Kano Model，EKM）来将服务属性分成五种类别，即基本型、一维型、兴奋型、反向型和无差异型。

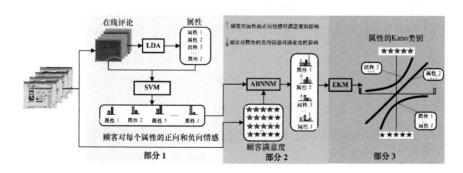

图 5.1　基于在线评论的服务属性 Kano 分类的框架

第三节 基于在线评论的有用信息的挖掘

由于在线评论是书面形式的文本信息，不能直接将其用来进行分析。为了基于在线评论对服务属性进行 Kano 分类，首先需要从在线评论中挖掘有用信息，即将非结构化形式的在线评论转化为能够直接用于分析建模的结构化数据。在该部分，基于在线评论的有用信息的挖掘主要包括两个阶段：基于 LDA 的服务属性的提取和基于 SVM 的服务属性的情感倾向的识别。

一 基于 LDA 的服务属性的提取

由前文基于在线评论的服务属性的提取过程可知，基于 LDA 从在线评论中提取服务属性的过程主要包括两个步骤：在线评论的预处理和服务属性的提取。

（一）在线评论的预处理

在线评论中不仅包含有关服务及其重要属性的词汇，还包含大量与服务及其重要属性不相关的词汇。为了提高关于服务重要属性提取的效率，需要对在线评论进行预处理。令 $R = \{r_1, r_2, \cdots, r_M\}$，表示 M 个在线评论的集合，其中，r_m 表示 R 中的第 m 条在线评论，$m = 1, 2, \cdots, M$。在该部分中，首先对在线评论进行分词和词性标注，然后剔除停用词、程度词等不相关词汇。通过统计每个词汇在每条评论中出现的概率可以得到"评论—词汇"矩阵，记为 $X_{M \times N}$，其中 M 表示在线评论的数量，N 表示预处理后的评论中包含的词汇的数量。

（二）服务属性的提取

依据得到的 $X_{M \times N}$，基于 LDA 的生成过程可以对 LDA 模型进行训练。[1]

---

[1] D. M. Blei, A. Y. Ng, M. I. Jordan, "Latent Dirichlet Allocation", *Journal of Machine Learning Research*, Vol. 3, 2003, pp. 993 – 1022.

训练好的 LDA 模型的输出包括"评论—主题"矩阵、"主题—词汇"矩阵和主题列表。由于提取的主题中可能包含噪声词汇，不同的主题可能会具有相似的含义，为了得到更加合理的结果，决策者可以手动剔除噪声词汇，合并具有相似含义的主题，选择关注的主题并对其进行命名。每个主题可以被认为是一个服务属性。令 I 表示提取的属性（主题），J_i 表示第 i 个主题中高频词汇的数量。第 i 个主题可以被表示为 $f_i = \{word_{i1}, word_{i2}, \cdots, word_{iJ_i}\}$，其中，$word_{ij}$ 表示第 i 个主题中第 j 个高频词汇，$i = 1, 2, \cdots, I$；$j = 1, 2, \cdots, J_i$。

二 基于 SVM 的服务属性的情感倾向的识别

令 $R_i = \{r_{i1}^l, \cdots, r_{ic}^k, \cdots, r_{iC_i}^g\}$，表示在线评论集合 R 中关于第 i 个属性的在线评论的集合，其中，r_{ic}^k 表示从在线评论 R 中提取的第 k 条评论且表示 R_i 中的第 c 条评论，C_i 表示关于第 i 个属性的在线评论的数量，l，$k, g \in \{1, 2, \cdots, M\}$。这里 r_{ic}^k 的第二个下标（c）主要是用来记录 r_{ic}^k 在 R_i 中的位置，其目的是记录 R_i 中的评论的数量；r_{ic}^k 的上标（k）主要是用来记录 r_{ic}^k 在原始评论 R 中的位置，其目的是将提取出的评论映射到原始评论，以便后续对情感分析结果进行统计分析。为了得到 R_i，首先，依据标点符号将 R 中的在线评论分成句子。然后，依据得到的 $f_i = \{word_{i1}, word_{i2}, \ldots, word_{iJ_i}\}$，通过提取 R 中包含词汇 $word_{ij}$ 的语句确定 R_i，$i = 1, 2, \cdots, I$；$j = 1, 2, \cdots, J_i$。特别的，如果在一条评论中有多个关于同一属性的语句，那么需要预先将这些语句进行合并。

依据得到的 $R_i = \{r_{i1}^l, \cdots, r_{ic}^k, \cdots, r_{iC_i}^g\}$，可以采用 SVM 来识别服务属性的在线评论的情感倾向。采用 SVM 进行情感分类的过程主要包括两个步骤：基于 BOW 模型的特征构建和基于标注情感类别的文本的 SVM 情感分类器训练。基于这两个步骤，可以得到一个训练好的具有分类能力的 SVM 情感分类器。采用训练好的情感分类器，可以确定 R_i 中的每条在线评论的情感倾向。

依据 R_i 中的在线评论的情感倾向，可以确定在线评论 r_m 关于属性 f_i

的情感倾向, $i = 1,2,\cdots,I$; $m = 1,2,\cdots,M$ 。这个结果可以被转换成名义型编码数据, 如表 5.1 所示。在表 5.1 中, "Missing value" 表示在线评论 r_m 中没有关于属性 f_i 的在线评论内容, $i = 1,2,\cdots,I$; $m = 1,2,\cdots,M$ 。

表 5.1　　　　　　　　　　　在线评论对应的名义型编码数据

在线评论	属性			
	f_1	f_2	$\cdots$	f_I
r_1	Positive	Missing value	$\cdots$	Missing value
r_2	Negative	Missing value	$\cdots$	Positive
$\vdots$	$\vdots$	$\vdots$	$\vdots$	$\vdots$
r_M	Missing value	Positive	$\cdots$	Negative

令 * 表示在线评论 r_m 关于属性 f_i 的情感倾向, 其中 * $\in$ { Pos, Neg } , $i = 1,2,\cdots,I$; $m = 1,2,\cdots,M$ 。通过式 (5.1) 可以将表 5.1 中的名义型编码数据转换为结构化数据, 如表 5.2 所示。由表 5.2 可知, 如果在线评论 r_m 关于属性 f_i 的情感倾向为正, 那么 $S_{im}^{\text{Pos}} = 1$ 且 $S_{im}^{\text{Neg}} = 0$; 如果在线评论 r_m 关于属性 f_i 的情感倾向为负, 那么 $S_{im}^{\text{Pos}} = 0$ 且 $S_{im}^{\text{Neg}} = 1$; 如果在线评论 r_m 关于属性 f_i 的情感倾向为缺失值, 那么 $S_{im}^{\text{Pos}} = 0$ 且 $S_{im}^{\text{Neg}} = 0$, $i = 1,2,\cdots,I$; $m = 1,2,\cdots,M$ 。

$$S_{im}^* = \begin{cases} 1, & \text{情感倾向为 *} \\ 0, & \text{否则} \end{cases},$$

$$i = 1,2,\cdots,I ; m = 1,2,\cdots,M \qquad (5.1)$$

表 5.2　　　　　　　　　　　在线评论对应的结构化数据

在线评论	属性						
	f_1		f_2		$\cdots$	f_I	
	S_1^{Pos}	S_1^{Neg}	S_2^{Pos}	S_2^{Neg}	$\cdots$	S_I^{Pos}	S_I^{Neg}
r_1	1	0	0	0	$\cdots$	0	0
r_2	0	1	0	0	$\cdots$	1	0

续表

在线评论	属性							
	f_1		f_2		$\cdots$		f_I	
	S_1^{Pos}	S_1^{Neg}	S_2^{Pos}	S_2^{Neg}	$\cdots$		S_I^{Pos}	S_I^{Neg}
$\vdots$	$\vdots$	$\vdots$	$\vdots$	$\vdots$	$\vdots$		$\vdots$	$\vdots$
r_M	0	0	1	0	$\cdots$		0	1

第四节　顾客对服务属性的情感对 整体满意度影响的测量

已有的关于测量顾客对服务属性的情感对整体满意度影响的研究的潜在假设是在线评价（顾客满意度）服从高斯分布。此外，已有研究假设评论者发表的在线评价（顾客满意度）是该评论者发表的在线评论中所有提到的服务/产品属性的情感倾向的线性组合。[①] 然而，在许多实际问题中这些假设很难被满足。具体原因如下：（1）在多数情况下，在线评价（顾客满意度）服从一个正偏斜的、不对称的双峰（或"J"形）分布；[②] （2）从在线评论中提取的服务/产品属性与问卷调查设计的服务/产品属性并不相同，从在线评论中提取的服务/产品属性与顾客满意度之间可能存在复杂的关系（例如多重共线和非线性关系等）。考虑到在线评论的上述特征，本节提出 ABNNM 来测量顾客对服务属性的情感对整体满意度的影响，ABNNM 的训练过程如图 5.2 所示。

[①] S. Xiao, C. P. Wei, M. Dong, "Crowd Intelligence: Analyzing Online Product Reviews for Preference Measurement", *Information & Management*, Vol. 53, No. 2, 2016, pp. 169 – 182; J. Qi et al., "Mining Customer Requirements from Online Reviews: A Product Improvement Perspective", *Information & Management*, Vol. 53, No. 8, 2016, pp. 951 – 963.

[②] N. Hu, P. A. Pavlou, J. J. Zhang, "On Self-Selection Biases in Online Product Reviews", *MIS Quarterly*, Vol. 41, No. 2, 2017, pp. 449 – 471; N. Hu, P. A. Pavlou, J. Zhang, "Why Do Product Reviews Have a J-Shaped Distribution?", *Communications of the ACM*, Vol. 52, No. 10, 2009, pp. 144 – 147.

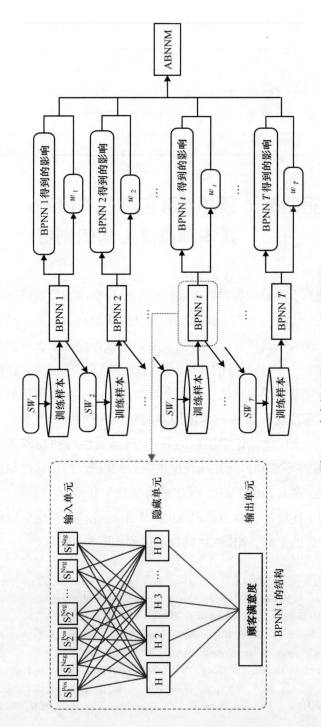

图 5.2   本书提出的 ABNNM 的训练过程

由图 5.2 可知，提出的 ABNNM 中包含了 T 个反向传播神经网络（Back Propagation Neural Networks，BPNNs）。通过将训练样本及其权重（SW_1）输入 BPNN 中，可以得到一个训练好的可以用来测量顾客对服务属性的情感对整体满意度影响的 BPNN 1。然后，依据 BPNN 1 的预测结果的误差，可以确定 BPNN 1 的权重（w_1）以及更新的样本权重（SW_2）。进一步地，通过将训练样本和更新的样本权重（SW_2）输入 BPNN 中，可以得到第二个训练好的神经网络 BPNN 2。将上述过程迭代 T 次，可以得到 T 个训练好的 BPNN 及其对应的权重。将得到 T 个训练好的 BPNN 及其对应的权重进行集成可以得到 ABNNM，ABNNM 可以用来测量顾客对服务属性的情感对整体满意度的影响。

为了给出 ABNNM 的具体描述，下面首先给出一些定义。令 $x_m = (S_{1m}^{Pos}, S_{1m}^{Neg}, \cdots, S_{im}^{Pos}, S_{im}^{Neg}, \cdots, S_{Im}^{Pos}, S_{Im}^{Neg})$，表示 r_m 对应的结构化数据，满足 S_{im}^{Pos}，$S_{im}^{Neg} \in \{0,1\}$，$S_{im}^{Pos} + S_{im}^{Neg} \leq 1$，$i = 1,2,\cdots,I$；$m = 1, 2,\cdots,M$。令 y_m 表示 r_m 对应的顾客满意度，$m = 1,2,\cdots,M$。然后，x_m 和 y_m 可以组成训练集，记为 $D = \{(x_1,y_1), (x_2,y_2),\cdots, (x_M, y_M)\}$，$m = 1,2,\cdots,M$。令 T 表示迭代次数（BPNNs 的数量）。令 $SW_t = [sw_t(1), sw_t(2),\cdots,sw_t(M)]$，表示第 t 次迭代时的训练样本权重向量，其中，$sw_t(m)$ 表示第 m 个训练样本在第 t 次迭代时的权重，$m = 1,2,\cdots,M$；$t = 1, 2, \cdots, T$。基于上述定义，关于 ABNNM 的具体过程可以描述为如下七个步骤。

1. 模型初始化

将 t 的值初始化为 1。令 $SW_1 = \{sw_1(1), sw_1(2),\cdots,sw_1(M)\}$，表示初始的样本权重，其中，$sw_1(m) = \dfrac{1}{M}$，$m = 1,2,\cdots,M$。此外，也对神经网络的权重和偏置进行随机初始化。

2. 采用 BPNN t 进行预测

使用训练样本 $D = \{(x_1,y_1), (x_2,y_2),\cdots, (x_M,y_M)\}$ 和其对应的权重向量 $SW_t = \{sw_t(1), sw_t(2),\cdots,sw_t(M)\}$，可以训练 BPNN t，

即可以建立回归关系 $f_t(x_m) \rightarrow y_m$，$m = 1, 2, \cdots, M$。BPNN t 的绝对误差 $\xi_t(m)$ 可以采用式（5.2）进行计算。

$$\xi_t(m) = |f_t(x_m) - y_m|, \quad m = 1, 2, \cdots, M \tag{5.2}$$

3. 计算 BPNN t 的权重

依据得到的 $\xi_t(m)$，可以用式（5.3）计算 BPNN t 的权重（w_t）。

$$w_t = \frac{1}{2} \times \frac{1}{\exp(\sum_{m=1}^{M} |\xi_t(m)|)} \tag{5.3}$$

4. 更新训练样本权重

依据得到的 $\xi_t(m)$，第 m 个训练样本在第 $t + 1$ 次迭代的权重 $sw_{t+1}(m)$ 可以用式（5.4）计算。

$$sw_{t+1}(m) = \begin{cases} \dfrac{sw_t(m) \times 1.1}{B_t}, & \xi_m > \theta \\[3mm] \dfrac{sw_t(m)}{B_t}, & \xi_m \leqslant \theta \end{cases}, \quad m = 1, 2, \cdots, M \tag{5.4}$$

其中，θ 表示训练样本权重更新的阈值，B_t 表示标准化因子，其目的是使样本权重满足 $\sum_{m=1}^{M} sw_{t+1}(m) = 1$。

5. 确定迭代是否终止

令 $t = t + 1$。如果 $t < T$，那么返回步骤（2）。否则，$t = T$，跳转到步骤（6）。

6. 采用单个 BPNN 计算顾客对服务属性的情感对整体满意度的影响

在结束 T 次迭代之后，可以得到 T 个训练好的 BPNNs（BPNN 1，BPNN 2，$\cdots$，BPNN T）和 T 个 BPNNs 的权重（$w_1, w_2, \cdots, w_T$）。令 w_{iht}^{Pos}（w_{iht}^{Neg}）表示第 t 个 BPNN 的输入单元 S_i^{Pos}（S_i^{Neg}）和第 h 个隐藏单元之间的权重，$i = 1, 2, \cdots, I$；$h = 1, 2, \cdots, H$；$t = 1, 2, \cdots, T$。令 w_{ht} 表示第 t 个 BPNN 的第 h 个隐藏单元和输出单元之间的权重，$h = 1, 2, \cdots, H$；$t = 1, 2, \cdots, T$。令 W_{it}^{Pos} 和 W_{it}^{Neg} 分别表示采用第 t 个 BPNN

得到的顾客对服务属性的正向情感和负向情感对整体满意度的影响。
W_{it}^{Pos} 和 W_{it}^{Neg} 可以分别用式（5.5）和式（5.6）进行计算。

$$W_{it}^{\text{Pos}} = \frac{\displaystyle\sum_{h=0}^{H}(w_{iht}^{\text{Pos}} \times w_{ht})}{\displaystyle\sum_{i=0}^{I}\sum_{h=0}^{H}|w_{iht}^{\text{Pos}} \times w_{ht}| + \sum_{i=0}^{I}\sum_{h=0}^{H}|w_{iht}^{\text{Neg}} \times w_{ht}|} \tag{5.5}$$

$$W_{it}^{\text{Neg}} = \frac{\displaystyle\sum_{h=0}^{H}(w_{iht}^{\text{Neg}} \times w_{ht})}{\displaystyle\sum_{i=0}^{I}\sum_{h=0}^{H}|w_{iht}^{\text{Pos}} \times w_{ht}| + \sum_{i=0}^{I}\sum_{h=0}^{H}|w_{iht}^{\text{Neg}} \times w_{ht}|} \tag{5.6}$$

其中，$i = 1, 2, \cdots, I$；$t = 1, 2, \cdots, T$。

7. 采用 ABNNM 计算顾客对服务属性的情感对整体满意度的影响

令 $\overline{W}_i^{\text{Pos}}$ 和 $\overline{W}_i^{\text{Neg}}$ 分别表示采用 ABNNM 得到的顾客对服务的第 i 个属性的正向情感和负向情感对整体满意度的影响。$\overline{W}_i^{\text{Pos}}$ 和 $\overline{W}_i^{\text{Neg}}$ 可以分别用式（5.7）和式（5.8）进行计算。

$$\overline{W}_i^{\text{Pos}} = \sum_{t=1}^{T} \bar{w}_t \times W_{it}^{\text{Pos}}, \ i = 1, 2, \cdots, I \tag{5.7}$$

$$\overline{W}_i^{\text{Neg}} = \sum_{t=1}^{T} \bar{w}_t \times W_{it}^{\text{Neg}}, \ i = 1, 2, \cdots, I \tag{5.8}$$

其中，$\bar{w}_t$ 表示 BPNN t 的归一化权重。可以用式（5.9）对 $\bar{w}_t$ 进行计算。

$$\bar{w}_t = \frac{w_t}{\displaystyle\sum_{t=1}^{T} w_t}, \ t = 1, 2, \cdots, T \tag{5.9}$$

第五节　服务属性 Kano 分类

依据得到的 $\overline{W}_i^{\text{Pos}}$、$\overline{W}_i^{\text{Neg}}$ 以及 Kano 模型的基本原理，本节提出一种基于影响的 Kano 模型（Effect-based Kano Model，EKM）

来识别服务属性的 Kano 类别。提出的 EKM 的核心思想如图 5.3
所示。

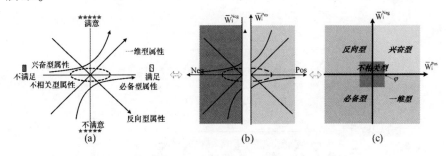

图 5.3　提出的 EKM 的核心思想

在图 5.3（a）中，正向情感倾向被认为是服务的属性满足了顾
客的需求（表示为▣），负向情感倾向被认为是服务的属性未满足顾
客的需求（表示为▣），顾客发表的在线评价被认为是顾客对服务的
整体满意度。

在图 5.3（b）中，$\overline{W}_i^{Pos}$ 被认为是当关于服务属性 f_i 的需求被满
足时，服务属性 f_i 对顾客整体满意度的影响；$\overline{W}_i^{Neg}$ 被认为是当关于服
务属性 f_i 的需求未被满足时，服务属性 f_i 对顾客整体满意度的影响。
下面给出关于 $\overline{W}_i^{Pos}$ 和 $\overline{W}_i^{Neg}$ 的详细介绍。

$\overline{W}_i^{Pos} > 0$ 表示如果顾客对服务属性 f_i 的需求被满足，那么顾客的
整体满意度将会增加；$\overline{W}_i^{Pos} \leqslant 0$ 表示如果顾客对服务属性 f_i 的需求被
满足，那么顾客的整体满意度将不会增加；$\overline{W}_i^{Neg} \geqslant 0$ 表示如果顾客对
服务属性 f_i 的需求未被满足，那么顾客的整体满意度将不会降低；
$\overline{W}_i^{Neg} < 0$ 表示如果顾客对服务属性 f_i 的需求未被满足，那么顾客的整
体满意度将会降低；在图 5.3（c）中，依据 Kano 模型的基本原理
以及 $\overline{W}_i^{Pos}$ 和 $\overline{W}_i^{Neg}$ 的具体含义，可以将服务属性 f_i 分成五种类别。下
面给出具体的分类条件。

当 $|\overline{W}_i^{Pos}| < \varphi$ 且 $|\overline{W}_i^{Neg}| < \varphi$，即服务属性 f_i 对顾客整体满意度的
影响非常小，那么 f_i 为无差异型属性。需要说明的是，φ 表示用来确

定一个属性是否为无差异型属性的阈值。否则，可以按照如下规则将服务的属性 f_i 分成其他类型：如果 $\overline{W}_i^{\text{Pos}} \leqslant 0$ 且 $\overline{W}_i^{\text{Neg}} < 0$，那么 f_i 属于必备型属性；如果 $\overline{W}_i^{\text{Pos}} \leqslant 0$ 且 $\overline{W}_i^{\text{Neg}} \geqslant 0$，那么 f_i 属于反向型属性；如果 $\overline{W}_i^{\text{Pos}} > 0$ 且 $\overline{W}_i^{\text{Neg}} < 0$，那么 f_i 属于一维型属性；如果 $\overline{W}_i^{\text{Pos}} > 0$ 且 $\overline{W}_i^{\text{Neg}} \geqslant 0$，那么 f_i 属于兴奋型属性。

第六节　实例分析

本节以实例分析来进一步说明提出的方法的可行性和潜在应用。需要说明的是，本章提出的基于在线评论的服务属性 Kano 分类方法同样可以对产品属性进行 Kano 分类。为了便于和已有研究进行比较，来更好地说明提出方法的有效性，这里与已有研究一样，采用手机产品为研究对象进行实例分析。实例分析中的在线评论是从中关村在线网站（http：//mobile.zol.com.cn/）中爬取的。下面首先介绍一下实例分析中使用的数据，然后给出实例分析的过程和一些重要的实验结果。

一　实验数据

本部分以手机产品为研究对象。从中关村在线中收集了 25314 条关于 6 个流行品牌的 57 种不同型号的手机，如表 5.3 所示。其中，#N 表示在线评论的数量，#ANC 表示平均每条评论中汉字的数量。由表 5.3 可知，多数手机品牌的在线评论数量大于 3500 条。此外，平均每条在线评论中的汉字的数量要大于 81 个。

表5.3　实验数据的详细信息

	型号	#N	#ANC
华为	Mate 7，Mate 8，Mate 9，Nova，P8，P9，P9 Plus，P9 Pro，P9 Porsche，Imagine 5	2739	86
苹果	5，5C，5S，6，6Plus，6S，6S Plus，7，SE	6138	85

	型号	#N	#ANC
魅族	MX5，MX6，Note 3，Note 5，Pro 5，Pro 6，Meilan 3s，Pro 6 Plus，Meilan3，Meilan 3s High Edition	5221	115
三星	A5，A7，C5，C7，C9，NOTE 4，Note 5，S7 Edge，S7 G9300	3511	85
Vivo	Xplay6，X7，X79，X9，X9 Plus，Xplay 3S，Xplay 5，Xshot	4074	100
小米	Redmi 3s，Redmi Note 2，Redmi Note 3，Redmi 3，Redmi Note4，4C，4S，5，5S，MAX，NOTE	3631	81

二 基于在线评论的有用信息的挖掘

依据前文基于 LDA 的属性的提取过程，采用 LDA 从 25314 条手机在线评论中提取手机属性。过滤掉采用 LDA 提取的主题中的噪声词汇，合并具有类似含义的主题，并对每个主题分配一个标签，最终得到了 18 个手机属性，如表 5.4 所示。在表 5.4 中，J_i 表示提取的手机属性 f_i 中包含的高频词汇的数量，$i = 1, 2, \cdots, 18$。#TF 表示手机属性 f_i 中包含的高频词汇在所有评论中出现的总频次。由表 5.4 可知，电池和相机是顾客最为关注的两个属性，它们在评论中出现的次数都大于 20000。在剩余的 16 个属性中，顾客更加关心屏幕、感受、价格、外观和系统，这 5 个属性在评论中出现的次数都大于 10000。依据前文基于 SVM 的在线评论情感倾向识别过程，使用 2316 个标注好情感倾向的手机在线评论训练了一个SVM 情感分类器。用这个训练好的情感分类器，可以确定每条评论关于每个属性的情感倾向。在此基础上，可以统计每个手机属性在所有评论中的情感倾向，结果如图 5.4 所示。由图 5.4 可知，对于绝大多数手机属性来说，正向评论的数量要多于负向评论的数量。依据式（5.1），可以将图 5.4 中的名义型编码数据转为结构化数据。

表5.4　　　　　　　基于 LDA 的从在线评论中提取的手机属性

	属性	J_i	#TF		属性	J_i	#TF
f_1	电池（Battery）	32	25447	f_{10}	游戏（Game）	24	5024
f_2	相机（Camera）	30	24708	f_{11}	材质（Material）	29	6163
f_3	屏幕（Screen）	28	14314	f_{12}	内存（Memory）	22	4467
f_4	感受（Feeling）	31	13437	f_{13}	声音（Voice）	24	6690
f_5	服务（Service）	29	2553	f_{14}	通话（Communication）	18	1381
f_6	指纹识别（Fingerprint identification）	27	8939	f_{15}	处理器（CPU）	27	3114
f_7	外观（Appearance）	26	11307	f_{16}	价格（Price）	24	13369
f_8	系统（System）	21	10674	f_{17}	按键（Keyboard）	17	603
f_9	易于使用（Easy to use）	19	766	f_{18}	应用程序（App）	27	3803

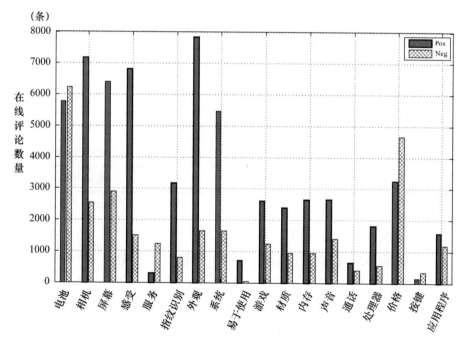

图5.4　每个手机属性在所有评论中的情感倾向的统计结果

三 测量顾客对属性的情感对顾客满意度的影响

依据前文得到的结构化数据，可以训练 ABNNM（$T = 500$ 和 $H = 37$）。随着 t 从 1 到 500 逐渐增加，记录了 $\overline{W}_i^{\mathrm{Pos}}$ 和 $\overline{W}_i^{\mathrm{Neg}}$ 的值，结果如图 5.5 所示，$i = 1, 2, \cdots, 18$。由图 5.5 可知，随着 t 的增加，$\overline{W}_i^{\mathrm{Pos}}$ 和 $\overline{W}_i^{\mathrm{Neg}}$ 的值逐渐平稳，在 $t = 250$ 时，$\overline{W}_i^{\mathrm{Pos}}$ 和 $\overline{W}_i^{\mathrm{Neg}}$ 收敛。因此，$\overline{W}_i^{\mathrm{Pos}}$ 和 $\overline{W}_i^{\mathrm{Neg}}$ 对应 $t = 250$ 时得到的值用来作为实验的最终结果，如表 5.5 所示。

表 5.5 在 t = 250 时采用 ABNNM 得到的关于 $\overline{W}_i^{\mathrm{Pos}}$ 和 $\overline{W}_i^{\mathrm{Neg}}$ 的值

属性	$\overline{W}_i^{\mathrm{Pos}}$	$\overline{W}_i^{\mathrm{Neg}}$	属性	$\overline{W}_i^{\mathrm{Pos}}$	$\overline{W}_i^{\mathrm{Neg}}$
f_1	0.0129	− 0.0155	f_{10}	0.0483	0.0353
f_2	0.0211	− 0.024	f_{11}	0.0302	0.0161
f_3	0.0046	− 0.0126	f_{12}	− 0.004	− 0.0183
f_4	0.0221	0.0115	f_{13}	0.0298	− 0.0257
f_5	− 0.0061	− 0.0112	f_{14}	− 0.0406	− 0.0086
f_6	0.0543	0.0194	f_{15}	− 0.0028	− 0.0188
f_7	0.0240	− 0.009	f_{16}	0.0114	0.0025
f_8	0.0588	0.014	f_{17}	− 0.0402	− 0.0153
f_9	− 0.0532	− 0.0493	f_{18}	− 0.0077	− 0.0076

四 属性的 Kano 分类

依据表 5.5 和提出的 EKM，可以确定上述 18 个手机属性的 Kano 类别，结果如图 5.6 所示。由图 5.6 可知，被识别为兴奋型属性的手机属性包括游戏、指纹识别、系统、材质、感受和价格，被识别为必备型属性的手机属性包括通话、按键、服务、应用程序、内存、易于使用和处理器，被识别为一维型属性的手机属性包括声

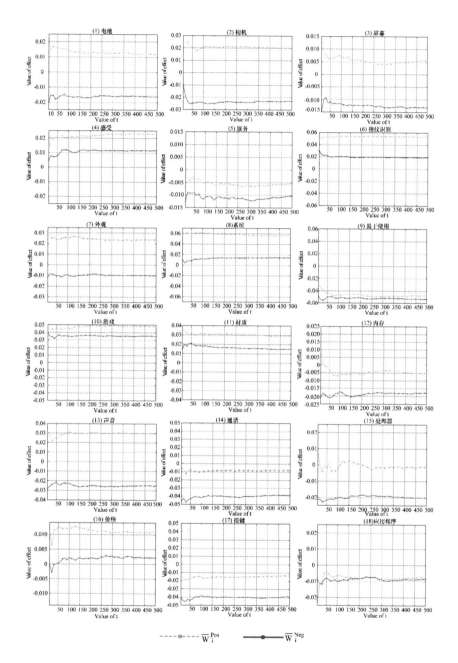

图 5.5　不同属性关于 $\overline{W}_i^{\text{Pos}}$ 和 $\overline{W}_i^{\text{Neg}}$ 针对的 t 值下的取值

音、相机、电池、屏幕和外观,没有属性被识别为反向型和无差异型属性。依据手机属性的 Kano 分类结果,可以确定手机改进策略中属性的优先级顺序。首先,必备型属性(通话、按键、服务、应用程序、内存、易于使用和处理器)代表了顾客对手机的基本需求。一旦这些需求没有被满足,顾客将会对手机表现出非常不满意。因此,手机制造商应该首先满足顾客对这些必备型属性的需求。其次,由于一维型属性(声音、相机、电池、屏幕和外观)需求的被满足程度与顾客满意度呈正相关关系,即这类属性需求被满足时顾客会感到满意,这类属性需求未被满足时顾客会表现出不满意。因此,在满足必备型需求的前提下,手机制造商应尽力满足顾客对一维型属性的需求。最后,因为兴奋型属性没有引起顾客不满意的潜在可能,所以兴奋型属性(游戏、指纹识别、系统、材质、感受和价格)的优先级别要低于必备型属性和一维型属性。需要说明的是,由于兴奋型属性可以提供广泛的差异化可能性,因此对具有差异化战略的手机制造商来说,兴奋型属性同样非常重要。

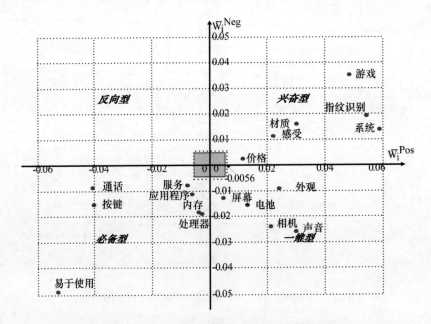

图 5.6 采用 EKM 得到的手机属性的分类结果

表 5.6　　　　　　　　　　　　　**三种方法的主要特点**

	Xiao 等的研究①	Qi 等的研究②	本书提出的方法
输入数据类型	半结构化/结构化评论	自由文本评论	自由文本评论
输入数据	在线评论，在线评价，评论者评价行为（例如，每个评论者发表的评论数量）	在线评论，在线评价，评论文本的相关描述（例如，有用性投票的数量）	在线评论，在线评价
主要考虑因素	每个评论者打分行为的异质性	在线评论的有用性	不同属性与顾客满意的之间的复杂关系
模型类型	线性模型	线性模型	非线性模型

五　结果比较分析

目前，关于基于在线评论对服务属性进行 Kano 分类的研究还非常少见。Xiao 等③提出的方法可以被认为是与本章提出的方法最相关的最先进方法，因此他们提出的方法作为基线方法与本书提出的方法进行比较。Xiao 等提出了一个基于在线评论的顾客偏好测量模型。在他们的研究中，基于半结构化（或结构化）的在线评论，确定了顾客对产品属性的情感倾向。然后，基于打分行为信息，通过采用每个评论者标准化的网页排序值（page rank value）构建一个顾客信任网络，并使用这个构建的网络确定顾客的整体位置或者信誉。在此基础上，通过构建一个改进的排序选择模型（ordered choice model）来测量顾客的偏好。此外，基于排序选择模型的分析结果，通过提出一种基于效用的 Kano 模型将产品属性分成了六种类型，即

---

① S. Xiao, C. P. Wei, M. Dong, "Crowd Intelligence: Analyzing Online Product Reviews for Preference Measurement", *Information & Management*, Vol. 53, No. 2, 2016, pp. 169 – 182.

② J. Qi et al., "Mining Customer Requirements from Online Reviews: A Product Improvement Perspective", *Information & Management*, Vol. 53, No. 8, 2016, pp. 951 – 963.

③ S. Xiao, C. P. Wei, M. Dong, "Crowd Intelligence: Analyzing Online Product Reviews for Preference Measurement", *Information & Management*, Vol. 53, No. 2, 2016, pp. 169 – 182; J. Qi et al., "Mining Customer Requirements from Online Reviews: A Product Improvement Perspective", *Information & Management*, Vol. 53, No. 8, 2016, pp. 951 – 963.

基本型、一维型、兴奋型、需要创新型（innovation-needed）、反向型（reverse）和有分歧型（divergent）。Qi 等从产品改进的角度提出了一种基于在线评论的顾客需求挖掘方法。在他们的研究中，首先，通过提出一种评论有用性分析方法，从在线评论中选出了对产品改进有帮助的在线评论。其次，采用 LDA 从在线评论中提取产品属性，并通过使用基于词典的情感分析算法确定了这些属性的情感倾向。最后，通过采用一种基于联合分析的方法确定了产品属性的权重及类别。

表 5.6 总结了三种方法关于"输入数据类型""输入数据""主要考虑因素""模型类型"等方面的主要特点。依据 Xiao 等①的研究中关于手机属性分类结果的相关报道，表 5.7 总结了三个研究的相关结果。由表 5.7 可知，三种方法提取的主要属性类似，例如屏幕、价格、电池、系统、外观和相机等。由表 5.4 中的数据可知，这些属性都是顾客非常关心的并且在评论中被提到的频率相对较高。但是，这三种方法得到的结果并不完全一致，这可能是如下四方面原因导致的：（1）三个研究使用的数据并不相同；（2）在进行人工辅助时，不同决策者的偏好可能不同；（3）三种方法的主要考虑因素或特点不同；（4）在测量顾客情感对顾客满意度的影响过程中，使用的模型的类型并不相同。因此，可以认为不同的方法具有不同的特点。与已有方法相比，本书提出的方法的主要特点或优势是引入了 ABNNM。ABNNM 是一种数据驱动的自适应模型，在进行数据拟合时并不需要假设顾客满意度服从高斯分布，引入 ABNNM 使得捕捉服务/产品属性和顾客满意度之间的复杂关系变得可能。

---

① S. Xiao, C. P. Wei, M. Dong, "Crowd Intelligence: Analyzing Online Product Reviews for Preference Measurement", *Information & Management*, Vol. 53, No. 2, 2016, pp. 169 – 182; J. Qi et al., "Mining Customer Requirements from Online Reviews: A Product Improvement Perspective", *Information & Management*, Vol. 53, No. 8, 2016, pp. 951 – 963.

表 5.7　　　　　　　　　　　**三个研究得到的结果**

	Xiao 等的研究	Qi 等的研究	本书提出的方法
屏幕	一维型	兴奋型	一维型
价格	兴奋型	兴奋型	兴奋型
电池	兴奋型	一维型	一维型
系统	兴奋型	兴奋型	兴奋型
外观	有分歧型	兴奋型	一维型
声音	一维型	—	一维型
易于使用	基本型	—	基本型
服务	有分歧型	—	基本型
应用程序	有分歧型	—	基本型
相机	一维型	基本型	一维型
处理器	—	基本型	基本型
感受	—	兴奋型	兴奋型
指纹识别	—	—	兴奋型
游戏	—	—	兴奋型
材质	—	—	兴奋型
内存	—	—	基本型
通话	—	—	基本型
按键	—	—	基本型
版本	—	基本型	—
兼容性	—	基本型	—
信号	—	基本型	—
其他	—	基本型	—
功能	—	兴奋型	—
音乐	—	兴奋型	—
物流	—	兴奋型	—
导航	一维型	—	—
多媒体	一维型	—	—
网页	一维型	—	—
浏览	一维型	—	—
可靠性	基本型	—	—
文本支持	基本型	—	—

续表

	Xiao 等的研究	Qi 等的研究	本书提出的方法
重量	兴奋型	—	—
外形	兴奋型	—	—
Wifi	兴奋型	—	—
速度	兴奋型	—	—
新功能	兴奋型	—	—
设计	有分歧型	—	—
软件	有分歧型	—	—
附件	需要创新型	—	—
显示	需要创新型	—	—
界面	需要创新型	—	—

第七节　本章小结

本章针对基于在线评论的服务属性 Kano 分类问题，给出了解决该问题的服务属性 Kano 分类方法。在该方法中，首先，从在线评论中挖掘了顾客对服务属性的情感，将非结构化的在线评论转化成了可以用来进一步做服务属性 Kano 分类的结构化数据；其次，引入 ABNNM 来测量顾客的正向和负向情感倾向对顾客满意度的影响；最后，依据得到的顾客的正向和负向情感倾向对顾客满意度的影响，采用 EKM 将服务属性分成五种类别。本章的主要工作和学术贡献总结如下。

第一，通过集成特征提取、情感分析、集成学习、神经网络和 Kano 模型，提出了一种基于在线评论的服务属性 Kano 分类方法。提出的方法不仅能够对服务属性进行 Kano 分类，而且能够将海量的非结构化的在线评论转换为有用的商业智能数据，为进行基于在线评论的其他类型的研究奠定了良好的基础。

第二，为了测量顾客的正向和负向情感倾向对顾客满意度的影响，引入了 ABNNM。与已有模型相比，引入的 ABNNM 是一种数据驱动的自适应模型，该模型并不需要关于顾客满意度的分布的先验假设。与已有研究不同的是，引入的 ABNNM 能够捕捉不同属性与顾客满意度之间的复杂关系（例如多重共线和非线性关系等），还可以作为在大数据环境下分析从在线评论中挖掘的多个因素之间复杂关系的模型。

第三，为了对服务属性进行 Kano 分类，本书提出了 EKM。提出的 EKM 能够将 ABNNM 与传统的 Kano 模型无缝结合，确定属性的改进对顾客满意度的影响，这有助于更有效地通过改进服务来提高顾客满意度。

第 六 章

基于在线评论的服务属性
IPA 分类方法

由第三章给出的基于在线评论情感分析的服务属性分类与服务要素配置方法研究框架可知，基于在线评论的服务属性 IPA 分类是基于在线评论情感分析的服务属性分类与服务要素配置方法研究的核心环节之一。本章将围绕基于在线评论的服务属性 IPA 分类问题进行研究。首先，给出基于在线评论的服务属性 IPA 分类问题的研究背景；其次，给出基于在线评论的服务属性 IPA 分类方法的框架；再次，给出基于在线评论的有用信息的挖掘方法、服务属性表现和重要性的评估方法、基于服务属性表现和重要性的 IPA 图的构建方法；最后，给出一个基于在线评论的酒店属性 IPA 分类的实例来说明提出的方法的可行性和潜在应用。

第一节 研究问题的背景与描述

重要性—表现分析（Importance-Performance Analysis，IPA）是一种常用的用于理解顾客满意度和构建服务/产品改进策略的商业分析技术。通常，用于实施服务属性 IPA 分类的数据主要是通过问卷调查的方式获取的。[①] 本章基于在线评论进行分析。由于可以很容易获取多个竞争者关于不同时间段的在线评论，如果可以使用这些在线评论来实施服务属性 IPA 分类，那么这将会使决策者或管理人员能够更加方便地了解客户满意度，并制定考虑多个竞争者和不同时间段的服务改进策略。然而，目前并未发现基于在线评论来实施服务属性 IPA 分类的研究。

第二节　基于在线评论的服务属性 IPA 分类方法的框架

为了解决上述问题，本节提出了一种新的基于在线评论实施服务属性 IPA 分类方法，该方法的框架如图 6.1 所示。由图 6.1 可知，该框架由三个阶段组成：阶段 1，基于在线评论的有用信息的挖掘；阶段 2，服务属性重要性和表现的评估；阶段 3，基于服务属性表现和重要性的 IPA 图的构建。

在第一阶段中，在线评论被转换成可用于分析的结构化数据。具体的，使用 LDA 从在线评论中提取服务的重要属性，基于改进 OVO 策略和 SVM 策略的多粒度情感分类方法识别消费者对所提取的属性的感情强度。在第二阶段中，根据第一阶段得到的结构化数据，通过统计分析估计服务针对每个属性的表现，并采用基于集成神经网络模型（Ensemble Neural Network based Model，ENNM）估计服务对每个属性

---

① H. Oh, "Revisiting Importance-Performance Analysis", *Tourism Management*, Vol. 22, No. 6, 2001, pp. 617 – 627; C. T. Ennew, G. V. Reed, M. R. Binks, "Importance-Performance Analysis and the Measurement of Service Quality", *European Journal of Marketing*, Vol. 27, No. 2, 1993, pp. 59 – 70; E. Azzopardi, R. Nash, "A Critical Evaluation of Importance-Performance Analysis", *Tourism Management*, Vol. 35, 2013, pp. 222 – 233; B. B. Boley, N. G. McGehee, A. L. T. Hammett, "Importance-Performance Analysis (IPA) of Sustainable Tourism Initiatives: The Resident Perspective", *Tourism Management*, Vol. 58, 2017, pp. 66 – 77.

的重要性。在第三阶段中，根据得到的每个属性的表现和重要性，可以构建 IPA 图。本章共构建了四种 IPA：标准 IPA（SIPA）、竞争性 IPA（CIPA）、动态 IPA（DIPA）和动态 IPCA（DCIPA）。

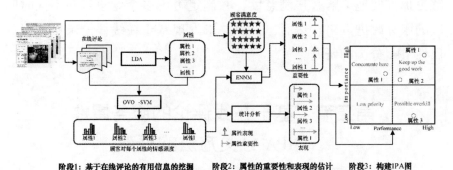

图 6.1　通过在线评论实施服务属性 IPA 分类的框架

第三节　基于在线评论的有用信息的挖掘

在线评论是由消费者以自由文本形式撰写的，不能直接用于分析。为了使用在线评论来实施服务属性 IPA 分类，有必要首先从在线评论中挖掘有用的信息。这里的有用信息主要包括消费者关注的服务属性和消费者对服务属性的感情强度。因此，基于在线评论的有用信息的挖掘过程主要包括两部分：基于 LDA 的服务属性的提取、基于在线评论的服务属性的情感强度的确定。

一　基于 LDA 的服务属性的提取

由前文基于在线评论的服务属性的提取过程可知，基于 LDA 从在线评论中提取服务属性的过程主要包括两个步骤：在线评论的预处理和服务属性的提取。

（一）在线评论的预处理

在线评论中不仅包含有关服务及其重要属性的词汇，还包含大量与服务及其重要属性不相关的词汇。为了提高关于服务重要属性提取的效率，首先需要对在线评论进行预处理。令 $R = \{r_1, r_2, \cdots, r_M\}$，表示 M 个在线评论的集合，其中，r_m 表示 R 中的第 m 条在线评论，$m = 1, 2, \cdots, M$。在该部分中，首先对在线评论进行分词和词性标注，然后剔除停用词、程度词等不相关词汇。通过统计每个词汇在每条评论中出现的概率可以得到"评论—词汇"矩阵，记为 $X_{M \times N}$，其中，M 表示在线评论的数量，N 表示预处理后的评论包含的词汇数量。

（二）服务属性的提取

依据得到的 $X_{M \times N}$，基于 LDA 的生成过程可以对 LDA 模型进行训练。训练好的 LDA 模型的输出包括"评论—主题"矩阵、"主题—词汇"矩阵和主题列表。由于提取的主题中可能包含噪声词汇，不同的主题可能会具有相似的含义，为了得到更加合理的结果，决策者可以手动剔除噪声词汇，合并具有相似含义的主题，选择关注的主题并对其进行命名。依据相关文献，[①] 可以将每个主题看作关于服务的一个属性。最后，可以得到一个提取的属性（主题）的集合，记为 $A = \{A_1, A_2, \cdots, A_I\}$，其中，$A_i$ 表示第 i 个属性，$i = 1, 2, \cdots, I$。由于每个主题（属性）实际上是一系列相关的词汇的集合，属性 A_i 又可以进一步表示为一个关于 K_i 个词汇的集合，记为 $A_i = \{w_i^1, w_i^2, \cdots, w_i^{K_i}\}$，其中，$w_i^k$ 表示 A_i 中的第 k 个词汇，$k = 1, 2, \cdots, K_i$；$i = 1, 2, \cdots, I$。

二　基于在线评论的服务属性的情感强度的确定

通常，一条在线评论会包含多个关于服务的不同属性的句子。

① M. Farhadloo, R. A. Patterson, E. Rolland, "Modeling Customer Satisfaction from Unstructured Data Using a Bayesian Approach", *Decision Support Systems*, Vol. 90, 2016, pp. 1 – 11; Y. Guo, S. J. Barnes, Q. Jia, "Mining Meaning from Online Ratings and Reviews: Tourist Satisfaction Analysis Using Latent Dirichlet Allocation", *Tourism Management*, Vol. 59, 2017, pp. 467 – 483; R. Decker, M. Trusov, "Estimating Aggregate Consumer Preferences from Online Product Reviews", *International Journal of Research in Marketing*, Vol. 27, No. 4, 2010, pp. 293 – 307.

表 6.1 展示了一个酒店的三条在线评论，其中黑体词汇表示酒店的重要属性。由表 6.1 可以看出，一条在线评论包含了关于酒店不同属性的多个句子。此外，不同句子中描述的属性可能也是不同的。因此，为了确定消费者对服务属性的情感强度，首先需要从在线评论中提取关于服务属性的句子。

表 6.1　　　　　　　　　　　　　酒店的在线评论的三个例子

评论	内容
1	Great **room**, I was upgraded which was nice but unnecessary as I was leaving early the next day. **Staff** is very nice. Their **breakfast** is nice, they have everything you may need.
2	The **services** are extremely bad. I did not get any help, any comfort setting, I will never come back again.
3	Great **location**! Very comfortable **rooms**. Good **breakfast**, starting at 5：30 am. The **staff** is very helpful.

令 $R_i = \{r^{m'}_{i1}, \cdots, r^{m''}_{ie}, \cdots, r^{m'''}_{iE_i}\}$，表示从原始在线评论 R 中提取的关于属性 A_i 的语句的集合，其中，$r^{m''}_{ie}$ 表示从在线评论 R 中提取的第 m'' 个评论且表示 R_i 中的第 e 个语句，E_i 表示 R_i 中的语句的总数，m', m''，$m''' \in \{1, 2, \cdots, M\}$，$m' \neq m'' \neq m'''$，$e = 1, 2, \cdots, E_i$。$r^{m''}_{ie}$ 的第二个下标 (e) 主要是用来记录 $r^{m''}_{ie}$ 在 R_i 中的位置，其目的是记录 R_i 中的语句的数量；$r^{m''}_{ie}$ 的上标（m''）主要是用来记录 $r^{m''}_{ie}$ 在原始评论 R 中的位置，其目的是将提取出的评论映射到原始评论，以便后续对情感分析结果进行统计分析。为了构建 R_i，依据标点符号将 R 中的每条在线评论 r_m 划分成若干语句，$i = 1, 2, \cdots, I$；$m = 1, 2, \cdots, M$。对于一条评论 r_m'' 中包含多个关于属性 A_i 的语句的情况，需要预先将多个语句进行合并。通过提取包含词汇 w_i^k 的语句可以构建 R_i，$i = 1, 2, \cdots, I$；$g = 1, 2, \cdots, G_i$。为了更加清晰地说明 $R_i = \{r^{m'}_{i1}, \cdots, r^{m''}_{ie}, \cdots, r^{m'''}_{iE_i}\}$ 的构建过程，这里以表 6.1 中的三条酒店的在线评论为例进行说明。依据上述过程，可以从表 6.1 中的三条酒店在线评论中提取关于酒店属性的语句，结果见表 6.2。

表6.2   提取的关于酒店属性的语句

评论	属性				
	Room	Staff	Breakfast	Location	Service
1	Great room	Staff is very nice	Their breakfast is nice	—	—
2	—	—	—	—	The services are extremely bad
3	Very comfortable rooms	The staff is very helpful	Good breakfast	Great location!	—

在提出的方法中，将在线评论的情感强度划分成五种类型：非常消极（Very Negative，VNeg）、消极（Negative，Neg）、中立（Neutral，Neu）、积极（Positive，Pos）和非常积极（Very Positive，VPos）。为了更加准确地识别 R_i 中的每条在线评论的情感倾向，这里采用第四章提出的基于改进 OVO 策略和 SVM 策略的多粒度情感分类算法来识别评论的情感强度。

通过基于改进 OVO 策略和 SVM 策略的多粒度情感分类算法可以确定每条评论 $r_{ie}^{m''}$ 的情感强度，$i = 1,2,\cdots,I$；$e = 1,2,\cdots,E_i$；$m'' \in \{1, 2,\cdots,M\}$。依据 $r_{ie}^{m''}$ 的上标（m''），可以确定原始评论 r_m'' 关于相关属性的情感强度，$i = 1,2,\cdots,I$；$e = 1,2,\cdots,E_i$；$m'' \in \{1,2,\cdots,M\}$。因此，原始在线评论可以转换成关于相关属性的情感强度的名义型编码数据。例如，基于上述过程，表6.2 中的三条在线评论可以表示为表6.3 所示的名义型编码数据，其中"Mv"表示没有关于该属性的评论语句。

表6.3   在线评论的名义型编码数据

评论	每条在线评论关于每个属性的情感强度				
	Room	Staff	Breakfast	Location	Service
1	VPos	Pos	Pos	Mv	Mv
2	Mv	Mv	Mv	Mv	VNeg
3	Pos	Pos	Pos	VPos	Mv

第四节　服务属性表现和重要性的评估

　　依据得到的在线评论关于相关属性的情感强度名义型编码数据，可以评估服务属性的重要性和表现。下面分别给出估计服务属性的表现和重要性的描述。

一　服务属性表现的评估

　　在线评论中相关属性的情感强度反映了消费者对服务相关属性的感知，可以认为是服务属性的实际表现。因此，依据得到的在线评论相关属性的情感强度，可以估计服务针对属性的表现，具体过程如下。

　　为了便于进一步分析，首先将在线评论关于属性的情感强度的名义型编码数据转换成情感得分。令 S_{im} 表示在线评论 r_m 关于属性 A_i 的情感强度分析结果对应的情感得分，$i = 1,2,\cdots,I$；$m = 1,2,\cdots,M$。依据式（6.1），每种情感强度都可以转换成一个对应的情感得分。例如，依据式（6.1），表6.3 中的名义型编码数据可以转换成如表6.4 所示的情感的分数据。

$$S_{im} = \begin{cases} 5, & \text{情感强度} = \text{“VPos”} \\ 4, & \text{情感强度} = \text{“Pos”} \\ 3, & \text{情感强度} = \text{“Neu”} \\ 2, & \text{情感强度} = \text{“Neg”} \\ 1, & \text{情感强度} = \text{“VNeg”} \\ 0, & \text{情感强度} = \text{“Mv”} \end{cases},$$

$$i = 1,2,\cdots,I ; m = 1,2,\cdots,M \qquad (6.1)$$

　　令 Per_i 表示服务关于属性 A_i 的表现，可以通过式（6.2）确定 Per_i。

$$\mathrm{Per}_i = \frac{\sum_{m=1}^{M} S_{im}}{E_i}, \ i = 1, 2, \cdots, I \tag{6.2}$$

其中，E_i 表示 R_i 中包含的句子总数，即所有在线评论中包含关于属性 A_i 的评论语句的数量。例如，如果仅考虑表 6.4 中的三条在线评论，那么可以使用式（6.2）计算关于属性 Room 的表现，即 $\mathrm{Per}_{\mathrm{room}} = (5+4)/2 = 4.5$。

表6.4　　　　　　　　　　**名义型编码数据对应的情感得分**

评论	每条在线评论关于每个属性的情感得分				
	Room	Staff	Breakfast	Location	Service
1	5	4	4	0	0
2	0	0	0	0	1
3	4	4	4	5	0

二　服务属性重要性的评估

目前，用来估计服务属性重要性的方法主要有两类：直接方法和间接方法。已有研究结果表明，使用间接方法得到的结果比使用直接方法得到的结果更可靠。因此，本书通过间接方法来估计服务属性的重要性。在已有研究中，部分文献尝试使用间接方法来估计属性的重要性。[①] 这些文献主要是基于如下三个研究假设：（1）在线评价（顾客满意度）服从正态分布；（2）在线评价是在线评论中顾客关于所有属性的情感的线性组合；（3）不同属性之间不存在多重共线性。然而，与通过问卷调查获取的数据不同，服

---

① M. Farhadloo, R. A. Patterson, E. Rolland, "Modeling Customer Satisfaction from Unstructured Data Using a Bayesian Approach", *Decision Support Systems*, Vol. 90, 2016, pp. 1 – 11; S. Xiao, C. P. Wei, M. Dong, "Crowd Intelligence: Analyzing Online Product Reviews for Preference Measurement", *Information & Management*, Vol. 53, No. 2, 2016, pp. 169 – 182; J. Qi et al., "Mining Customer Requirements from Online Reviews: A Product Improvement Perspective", *Information & Management*, Vol. 53, No. 8, 2016, pp. 951 – 963.

务属性是从在线评论中自动挖掘出来的，许多实际问题并不能满足上述假设。实际上，在线评论和在线评价通常具有如下特征：（1）在线评价（顾客满意度）通常遵循正偏斜、不对称、双峰（或"J"形）分布；（2）在线评价可能是在线评论中所有属性的情感倾向的非线性组合；（3）从在线评论中提取的服务属性之间可能存在较强的多重共线性。因此，基于在线评论和在线评价的上述特征，需要开发新的基于在线评论和在线评价的服务属性的重要性估计方法。

本书提出 ENNM 来通过在线评论和在线评价估计服务属性的重要性，提出的 ENNM 框架如图 6.2 所示。由图 6.2 可知，ENNM 包含了 Z 神经网络（NN），其中每个神经网络的输入是服务属性的情感得分值，每个神经网络的输出是该条评论对应的在线评价。通过使用服务属性的情感得分值和在线评价，可以分别对 Z 个神经网络进行训练。然后，依据训练好的第 z 个神经网络，可以得到一个服务属性的权重向量（ $\bar{W}^z = \{W_1^z, W_2^z, \cdots, W_I^z\}$ ）和这个神经网络的权重（ w_z ）。其中，W_i^z 表示使用训练好的第 z 个神经网络得到的关于属性 A_i 的重要性，$i = 1, 2, \cdots, I$ ；$z = 1, 2, \cdots, Z$ 。由于在线评论关于服务属性的情感得分值比较稀疏并且神经网络的参数（权重和偏置）是随机初始化的，因此，$\bar{W}^z = \{W_1^z, W_2^z, \cdots, W_I^z\}$ 中的项的值会有较大的随机性，$z = 1, 2, \cdots, Z$ 。为了得到更加准确的结果，需要剔除 $\bar{W}^1$，$\bar{W}^2, \cdots, \bar{W}^Z$ 中的异常值。将 $\bar{W}^1, \bar{W}^2, \cdots, \bar{W}^Z$ 中的异常值删除之后可以得到 Z' 个向量，记为 $\bar{W}^{(1)}, \bar{W}^{(2)}, \cdots, \bar{W}^{(Z')}$，$Z' \leqslant Z$ 。最后，将 $\bar{W}^{(1)}$，$\bar{W}^{(2)}, \cdots, \bar{W}^{(Z')}$ 和其对应的神经网络的权重进行集成，可以得到 ENNM 关于服务属性重要性的向量（ $\overline{\mathrm{Imp}} = \{\mathrm{Imp}_1, \mathrm{Imp}_2, \cdots, \mathrm{Imp}_I\}$ ）。关于 ENNM 的具体过程可以描述为如下五个步骤。

（一）神经网络的训练

由图 6.2 可以看出，ENNM 中包含了 Z 个神经网络，并且每个神经网络包含 V 个隐藏层节点，即 $H_1, H_2, \cdots, H_V$ 。依据转换得到的在线

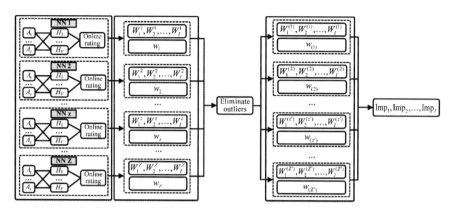

图6.2 ENNM **的框架**

评论关于属性的情感得分，可以确定神经网络的结构。对神经网络的参数进行初始化，通过使用服务属性的情感得分值和在线评价可以分别对 Z 个神经网络进行训练，得到 Z 个训练好的神经网络。

（二）基于单一神经网络的属性权重计算

令 ω_{iv}^z 表示属性 A_i 与第 z 个神经网络中的第 v 隐藏层节点之间的权重，$i = 1, 2, \cdots, I$；$z = 1, 2, \cdots, Z$；$v = 1, 2, \cdots, V$。令 ω_v^z 表示输出层（在线评价）与第 z 个神经网络中的第 v 隐藏层节点之间的权重，$z = 1, 2, \cdots, Z$；$v = 1, 2, \cdots, V$。依据 ω_{iv}^z 和 ω_v^z，可以用式（6.3）计算第 z 个神经网络（W_i^z）关于属性 A_i 的权重。

$$W_i^z = \frac{\sum_{v=1}^{V}(\omega_{iv}^z + \omega_v^z)}{\sum_{i=1}^{I}\sum_{v=1}^{V}(\omega_{iv}^z + \omega_v^z)} \qquad (6.3)$$

其中，$v = 1, 2, \cdots, V$；$z = 1, 2, \cdots, Z$；$i = 1, 2, \cdots, I$。

因此，基于第 z 个神经网络可以确定一个关于所有属性的权重向量，即 $\overline{W}^z = \{W_1^z, W_2^z, \cdots, W_I^z\}$，$z = 1, 2, \cdots, Z$。

（三）训练好的神经网络的权重的计算

一个神经网络的预测误差越小，那么这个神经网络对数据的拟合效果就越好。因此，在对这 Z 个神经网络得到的结果进行集成时，如果一个神经网络的预测误差越小，那么这个神经网络应该具有一个较大的权重；相反，如果一个神经网络的预测误差越大，那么这个神经网络应该具有一个较小的权重。令 ξ_z 表示第 z 个神经网络预测结果的绝对误差，$z = 1, 2, \cdots, Z$。可以通过式（6.4）计算第 z 个神经网的权重 w_z。

$$w_z = \frac{1}{2} \times \frac{1}{\exp(\xi_z)}, z = 1, 2, \cdots, Z \qquad (6.4)$$

（四）异常值的剔除

由于在线评论关于服务属性的情感得分值比较稀疏并且神经网络的参数（权重和偏置）是随机初始化的，$\overline{W}^z = \{W_1^z, W_2^z, \cdots, W_I^z\}$，$z = 1, 2, \cdots, Z$，其中的项的值会有较大的随机性。因此，为了得到更加准确的结果，这里使用碎石图技术来剔除 $\overline{W}^z = \{W_1^z, W_2^z, \cdots, W_I^z\}$ 中的异常值。令 $|W_i^{(1)}| \leqslant |W_i^{(2)}| \leqslant \cdots \leqslant |W_i^{(z)}| \leqslant \cdots \leqslant |W_i^{(Z)}|$，表示一个关于 $W_i^1, W_i^2, \cdots, W_i^z, \cdots, W_i^Z$ 的绝对值从小到大的排序。令 $\mathrm{Var}_i(z)$ 表示 $|W_i^{(1)}|, |W_i^{(2)}|, \cdots, |W_i^{(z)}|$ 的方差，$i = 1, 2, \cdots, I$；$z = 1, 2, \cdots, Z$。显然，$\mathrm{Var}_i(z)$ 是一个关于 z 的增函数，$i = 1, 2, \cdots, I$；$z = 1, 2, \cdots, Z$。以 $\mathrm{Var}_i(z)$ 为纵轴，以 z 为横轴，可以构建一个关于 $\mathrm{Var}_i(z)$ 和 z 的碎石图。碎石图中的曲线随着 z 的增大会变得陡峭。碎石图中曲线陡峭的部分可以认为是异常值。如果使用第 z 个神经网络得到的关于某属性的权重被认为是异常值，那么通过这个神经网络得到的关于所有属性的权重向量（$\overline{W}^z = \{W_1^z, W_2^z, \cdots, W_I^z\}$）需要被剔除。通过上述过程剔除异常值后，可以保留 $\overline{W}^1, \overline{W}^2, \cdots, \overline{W}^Z$ 中的 Z' 个权重，记为 $\overline{W}^{(1)}, \overline{W}^{(2)}, \cdots, \overline{W}^{(Z')}$，$Z' \leqslant Z$。

（五）基于 ENNM 的属性权重计算

令 $\overline{\mathrm{Imp}} = (\mathrm{Imp}_1, \mathrm{Imp}_2, \cdots, \mathrm{Imp}_I)$，表示基于 ENNM 得到的属性的权重向量，其中，Imp_i 表示关于属性 A_i 的权重，$i = 1, 2, \cdots, I$。令 $w_{(z')}$ 表示对应于 $\overline{W}^{(z')}$ 的神经网络的权重，$w_{(z')} \in \{w_1, w_2, \cdots, w_z\}$，$i = 1, 2, \cdots, I$；$z' = 1, 2, \cdots, Z'$。基于加权求和的思想，可以用式

第六章　基于在线评论的服务属性 IPA 分类方法　　209

（6.5）来计算 Imp_i。

$$\mathrm{Imp}_i = \sum_{z'=1} \bar{w}_{(z')} \times W_i^{(z')} \, , \, i = 1,2,\cdots,I \qquad (6.5)$$

其中，$\bar{w}_{(z')}$ 表示 $w_{(z')}$ 归一化后的结果，可以用式（6.6）进行计算。

$$\bar{w}_{(z')} = \frac{w_{(z')}}{\sum_{z'=1} w_{(z')}} \, , \, z' = 1,2,\cdots,Z' \qquad (6.6)$$

第五节　基于服务属性表现和重要性的 IPA 图的构建

依据得到的 Per_i 和 Imp_i，可以构建 IPA 图。本节构建了四种类型的 IPA 图：标准 IPA（SIPA）图、竞争性 IPA（CIPA）图、动态 IPA（DIPA）图以及动态竞争性 IPA（DCIPA）图。

一　标准 IPA（SIPA）图的构建

依据得到的 Per_i 和 Imp_i，分别以 Per_i 和 Imp_i 为横轴和纵轴构建 SIPA 图，如图 6.3 所示。

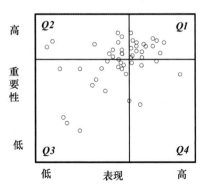

图 6.3　SIPA 的象限示意

在 SIPA 中，通过两条线分别将 Per_i 和 Imp_i 划分成两个不同的水平，进而可以将服务属性划分为四个象限。在图 6.3 中，象限 Q1 的名称为 "优势维持区" （keep up the good work），该象限内的属性不仅具有较好的表现而且有着较高的重要性。因此，落在该象限的属性可以被认为是服务的主要强项和潜在的竞争优势。象限 Q2 的名称为 "重点改进区" （concentrate here），该象限内的属性具有较高的重要性但是表现较差。因此，落在该象限的属性可以被认为是服务的主要劣势。象限 Q3 的名称为 "低优先发展区" （low priority），该象限内的属性表现较差同时重要性也较低。因此，落在该象限的属性可以被认为是服务的次要劣势。象限 Q4 的名称为 "过度投入区" （possible overkill），该象限内的属性表现较好但是属性的重要性较低。因此，落在该象限的属性可能存在过度投入、浪费资源的情况。

二 竞争性 IPA （CIPA） 图的构建

CIPA 的目的是通过考虑竞争公司提供的服务属性表现来分析目标公司服务的属性表现和重要性。因此，在实施 CIPA 的过程中需要通过两个竞争性公司（目标公司和竞争公司）提供的服务的在线评论以及决策者的主观偏好来确定用于实施 CIPA 的服务的属性。在这种情况下，可以考虑使用两种方法来确定实施 CIPA 的服务的属性：（1）将两个公司提供的服务的在线评论合并，并从中初步提取评论涉及的若干属性，然后依据管理者的主观偏好从提取的属性中选择一些重要性的属性；（2）分别从两个公司提供的服务的在线评论中提取若干属性，然后依据管理者的主观偏好从提取的属性中选择一些同时出现在两个公司提供的服务的在线评论中的重要属性。

令 Per_i^f 和 Per_i^c 分别表示目标公司和其竞争公司提供的服务关于属性 A_i 的表现，$i = 1, 2, \cdots, I$。令 Imp_i^f 表示目标公司提供的服务关于属性 A_i 的重要性，$i = 1, 2, \cdots, I$。令 GAP_i^f 表示目标公司提供的服务

关于属性 A_i 的表现和重要性的分数差距（gap score），$i = 1, 2, \cdots, I$。依据 Albayrak 的研究,[1] 可以通过式（6.7）计算 GAP_i^f。

$$\mathrm{GAP}_i^f = \overline{\mathrm{Per}_i^f} - \overline{\mathrm{Imp}_i^f} , \quad i = 1, 2, \cdots, I \qquad (6.7)$$

其中，$\overline{\mathrm{Per}_i^f}$ 和 $\overline{\mathrm{Imp}_i^f}$ 分别表示 Per_i^f 和 Imp_i^f 归一化后的数值。

$$\overline{\mathrm{Per}_i^f} = \frac{\mathrm{Per}_i^f}{\sum\limits_{i=1}^{I} \mathrm{Per}_i^f} , \quad i = 1, 2, \cdots, I \qquad (6.8)$$

$$\overline{\mathrm{Imp}_i^f} = \frac{\mathrm{Imp}_i^f}{\sum\limits_{i=1}^{I} \mathrm{Imp}_i^f} , \quad i = 1, 2, \cdots, I \qquad (6.9)$$

令 PD_i 表示目标公司和其竞争公司提供的服务关于属性 A_i 的表现的差值，可以通过式（6.10）计算 PD_i。

$$\mathrm{PD}_i = \mathrm{Per}_i^f - \mathrm{Per}_i^c , \quad i = 1, 2, \cdots, I \qquad (6.10)$$

依据得到的 GAP_i^f 和 PD_i，分别以 PD_i 和 GAP_i^f 为横轴和纵轴构建 CIPA 图，如图 6.4 所示。依据 Albayrak 等的研究，下面给出图 6.4 中的四个象限的详细含义和解释。象限 Q1 的名称为"稳固竞争优势区"（solid competitive advantage），该象限内的属性的 GAP_i^f 和 PD_i 都是正数，这表明这些属性的表现得分不仅要高于重要性得分而且要高于其竞争对手关于这些属性的表现得分。因此，落在象限 Q1 的属性可以被认为是公司的关于服务的主要优势，公司应该努力保持这些属性的表现水平。象限 Q2 的名称为"面对面竞争区"（head-to-head competition），该象限内的属性的 GAP_i^f 是正数但 PD_i 是负数，这表明尽管这些属性的表现超出顾客的预期，但是这些属性的表现低于其竞争对手。因此，对于落在 Q2 象限的属性，目标公司应该至少让这些属性的表现达到其竞争对手的水平。象限 Q3 的名称为"紧急行动区"（urgent action），该象限内的属性的 GAP_i^f 和 PD_i 都是负数，这表明不

---

[1] T. Albayrak, "Importance Performance Competitor Analysis (IPCA): A Study of Hospitality Companies", *International Journal of Hospitality Management*, Vol. 48, 2015, pp. 135 – 142.

仅这些属性的表现得分低于重要性得分而且这些属性的表现得分低于其竞争对手关于这些属性的表现得分。因此，落在象限 Q3 的属性可以认为是公司的关于服务的主要劣势，并且公司应该采取紧急措施来提升这些属性的表现水平。象限 Q4 的名称为"无效优势区"（null advantage），该象限内的属性的 GAP_i^f 是负数但 PD_i 是正数，这表明尽管这些属性的表现得分高于其竞争对手，但是这些属性的表现没有达到顾客的预期。由于落在第 Q4 象限的属性并没有满足顾客的期望，所以这些属性并不是公司关于该服务的真正优势。

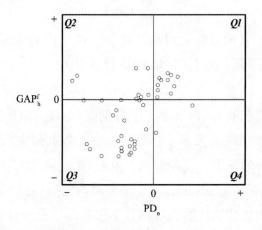

图 6.4　CIPA 的象限示意

需要说明的是，如果管理者想要同时考虑多个竞争者来实施 CIPA，那么可以用所有竞争公司关于属性表现的均值（Per_i^{c-mean}）[1] 或所有竞争公司关于属性表现的最大值（Per_i^{c-max}）[2] 来代替式 (6.10) 中的竞争公司关于属性的表现（Per_i^c），$i = 1, 2, \cdots, I$。在

① R. H. Taplin, " Competitive Importance-Performance Analysis of an Australian Wildlife Park", *Tourism Management*, Vol. 33, No. 1, 2012, pp. 29 – 37.

② J. Mikulić et al., "Identifying Drivers of Destination Attractiveness in a Competitive Environment: A Comparison of Approaches", *Journal of Destination Marketing & Management*, Vol. 5, No. 2, 2016, pp. 154 – 163.

此基础上，同样可以构建 CIPA 图并且进行与上述类似的分析。

三　动态 IPA（DIPA）图的构建

为了分析服务属性的发展趋势，有必要考虑不同时间段服务属性的表现和重要性来实施 SIPA。本书提出了一个动态 IPA（DIPA），其目的是能够让管理者跟踪服务属性的表现和重要性随时间变化的情况。

为了实施 DIPA，首先，需要定义 T 个观测时间段，其中时间段可以是一年、一个季节或一个月等。然后，根据定义的时间段，将收集的在线评论划分为 T 个子集。通过使用本章第三节所示的过程来分析第 t 个时间段的在线评论，可以确定属性 A_i 在第 t 个时间段的表现和重要性，分别记为 Per_i^t 和 Imp_i^t，$i = 1,2,\cdots,I$；$t = 1,2,\cdots,T$。依据得到的 Per_i^t 和 Imp_i^t，可以构建关于第 t 个时间段的 SIPA 图。通过组合得到的 T 个时间段的 SIPA 图，可以构建一个三维的 DIPA 图。图 6.5 展示了一个三维的 DIPA 图，其中图 6.5（a）是三维的 DIPA 原图，图 6.5（b）、图 6.5（c）和图 6.5（d）分别表示三维的 DIPA 原图关于时间段—表现视角、时间段—重要性视角和表现—重要性视角的二维图。基于图 6.5，下面给出三种可能的随时间变化的模式或趋势来进一步介绍 DIPA 的使用。

第一，如果某个属性一直处于某个象限中，如图 6.5（d）中的属性 A_1，则表明该属性的重要性和表现并未随着时间的变化而发生显著变化，并且该属性的含义和管理策略与 SIPA 中同一象限中的属性的含义和管理策略相同。

第二，如果属性的位置随时间变化从 Q1 变为 Q2，如图 6.5（d）中的属性 A_2，则表示该属性很重要，但是属性的表现随时间变化而逐渐降低。因此，应该分配更多的资源来提高该属性的表现。

第三，如果属性的位置随时间变化从 Q3 更改为 Q2，如图 6.5（d）中的属性 A_3，则表示人们越来越关注该属性但是该属性的表现一直相对较差。因此，决策者应该更多地关注该属性。

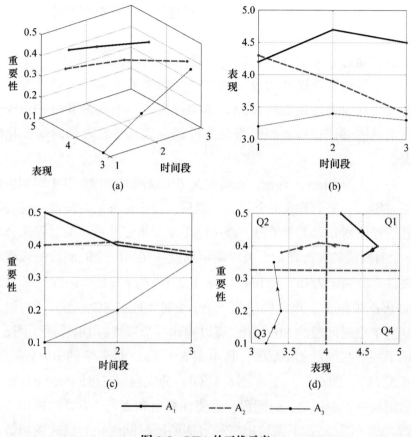

图 6.5　DIPA 的三维示意

四　动态竞争性 IPA（DCIPA）图的构建

以一个动态的视角来实施 CIPA，能使管理者捕捉到目标公司和其竞争公司提供的服务属性的竞争趋势的演变过程。不同公司提供的服务关于不同时间段的在线评论可以很容易获取，这使得以动态的视角来实施 CIPA 变得方便和可能。为此，本书进一步开发了一个动态的 CIPA（DCIPA）版本。

为了实施 DCIPA，首先，需要定义 T 个观测时间段，其中时间段可以是一年、一个季节或一个月等。其次，根据定义的时间段，将收集的目标公司和竞争公司提供的服务的在线评论划分为 T 个子集。通过本章第三节所示的过程来分析第 t 个时间段的在线评论，可以确定目标公司和竞争公司提供的服务关于属性 A_i 在第 t 个时间段的表现，分别记为 Per_i^{ft} 和 Per_i^{ct}，$i = 1,2,\cdots,I$；$t = 1,2,\cdots,T$。同时，也可以得到目标公司关于属性 A_i 的重要性，记为 Imp_i^{ft}，$i = 1,2,\cdots,I$；$t = 1,2,\cdots,T$。

令 GAP_i^{ft} 表示目标公司提供的服务关于属性 A_i 在第 t 个时间段的表现和重要性的分数差距（gap score），$i = 1,2,\cdots,I$；$t = 1,2,\cdots,T$。可以通过式（6.11）计算 GAP_i^{ft}。

$$\mathrm{GAP}_i^{ft} = \overline{\mathrm{Per}_i^{ft}} - \overline{\mathrm{Imp}_i^{ft}} \tag{6.11}$$

其中，$i = 1,2,\cdots,I$；$t = 1,2,\cdots,T$；$\overline{\mathrm{Per}_i^{ft}}$ 和 $\overline{\mathrm{Imp}_i^{ft}}$ 分别表示 Per_i^{ft} 和 Imp_i^{ft} 归一化后的数值。

$$\overline{\mathrm{Per}_i^{ft}} = \frac{\mathrm{Per}_i^{ft}}{\displaystyle\sum_{i=1}^{I} \mathrm{Per}_i^{ft}} , \ i = 1,2,\cdots,I ; \ t = 1,2,\cdots,T \tag{6.12}$$

$$\overline{\mathrm{Imp}_i^{ft}} = \frac{\mathrm{Imp}_i^{ft}}{\displaystyle\sum_{i=1}^{I} \mathrm{Imp}_i^{ft}} , \ i = 1,2,\cdots,I ; \ t = 1,2,\cdots,T \tag{6.13}$$

令 PD_i^t 表示目标公司和其竞争公司提供的服务关于属性 A_i 在第 t 个时间段的表现的差值，可以通过式（6.14）计算 PD_i^t。

$$\mathrm{PD}_i^t = \mathrm{Per}_i^{ft} - \mathrm{Per}_i^{ct} , \ i = 1,2,\cdots,I , \ t = 1,2,\cdots,T \tag{6.14}$$

依据得到的 GAP_i^{ft} 和 PD_i^t，可以构建关于第 t 个时间段的 CIPA 图。通过组合得到的 T 个时间段的 CIPA 图，可以构建一个三维的 DCIPA 图。图 6.6 展示了一个三维的 DCIPA 图，其中图 6.6（a）是三维的 DCIPA 原图，图 6.6（b）、图 6.6（c）和图 6.6（d）分别表示三维的 DCIPA 原图关于时间段-PD 视角、时间段-GAP 视角和 PD-GAP 视角的二维图。基于图 6.6，下面给出四种可能的随时间变化的模式或趋势来进一步介绍 DCIPA 的使用。

第一，如果某个属性一直处于某个象限中，如图 6.6（d）中的属性 A_1，则表明该属性的表现得分与重要性得分之间的差距并未随着时间的推移而显著改变，且目标公司和竞争公司之间关于该属性的表现的差异并未随着时间的推移而显著改变。因此，该属性的含义和管理策略与 CIPA 中同一象限中的属性含义和管理策略相同。

第二，如果某个属性的位置从 Q1 变为 Q2，如图 6.6（d）中的属性 A_2，则表明尽管该属性的表现始终高于顾客的期望，但该属性的表现正在不断下降，并且低于竞争公司关于该属性的表现。为此，目标公司必须分配更多的资源来提高该属性的表现，以达到竞争公司关于该属性的表现水平。

第三，如果一个属性的位置从 Q1 变为 Q3，如图 6.6（d）中的属性 A_3，则表示该属性的表现随着时间的推移而显著降低，并且已经同时低于竞争公司关于该属性的表现和顾客的期望。因此，目标公司应该采取紧急措施来提高该属性的表现。

第四，如果一个属性的位置从 Q1 变为 Q4，如图 6.6（d）中的属性 A_4，则说明该属性的表现得分虽然高于竞争对手，但其表现和重要性的分数差距正在不断缩小。目前，属性的表现得分已经低于其重要性得分。因此，该属性已经从"稳固优势"变为"无效优势"。

需要说明的是，如果管理者想要同时考虑多个竞争公司来实施 DCIPA，那么可以用所有竞争公司关于属性在第 t 个时间段表现的均值（$\mathrm{Per}_i^{c\text{-mean}}$）[1] 或所有竞争公司关于属性在第 t 个时间段表现的最大值（$\mathrm{Per}_i^{c\text{-max}}$）[2] 来代替式（6.14）中的竞争公司关于属性在第 t 个时间段的表现（Per_i^c），$i = 1, 2, \cdots, I$。在此基础上，同样可以构建 DCIPA 图并且进行与上述类似的分析。

---

[1]　R. H. Taplin, "Competitive Importance-Performance Analysis of an Australian Wildlife Park", *Tourism Management*, Vol. 33, No. 1, 2012, pp. 29 – 37.

[2]　J. Mikulić et al. , "Identifying Drivers of Destination Attractiveness in a Competitive Environment: A Comparison of Approaches", *Journal of Destination Marketing & Management*, Vol. 5, No. 2, 2016, pp. 154 – 163.

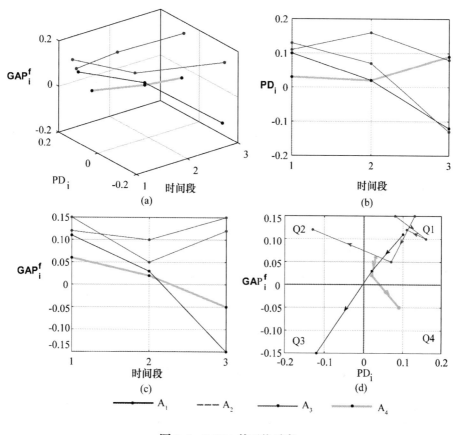

图 6.6　DCIPA 的三维示意

第六节　实例分析

本节以两个 5 星级酒店为例，来进一步说明基于在线评论的服务属性 IPA 分类方法的使用。实验中的数据是从旅游点评网站 Tripadvisor 上收集的。下面首先介绍实验中所用的数据，然后给出实验研究的过程和一些重要的结果。

一　实验数据

本节以两个 5 星级酒店（MOS 和 MBS）为例对基于在线评论的

服务属性 IPA 分类方法的使用进行说明，其中，选取 MOS 作为目标酒店，MBS 作为其竞争酒店。图 6.7 展示了一个收集数据的示例。从图 6.7 可以看出，收集的数据包括旅行者的在线评论、旅行者的在线评级（OCS）和旅行日期。截止到 2017 年，在该部分研究中，共收集了 30315 条有关这两家酒店的在线评论。在删除了无效和非英语评论后，最终得到了 24276 条有效的在线评论，包括 9624 条关于 MOS 的评论和 14652 条关于 MBS 的评论。得到的有效评论的相关信息见表 6.5。

◎◎◎◎◎ Reviewed November 5, 2017

Excellent service

I would highly recommend staying at the Orachard Mandarin, the service that is offered there and the cleanliness is really world class. The location is also perfect and central to wherever you need to go or be. More

Nikki A
Harare, Zimbabwe

📷4 👍1   Review collected in partnership with this hotel ⑦

👍 Thank Nikki A

图 6.7　收集数据的示例

表 6.5　　　　　　　　　收集的在线评论的相关信息　　　　　　　　（单位：条，个）

酒店	不同年份的在线评论分布					评论总数	单词总数
	2013 年以前	2014 年	2015 年	2016 年	2017 年		
MOS	1195	2400	2373	2469	1187	9624	1019212
MBS	5733	2360	2364	2456	1739	14652	2252172

二　基于在线评论的有用信息的挖掘

依据前文基于在线评论的服务属性的提取过程，采用 LDA 从 24276 条酒店在线评论中提取酒店属性。过滤掉采用 LDA 提取的主题中的噪声词汇，合并具有类似含义的主题，并为每个主题分配一个标签。依据管理者的主观偏好从提取的属性中选取了 9 个属性进行分析，结果见表 6.6。

表 6.6　　从 24276 条在线评论中提取的关于两个酒店的 9 个重要属性

属性	高频词汇	单次数量	总频次	评论数量
价格（A_1）	Value，price，money，cost，⋯	16	7254	4818
交通/位置（A_2）	Location，transport，subway，⋯	21	28915	13682
房间（A_3）	Room，bedroom，bathroom，⋯	28	61357	18186
卫生（A_4）	Cleanliness，cleaner，tidy，⋯	12	9471	6524
服务（A_5）	Service，stuff，attitude，⋯	19	27886	13194
食物/饮品（A_6）	Food，breakfast，meal，lunch，⋯	31	25270	11818
入住/退房（A_7）	Check-in，check-out，arrival，⋯	15	17466	8630
设施（A_8）	Facility，pool，gymnasium，⋯	24	25598	12596
网络（A_9）	Wifi，bandwidth，internet，⋯	11	6776	3809

依据前文基于改进 OVO 策略和 SVM 策略的多粒度情感分类方法识别在线评论情感强度的过程，使用 2500 个标注好情感强度的酒店在线评论训练了一个多粒度情感分类器。用这个训练好的情感分类器，可以确定每条评论关于每个属性的情感强度。将每个属性的情感强度转换为名义型编码数据，结果如表 6.7 所示。在此基础上，可以统计每个酒店针对每个属性在线评论的情感强度，结果如图 6.8 所示。

表 6.7　　　　　　两个酒店的在线评论的名义型编码数据

酒店	评论	属性									OCS
		A_1	A_2	A_3	A_4	A_5	A_6	A_7	A_8	A_9	
MOS	1	Mv	Pos	Mv	Neg	Mv	Pos	Mv	Pos	Mv	40
	2	Neu	Mv	Neu	Mv	Mv	Mv	VNeg	Mv	Neg	10
	⋮	⋮	⋮	⋮	⋮	⋮	⋮	⋮	⋮	⋮	⋮
	9624	Mv	Pos	Mv	VPos	Mv	Mv	Pos	Mv	Mv	50
MBS	1	Neg	Mv	Neg	VNeg	Mv	Neg	Mv	Neg	Mv	10
	2	Mv	VPos	Mv	Pos	Mv	VPos	Pos	Mv	Mv	50
	⋮	⋮	⋮	⋮	⋮	⋮	⋮	⋮	⋮	⋮	⋮
	14652	Mv	Neu	Mv	Neg	Mv	Pos	Mv	Mv	Neu	30

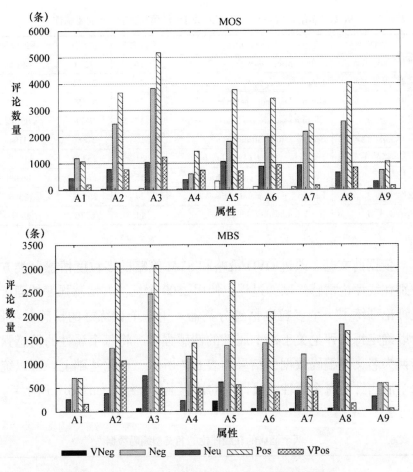

图6.8 两个酒店针对每个属性在线评论的情感强度

三 服务属性表现和重要性的评估

(一) 服务属性表现的评估

通过式 (6.1) 可以将表6.7 中的名义型编码数据转换为情感得分，结果如表6.8 所示。基于表6.8 中的两个酒店在线评论的情感得分，可以用公式 (6.2) 计算两个酒店针对每个属性的表现，结果见表6.9。

表 6.8　　　　　　　　两个酒店的在线评论的情感得分

酒店	评论	属性									顾客满意度
		A_1	A_2	A_3	A_4	A_5	A_6	A_7	A_8	A_9	
MOS	1	0	4	0	2	0	4	0	4	0	40
	2	3	0	2	0	0	0	1	0	2	10
	⋮	⋮	⋮	⋮	⋮	⋮	⋮	⋮	⋮	⋮	⋮
	9624	0	4	0	5	0	0	4	0	0	50
MBS	1	2	0	2	1	0	2	0	2	0	10
	2	0	5	0	4	0	5	4	0	0	50
	⋮	⋮	⋮	⋮	⋮	⋮	⋮	⋮	⋮	⋮	⋮
	14652	0	3	0	2	0	4	0	0	3	30

表 6.9　　　　　　　　两个酒店的针对每个属性的表现

酒店	Per_1	Per_2	Per_3	Per_4	Per_5	Per_6	Per_7	Per_8	Per_9
MOS	3.3250	3.5577	3.5714	3.7660	3.4541	3.5617	3.2851	3.6105	3.4312
MBS	3.3978	3.8149	3.4581	3.6444	3.5077	3.5049	3.3659	3.2517	3.2203

(二) 服务属性重要性的评估

基于得到的在线评论的情感得分和顾客满意度，可以训练 ENNM（$V = 21$，$Z = 500$）。随着 t 从 1 到 500 逐渐增加，记录了 W_i^z 的值，结果如图 6.9—图 6.11 所示，$i = 1,2,\cdots,9$；$z = 1,2,\cdots,500$。由图 6.9 可知，采用单一神经网络得到的属性重要性有较大的随机性，不能准确地反映属性的重要性。为了得到更加平稳和准确的属性重要性，需要用前文提出的碎石图技术将采用单一神经网络得到的属性重要性中的异常值剔除。剔除异常值后得到 426 个有效的神经网络（$Z' = 426$），这些有效神经网络对应的属性重要性的结果如图 6.10 所示。同时，可以计算用 ENNM 得到的每个属性的重要性 Imp_i，并且记录了随着 z' 的增加 Imp_i 的值，结果如图 6.11 所示。由图 6.11 可知，随着 z' 的增加，每个属性的重要性 Imp_i 逐渐趋于平稳。最终可以得到每个属性的重要性，即 $Imp_1 = 0.1049$，$Imp_2 = 0.0498$，$Imp_3 = 0.1340$，

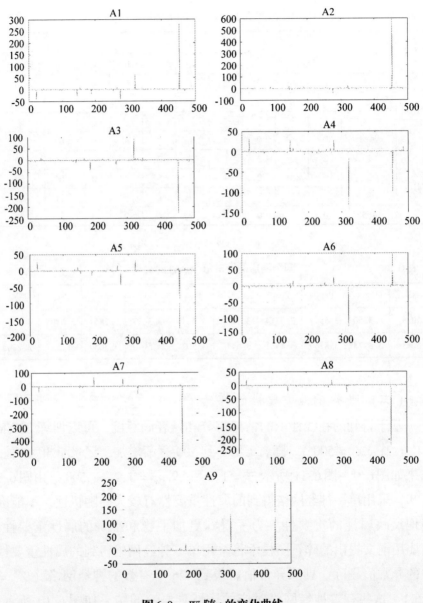

图 6.9　W_i^z 随 t 的变化曲线

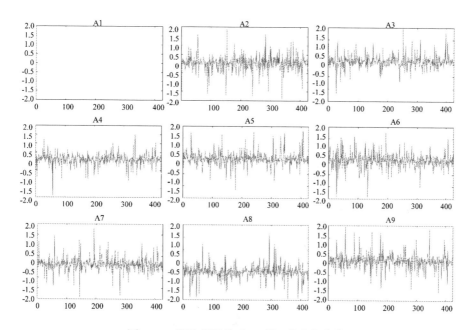

图 6.10　剔除异常值后 W_i^z 随 t 的变化曲线

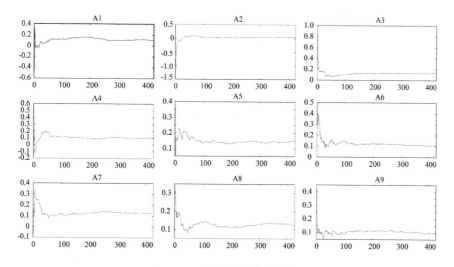

图 6.11　每个属性的重要性

$Imp_4 = 0.1022$，$Imp_5 = 0.1517$，$Imp_6 = 0.1060$，$Imp_7 = 0.1265$，$Imp_8 = 0.1251$ 和 $Imp_9 = 0.0998$。

四　构建 IPA 图

依据得到的 Per_i 和 Imp_i，可以构建 IPA 图。下面分别构建 SIPA 图、CIPA 图、DIPA 图和 DCIPA 图，其中，选取 MOS 作为目标酒店，MBS 作为其竞争酒店。

（一）SIPA 图

依据得到的 Per_i 和 Imp_i，以 Per_i 为横轴、Imp_i 为纵轴构建 SIPA 图，结果如图 6.12 所示。在图 6.12 中，Service（A_5）落在了象限 Q1 内，说明该属性不仅表现较好而且很重要，因此该属性是 MOS 的主要强项和潜在的竞争优势。属性 Room（A_3）、Check in/out（A_7）和 Facility（A_8）被划分在象限 Q2 内，说明这三个属性对于顾客来说很重要但是表现较差，因此该属性是 MOS 的主要劣势。属性 Value（A_1）和 Wifi/internet（A_9）落在象限 Q3 内，说明这两个属性的表现较差但是对顾客来说不是很重要，因此可以认为这两个属性是 MOS 的次要劣势。属性 Location/transport（A_2）、Cleanliness（A_4）和 Food/drink（A_6）被划分到象限 Q4，说明尽管这三个属性的表现较好但是这三个属性的重要程度较低，因此，这些属性可能存在投入过多、浪费资源的情况。

（二）CIPA 图

依据式（6.7）—式（6.9），可以计算目标酒店关于提取的九个属性的表现和重要性的分数之差，即可以得到 GAP_i^f，$i = 1,2,\cdots,9$。依据式（6.10），可以计算目标酒店和其竞争酒店关于提取的九个属性的表现之差，即可以得到 PD_i，$i = 1,2,\cdots,9$。依据得到的 GAP_i^f 和 PD_i，以 GAP_i^f 为纵轴、PD_i 为横轴，可以构建 CIPA 图，结果如图 6.13 所示。在图 6.13 中，属性 Value（A_1）和 Location/transport（A_2）落在象限 Q1 内，说明与 MBS 相比，这两个属性是 MOS 的主要优势。属

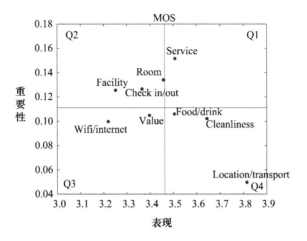

图 6.12　SIPA 的属性划分

性 Cleanliness（A_4）、Food/drink（A_6）和 Wifi/internet（A_9）落在象限 Q2 内，说明尽管 MOS 这两个属性的表现超过了顾客的预期但是比其竞争对手差。属性 Room（A_3）和 Facility（A_8）落在象限 Q3 内，表明与 MBS 相比，这两个属性是 MOS 的主要劣势。属性 Service（A_5）和 Check in/out（A_7）落在象限 Q4 内，说明尽管这两个属性的表现比 MBS 好，但是其并未达到顾客的预期。因此，与 MBS 相比，在进行酒店服务改进时，MOS 需要立即提高属性 Room（A_3）和 Facility（A_8）的表现，需要维持 Value（A_1）和 Location/transport（A_2）现有的表现水平，属性 Cleanliness（A_4）、Food/drink（A_6）和 Wifi/internet（A_9）的优先级要低于 Value（A_1）和 Location/transport（A_2），属性 Service（A_5）和 Check in/out（A_7）的优先级最低。

（三）DIPA 图

依据评论发表的年份将在线评论分成五个子集。对得到的每个子集，通过本章第三节中的处理过程，可以得到属性 A_i 在第 t 个时间段的重要性和表现，即可以得到 Per_i^t 和 Imp_i^t，$i = 1,2,\cdots,9$；$t = 1,2,\cdots,5$。依据得到的 Per_i^t 和 Imp_i^t，可以构建 DIPA 图，结果如图 6.14 所示。

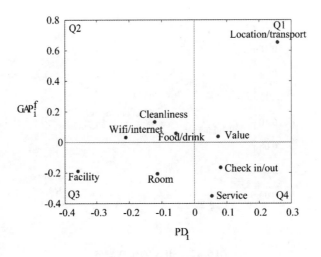

图 6. 13 CIPA 的属性划分

在图 6. 14 中，图 6. 14（a）表示 DIPA 的三维图像，6. 14（b）、6. 14（c）和 6. 14（d）分别表示原始三维图关于年份—表现、年份—重要性和表现—重要性的二维视图。6. 14（b）和 6. 14（c）分别表示属性的表现和重要性随时间的变化趋势。6. 14（d）表示每个属性随着时间在 DIPA 图中位置的变化，其中箭头表示属性的不同点之间的时间序列。由图 6. 14（b）可知，属性 Location/transport（A_2）、Cleanliness（A_4）、Service（A_5）和 Food/drink（A_6）在不同时间段都有较高的表现水平，而属性 Check in/out（A_7）、Facility（A_8）和 Wifi/internet（A_9）在不同时间段都有较低的表现水平。此外，属性 Location/transport（A_2）在不同时间段的表现相对平稳，属性 Facility（A_8）随时间变化表现出下降的趋势，剩余的七个属性则表现出整体上升的趋势。由图 6. 14（c）可知，每个属性在不同时间段的重要性并不相同。总体上看，属性 Location/transport（A_2）、Cleanliness（A_4）和 Food/drink（A_6）的重要性则整体表现出下降的趋势，属性 Value（A_1）、Room（A_3）、Service（A_5）、Check in/out（A_7）、Facility（A_8）和 Wifi/internet（A_9）的重要性则整体表现出上升的趋势。由图 6. 14（d）可知，随着时间的变化，

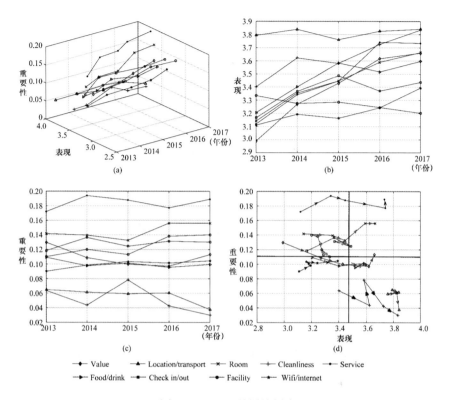

图 6.14　DIPA 的属性划分

不同属性落入的象限可能改变。依据图 6.14（d），管理者应该更加注意属性 Check in/out（A_7）和 Facility（A_8）。对于 Check in/out（A_7）来说，一方面，它的重要性高于平均重要性，这意味着它对客户来说相对重要；另一方面，虽然其整体表现出上升趋势，但其目前表现仍低于所有属性的平均表现。因此，Check in/out（A_7）仍然是 MOS 的主要劣势。对 Facility（A_8）来说，其所属象限由 Q3 变为 Q2，表明该属性已经从次要劣势变成主要劣势。为此，应分配更多的资源以提高 Check in/out（A_7）和 Facility（A_8）的表现。此外，Wifi/internet（A_9）是 MOS 的次要劣势，由于其重要性相对较低，因此其优先级相对较低。分配给属性 Cleanliness（A_4）和 Food/drink（A_6）的资源可能超出了实际需要，这会导致有限资源的浪费。

（四）DCIPA 图

依据评论发表的年份将在线评论分成五个子集。对得到的每个子集，通过本章第三节的处理过程，可以得到属性 A_i 在第 t 个时间段的重要性和表现，即可以得到 Per_i^t 和 Imp_i^t，$i = 1,2,\cdots,9$；$t = 1,2,\cdots,5$。依据式（6.11）—式（6.14），可以计算 MOS 关于属性 A_i 在第 t 个时间段的分数之差，即可以得到 GAP_i^{ft}，$i = 1,2,\cdots,9$；$t = 1,2,\cdots,5$。依据式（6.14），可以得到 MOS 和 MBS 在第 t 个时间段针对属性 A_i 的表现的差异，即可以得到 PD_i^t，$i = 1,2,\cdots,9$；$t = 1,2,\cdots,5$。依据得到的 GAP_i^{ft} 和 PD_i^t，可以构建 DCIPA 图，结果如图 6.15 所示。

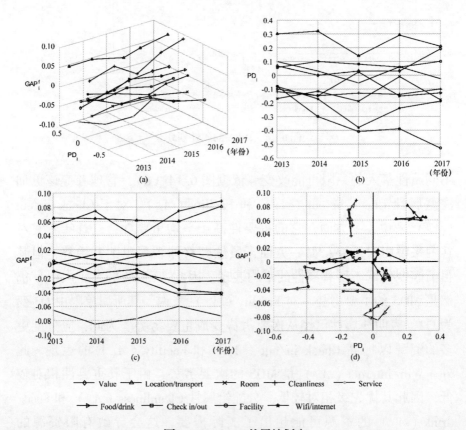

图 6.15　DCIPA 的属性划分

在图 6.15 中, 图 6.15 (a) 表示 DCIPA 的三维图像, 图 6.15 (b)、图 6.15 (c) 和图 6.15 (d) 分别表示原始三维图关于年份-PD、年份-GAP 和 PD-GAP 的二维视图。图 6.15 (b) 和图 6.15 (c) 分别表示 PD_i^t 和 GAP_i^{ft} 随着时间的变化趋势, $i = 1, 2, \cdots, 9$; $t = 1, 2, \cdots, 7$。图 6.15 (d) 表示每个属性随着时间在 DCIPA 图中位置的变化, 其中箭头表示属性的不同点之间的时间序列。由图 6.15 (d) 可知, 在不同时间段, 属性 Value (A_1)、Location/transport (A_2)、Service (A_5) 和 Check in/out (A_7) 有较高的 PD_i^t 值, 属性 Room (A_3)、Cleanliness (A_4)、Food/drink (A_6)、Facility (A_8) 和 Wifi/internet (A_9) 有较低的 PD_i^t 值。此外, 属性 Location/transport (A_2)、Service (A_5)、Facility (A_8) 和 Wifi/internet (A_9) 的 PD_i^t 值表现出整体上升的趋势, 属性 Value (A_1) 的 PD_i^t 值表现出整体下降的趋势。由图 6.15 (c) 可知, 不同属性在不同时间段的 GAP_i^{ft} 值并不相同。整体上看, 属性 Room (A_3)、Check in/out (A_7)、Facility (A_8) 和 Wifi/internet (A_9) 的 GAP_i^{ft} 值表现出下降的趋势, Value (A_1)、Location/transport (A_2)、Cleanliness (A_4) 和 Food/drink (A_6) 的 GAP_i^{ft} 值表现出上升的趋势。由图 6.15 (d) 可知, 随着时间的变化, 不同属性落入的象限可能改变。依据图 6.15 (d), 管理者应该更加注意属性 Service (A_5) 和 Facility (A_8)。属性 Service (A_5) 所在的象限由 Q4 变成 Q3, 属性 Facility (A_8) 所在的象限由 Q2 变成 Q3。这两个属性的表现随着时间变化表现出逐渐下降的趋势。现在这两个属性的表现不仅低于其竞争对手而且并未达到顾客期望的水平。因此, 这两个属性是 MOS 的主要劣势, MOS 应该立即采取行动来提高这两个属性的表现水平。

第七节　本章小结

本章针对基于在线评论的服务属性 IPA 分类问题, 给出了解决该问题的服务属性 IPA 分类方法。在该方法中，首先，从在线评论中挖掘了顾客对服务属性的情感强度，将非结构化的在线评论转化成可以用来进一步做服务属性 IPA 分类的结构化数据；其次，通过统计分析估计了服务属性的表现并通过 ENNM 估计了服务属性的重要性，根据得到的每个属性的表现和重要性，构建了四种 IPA 图（SIPA 图、CIPA 图、DIPA 图和 DCIPA 图），依据得到的四种 IPA 图可以对服务属性进行 IPA 分类。本章的主要工作和学术贡献总结如下。

第一，通过集成特征提取、情感分析、集成学习、神经网络和 IPA，本书提出了一种基于在线评论的服务属性 IPA 分类方法，该方法是首次基于在线评论进行服务属性 IPA 分类的尝试。本书提出的方法不仅为进行基于在线评论的服务要素优化配置研究奠定了基础，而且为管理者提供了实施服务属性 IPA 分类的一种新的、成本低的有效途径。

第二，为了评估属性的重要性，本书引入 ENNM。与已有模型相比，本书提出的 ENNM 是一种数据驱动的自适应模型，该模型并不需要关于顾客满意度的分布的先验假设。与已有研究不同的是，本书提出的 ENNM 能够捕捉不同属性与顾客满意度之间的复杂关系（例如多重共线和非线性关系等）。提出的 ENNM 还可以作为在大数据环境下，分析从在线评论中挖掘的多个因素之间复杂关系的模型。

第三，通过在线评论来实施服务属性 IPA 分类，可以很容易地获取目标公司和其竞争公司关于多个不同时间段的服务的每个属性的重要性和表现，这使得实施 DIPA 和 DCIPA 更方便和有效。此外，本书提出的 DIPA 和 DCIPA 是发展和丰富 IPA 理论和方法的有益尝试。

第 七 章

基于 Kano 分类和 IPA 分类结果的服务要素优化配置方法

由第三章给出的基于在线评论情感分析的服务属性分类与服务要素配置方法研究框架可知，基于 Kano 分类和 IPA 分类结果的服务要素优化配置方法是基于在线评论情感分析的服务属性分类与服务要素配置方法研究的核心环节之一。本章将围绕基于 Kano 分类和 IPA 分类结果的服务要素优化配置问题进行研究。

第一节 研究问题的实际背景

随着全球市场的发展，设计新的服务或者不断改进已有的服务来满足顾客需求对企业来说具有重要意义。[①] 这能使企业在动态市场中保持竞争优势。为了设计新的服务或改进已有的服务，企业需要对服务要素进行优化配置来尽可能地满足顾客的需求。不同服务要素的组合方案会产生不同的成本和顾客满意度。因此，为了在尽可能低的成本下更多地满足顾客的需求，有必要对服务要素优化配置

---

① Z. Wang et al. , "An Integrated Decision-Making Approach for Designing and Selecting Product Concepts Based on QFD and Cumulative Prospect Theory", *International Journal of Production Research*, Vol. 56, No. 5, 2018, pp. 2003 – 2018.

进行研究。

由于属于不同的 Kano 和 IPA 类别的服务属性对顾客满意的影响是不相同的，为了以最小的成本来最大化地提升顾客满意度，在进行服务要素优化配置时应该考虑服务属性不同的 Kano 和 IPA 类别。鉴于此，以在线评论为数据源，研究基于 Kano 分类和 IPA 分类结果的服务要素优化配置方法是必要的。

第二节　问题描述与研究框架

一　问题描述

在本章关注的服务要素优化配置问题中，有很多顾客对已有服务有过体验经历，并且依据自己的体验给出了关于服务的评论信息。当企业拟向市场推出一个新的同类服务或对已有的服务进行改进时，企业的服务设计人员可以从互联网上获取关于该服务或其他同类服务的评论信息。基于得到的服务评论信息，可以采用第五章提出的基于在线评论的服务属性 Kano 分类方法和第六章提出的基于在线评论的服务属性 IPA 分类方法对服务属性进行 Kano 分类和 IPA 分类。基于服务属性的 Kano 分类和 IPA 分类结果，如何帮助企业的服务设计人员自动化地分析针对所关注的服务的在线评论信息，并在满足企业有限资源约束的条件下，从一系列可能存在的服务要素配置方案中确定最优的服务要素配置方案是本章所关注的问题。下面的符号用来表示该类服务要素优化配置问题中所涉及的集和量。

· $R = \{r_1, r_2, \cdots, r_M\}$：$M$ 个在线评论的集合，其中，r_m 表示 R 中的第 m 条在线评论，$m = 1, 2, \cdots, M$。

· $A = \{A_1, A_2, \cdots, A_I\}$：从在线评论中提取的关于服务的属性，其中，$A_i$ 表示第 i 个属性，$i = 1, 2, \cdots, I$。

· $A_{K_1} = \{A_{K_1}^1, A_{K_1}^2, \cdots, A_{K_1}^{kq_1}\}$，$A_{K_2} = \{A_{K_2}^1, A_{K_2}^2, \cdots, A_{K_2}^{kq_2}\}$，$A_{K_3} = \{A_{K_3}^1,$

$A_{K_3}^2, \cdots, A_{K_3}^{kq_3}\}$，分别表示属性 $A = \{A_1, A_2, \cdots, A_I\}$ 中属于基本型（K_1）、一维型（K_2）、兴奋型（K_3）属性的集合，其中，$A_{K_1}^t$，$A_{K_2}^r$ 和 $A_{K_3}^l$ 分别表示 A_{K_1}，A_{K_2} 和 A_{K_3} 中的第 t，r 和 l 个属性，满足 $A_{K_1}, A_{K_2}, A_{K_3} \in \{A_1, A_2, \cdots, A_I\}$，$kq_1 + kq_2 + kq_3 = I$，$t = 1, 2, \cdots, kq_1$；$r = 1, 2, \cdots, kq_2$；$l = 1, 2, \cdots, kq_3$。$A_{K_1}$，$A_{K_2}$ 和 A_{K_3} 可以通过第五章提出的基于在线评论的服务属性 Kano 分类方法确定。

· $W = (w_1, w_2, \cdots, w_I)$：服务的属性的权重向量，其中，$w_i$ 表示第 i 个属性的权重，$i = 1, 2, \cdots, I$。$W = (w_1, w_2, \cdots, w_I)$ 可以通过第六章提出的基于在线评论的服务属性 IPA 分类方法确定。

· $AE_i = \{AE_{i1}, AE_{i2}, \cdots, AE_{iI_i}\}$：从在线评论中提取归纳的关于服务的属性 A_i 对应的服务要素集合，其中，AE_{ij} 表示 A_i 对应的第 j 个服务要素，$i = 1, 2, \cdots, I$；$j = 1, 2, \cdots, I_i$。

· $C_i = \{c_{i1}, c_{i2}, \cdots, c_{iI_i}\}$：服务属性 A_i 对应的服务要素的成本向量，其中，c_{ij} 表示服务要素 AE_{ij} 对应的成本，$i = 1, 2, \cdots, I$；$j = 1, 2, \cdots, I_i$。

· B：服务要素配置方案的总成本预算。

本章要解决的问题是如何依据 $R = \{r_1, r_2, \cdots, r_M\}$，$C_i = \{c_{i1}, c_{i2}, \cdots, c_{iI_i}\}$ 和 B 来确定最优的服务要素配置方案。

二　研究框架

为了解决上述问题，本部分提出一种新的基于 Kano 分类和 IPA 分类结果的服务要素优化配置方法，该方法的框架如图 7.1 所示。由图 7.1 可知，该框架由三个阶段组成。

阶段 1：服务属性的 Kano 分类和 IPA 分类。

阶段 2：服务要素对服务属性的满足程度的估计。

阶段 3：基于 Kano 分类和 IPA 分类结果的服务要素优化配置模型及求解方法。

在第一阶段中，主要是分别采用第五章提出的基于在线评论的服务属性 Kano 分类方法和第六章提出的基于在线评论的服务属性

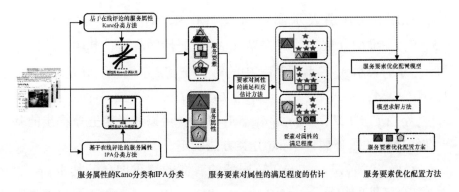

图7.1　基于 Kano 分类和 IPA 分类结果的服务要素优化配置方法的研究框架

IPA 分类方法对服务属性进行 Kano 分类和 IPA 分类。在第二阶段中，主要是从在线评论中提取服务要素并通过提出服务要素对服务属性的满足程度的估计方法来确定服务要素对服务属性的满足程度。在第三阶段中，主要是依据第一阶段中得到的服务属性 Kano 分类和 IPA 分类结果和第二阶段中得到的服务要素对服务属性的满足程度，通过构建基于 Kano 分类和 IPA 分类结果的服务要素优化配置模型并给出相应的求解方法来确定服务要素优化配置方案。

第三节　服务要素对服务属性的满足程度的估计

本节主要介绍服务要素对服务属性的满足程度的估计，该过程主要包括两个方面：服务要素的确定和服务要素针对属性的满足程度的估计。下面分别给出这两个方面的具体描述。

一　服务要素的确定

目前，关于特征提取和属性挖掘等方面的研究取得了一些成果，但是上述方法不能直接用于服务要素的确定。此外，对于一些服务要素来说，可能出现评论中提及的次数相对较少，甚至没有关于这些要素的评论的情况。为了提高决策精度，本书在已有研究的基础上，采取评论分析和实地调研相结合的方法来确定服务要素。

其一，对 $R = \{r_1, r_2, \cdots, r_M\}$ 进行分词、词性标注等预处理。其二，依据词性标注结果提取名词。其三，计算各个名词之间的相似度，并对相似度较高的词汇进行合并。其四，服务设计小组依据企业的实际情况结合评论中提取的高频词汇，初步给出针对各个属性的服务要素。其五，依据初步得到的各个属性的服务要素，服务设计小组对相关服务企业进行实际调研，对得到的各个属性的服务要素进行修正和补充。其六，得到服务针对各个属性的服务要素，$AE_i = \{AE_{i1}, AE_{i2}, \cdots, AE_{iL_i}\}$，$i = 1, 2, \cdots, I$。

二　服务要素针对属性的满足程度的估计

顾客对服务要素的情感可以被认为是服务要素的表现或者是在目前的服务要素水平下顾客对服务要素的满意度。因此，依据确定的服务要素，可以通过第四章提出的在线评论的多粒度情感分析方法来估计服务要素对属性的满足程度。

通常，一条在线评论中包含多个关于服务不同要素的句子。此外，不同句子中描述的服务要素可能也是不同的。因此，为了确定消费者对服务要素的情感强度，首先需要从在线评论中提取关于服务要素的句子。

令 $R_i^j = \{r_{i1}^j, \cdots, r_{ie}^j, \cdots, r_{iE_{ij}}^j\}$，表示从原始在线评论 R 中提取的关于要素 AE_{ij} 的语句的集合，其中，r_{ie}^j 表示 R_i^j 中的第 e 个语句，E_{ij} 表示 R_i^j 中的语句的总数，$i = 1, 2, \cdots, I$；$j = 1, 2, \cdots, I_i$。这里，r_{ie}^j 的第二个下标（e）主要是用来记录 r_{ie}^j 在 R_i^j 中的位置，其目的是记录 R_i 中的语句的数量。为了构建 R_i^j，依据标点符号将 R 中的每条在线评论 r_m 划分成若干语句，$i = 1, 2, \cdots, I$；$m = 1, 2, \cdots, M$。对于一条评论中包含多个关于要素 AE_{ij} 的语句的情况，需要预先将多个语句进行合并。通过提取包含描述要素 AE_{ij} 词汇的语句，可以构建 R_i^j，$i = 1, 2, \cdots, I$；$j = 1, 2, \cdots, I_i$。

通过第四章提出的多粒度情感分类算法可以确定每条评论 r_{ie}^{j} 的情感强度，$i = 1, 2, \cdots, I$; $e = 1, 2, \cdots, E_i$; $j = 1, 2, \cdots, I_i$ 。为了便于进一步分析，首先将在线评论关于属性的情感强度的名义型编码数据转换成情感得分。令 s_{ie}^{j} 表示在线评论 r_{ie}^{j} 关于要素 AE_{ij} 的情感强度分析结果对应的情感得分，$i = 1, 2, \cdots, I$; $e = 1, 2, \cdots, E_i$; $j = 1, 2, \cdots, I_i$ 。依据式 (7.1)，每种情感强度都可以转换成一个对应的情感得分。

$$s_{ie}^{j} = \begin{cases} 5, & \text{情感强度} = \text{``VPos''} \\ 4, & \text{情感强度} = \text{``Pos''} \\ 3, & \text{情感强度} = \text{``Neu''} \\ 2, & \text{情感强度} = \text{``Neg''} \\ 1, & \text{情感强度} = \text{``VNeg''} \\ 0, & \text{情感强度} = \text{``Mv''} \end{cases} \tag{7.1}$$

其中，$i = 1, 2, \cdots, I$; $e = 1, 2, \cdots, E_i$; $j = 1, 2, \cdots, I_i$ 。

令 S_{ij} 表示服务关于要素 AE_{ij} 对属性 A_i 的满足程度，可以通过式 (7.2) 确定 S_{ij} 。

$$S_{ij} = \frac{\sum_{e=1}^{E_{ij}} s_{ie}^{j}}{\sum_{i=1}^{I} \text{Per}_i} , \quad i = 1, 2, \cdots, I ; j = 1, 2, \cdots, I_i \tag{7.2}$$

其中，Per_i 表示属性 A_i 的表现。

需要说明的是，对于评论中未提及或提及次数较少的要素 AE_{ij}，需要决策者或服务设计小组根据实际情况估计服务要素对服务属性的满足程度。

第四节　基于 Kano 分类和 IPA 分类结果的服务要素优化配置模型

在进行服务要素优化配置时，对于一些服务来说可能不需要考虑竞争者，而对于另一些服务来说可能需要考虑竞争者，本节将针对上述两种情况分别给出相应的服务要素优化配置模型及求解方法。

一　不考虑竞争者情形的服务要素优化配置模型的构建与求解

依据得到的服务属性的 SIPA 分类和 Kano 分类结果以及服务要素对服务属性的满足程度，可以通过构建 0—1 线性规划模型来确定服务要素优化配置方案。设 x_{ij} 表示取值为 0 或 1 的决策变量，其中，$x_{ij}=0$ 表示服务要素 AE_{ij} 没有被选中用于满足服务属性 A_i，$x_{ij}=1$ 表示服务要素 AE_{ij} 被选中用于满足服务属性 A_i，$i=1,2,\cdots,I$；$j=1,2,\cdots,I_i$。

依据 SIPA 的分析结果可以得到服务的属性的权重向量，即 $W=(w_1,w_2,\cdots,w_I)$。依据属性的数量 I，可以得到属性的平均权重，即 $\bar{w}=\dfrac{1}{I}$。通过将 w_i 与 $\bar{w}$ 进行比较，可以将属性划分为两类，即重要性高的属性和重要性低的属性。具体的，如果 $w_i \geqslant \bar{w}$，则属性 A_i 为重要性高的属性；否则属性 A_i 为重要性低的属性。在进行服务要素优化配置时，重要性高的属性比重要性低的属性对顾客满意度的影响更大，因此，重要性高的属性优先级顺序要大于重要性低的属性。

基于在线评论的服务属性 Kano 分类方法可以从在线评论 $R=\{r_1,r_2,\cdots,r_M\}$ 中提取服务的属性 $A=\{A_1,A_2,\cdots,A_I\}$，并将其分成五种类型：基本型、一维型、兴奋型、反向型和无差异型属性。由于顾客在线评论中提及的服务属性通常是其比较关注的，并且这些属性在满足顾客需求的情况下不会给顾客带来负向体验，因此，在进行服务要素优化配置时只考虑三种类型的属性，即基本型、一维型和兴奋型。由第五章的分析可知，在进行服务要素优化配置时，这三种类型属性的优先级顺序为基本型 ＞ 一维型 ＞ 兴奋型。

基于上述分析，可以将属性分为六种类型，即高重要性—基本型属性（*HB*）、高重要性——一维型属性（*HP*）、高重要性—兴奋型属性（*HE*）、低重要性—基本型属性（*LB*）、低重要性——一维型属性（*LP*）、低重要性—兴奋型属性（*LE*）。在进行服务要素优化配置时，这六种类型属性的优先级顺序为 $HB > HP > HE > LB > LP > LE$。

不失一般性，这里假设 $A = \{A_1, A_2, \cdots, A_I\}$ 中属于 *HB*、*HP*、*HE*、*LB*、*LP* 和 *LE* 的属性分别为 $A_{HB} = \{A_{HB}^1, A_{HB}^2, \cdots, A_{HB}^{q_1}\}$，$A_{HP} = \{A_{HP}^1, A_{HP}^2, \cdots, A_{HP}^{q_2}\}$，$A_{HE} = \{A_{HE}^1, A_{HE}^2, \cdots, A_{HE}^{q_3}\}$，$A_{LB} = \{A_{LB}^1, A_{LB}^2, \cdots, A_{LB}^{q_4}\}$，$A_{LP} = \{A_{LP}^1, A_{LP}^2, \cdots, A_{LP}^{q_5}\}$ 和 $A_{LE} = \{A_{LE}^1, A_{LE}^2, \cdots, A_{LE}^{q_6}\}$，其中，$A_{HB}^\alpha$、$A_{HP}^\beta$、$A_{HE}^\gamma$、$A_{LB}^\eta$、$A_{LP}^\kappa$ 和 A_{LE}^θ 分别表示 A_{HB}、A_{HP}、A_{HE}、A_{LB}、A_{LP} 和 A_{LE} 中的第 α 个、第 β 个、第 γ 个、第 η 个、第 κ 个和第 θ 个属性，满足 A_{HB}、A_{HP}、A_{HE}、A_{LB}、A_{LP} 和 $A_{LE} \in \{A_1, A_2, \cdots, A_I\}$，$q_1 + q_2 + q_3 + q_4 + q_5 + q_6 = I$，$\alpha = 1, 2, \cdots, q_1$；$\beta = 1, 2, \cdots, q_2$；$\gamma = 1, 2, \cdots, q_3$；$\eta = 1, 2, \cdots, q_4$；$\kappa = 1, 2, \cdots, q_5$；$\theta = 1, 2, \cdots, q_6$。

在进行服务要素优化配置时，应该优先确保属于 *HB*、*HP* 和 *HE* 类别的属性的表现水平高于所有属性的平均表现水平，并且这类属性的优先级顺序为 $HB > HP > HE$，因此，可以得到如下三个目标约束。

目标约束 1：属性 $A_{HB} = \{A_{HB}^1, A_{HB}^2, \ldots, A_{HB}^{q_1}\}$ 的表现水平要高于所有属性的平均表现水平。

$$\sum_{j=1}^{I_i} S_{\alpha j} x_{\alpha j} + d_\alpha^- - d_\alpha^+ = \frac{1}{I} \sum_{i=1}^{I} \sum_{j=1}^{I_i} S_{ij} x_{ij}, \ \alpha = 1, 2, \ldots, q_1 \tag{7.3}$$

针对该目标约束的优化目标为 $\mathrm{Min}\, P_1(\sum_\alpha^{q_1} d_\alpha^-)$。

目标约束 2：属性 $A_{HP} = \{A_{HP}^1, A_{HP}^2, \ldots, A_{HP}^{q_2}\}$ 的表现水平要高于所有属性的平均表现水平。

$$\sum_{j=1}^{I_i} S_{\beta j} x_{\beta j} + d_\beta^- - d_\beta^+ = \frac{1}{I} \sum_{i=1}^{I} \sum_{j=1}^{I_i} S_{ij} x_{ij}, \ \beta = 1, 2, \ldots, q_2 \tag{7.4}$$

针对该目标约束的优化目标为 $\mathrm{Min}\, P_2(\sum_{\beta}^{q_2} d_\beta^-)$。

目标约束 3：属性 $A_{HE} = \{A_{HE}^1, A_{HE}^2, \ldots, A_{HE}^{q_3}\}$ 的表现水平要高于所有属性的平均表现水平。

$$\sum_{j=1}^{I_i} S_{\gamma j} x_{\gamma j} + d_\gamma^- - d_\gamma^+ = \frac{1}{I} \sum_{i=1}^{I} \sum_{j=1}^{I_i} S_{ij} x_{ij},\ \gamma = 1, 2, \ldots, q_3 \tag{7.5}$$

针对该目标约束的优化目标为 $\mathrm{Min}\, P_3(\sum_{\gamma}^{q_3} d_\gamma^-)$。

此外，由于属于 LB、LP 和 LE 类别的属性对顾客满意度的影响相对较小。若该类属性的表现低于平均水平，则该类属性将会成为服务的次要劣势；反之，若该类属性的表现高于平均水平，则该类属性可能会浪费企业的有限资源。因此，在进行服务要素优化配置时，应该尽量确保属于 HB、HP 和 HE 类别的属性的表现水平接近所有属性的平均表现水平，并且这类属性的优先级顺序为 $LB > LP > LE$，因此，可以得到如下三个目标约束。

目标约束 4：属性 $A_{LB} = \{A_{LB}^1, A_{LB}^2, \ldots, A_{LB}^{q_4}\}$ 的表现水平要接近所有属性的平均表现水平。

$$\sum_{j=1}^{I_i} S_{\eta j} x_{\eta j} + d_\eta^- - d_\eta^+ = \frac{1}{I} \sum_{i=1}^{I} \sum_{j=1}^{I_i} S_{ij} x_{ij},\ \eta = 1, 2, \ldots, q_4 \tag{7.6}$$

针对该目标约束的优化目标为 $\mathrm{Min}\, P_4(\sum_{\eta}^{q_4} d_\eta^- + d_\eta^+)$。

目标约束 5：属性 $A_{LP} = \{A_{LP}^1, A_{LP}^2, \ldots, A_{LP}^{q_5}\}$ 的表现水平要接近所有属性的平均表现水平。

$$\sum_{j=1}^{I_i} S_{\kappa j} x_{\kappa j} + d_\kappa^- - d_\kappa^+ = \frac{1}{I} \sum_{i=1}^{I} \sum_{j=1}^{I_i} S_{ij} x_{ij},\ \kappa = 1, 2, \ldots, q_5 \tag{7.7}$$

针对该目标约束的优化目标为 $\mathrm{Min}\, P_5(\sum_{\kappa}^{q_5} d_\kappa^- + d_\kappa^+)$。

目标约束 6：属性 $A_{LE} = \{A_{LE}^1, A_{LE}^2, \ldots, A_{LE}^{q_6}\}$ 的表现水平要接近所有

属性的平均表现水平。

$$\sum_{j=1}^{I_i} S_{\theta j} x_{\theta j} + d_\theta^- - d_\theta^+ = \frac{1}{I} \sum_{i=1}^{I} \sum_{j=1}^{I_i} S_{ij} x_{ij}, \ \theta = 1,2,\ldots,q_6 \tag{7.8}$$

针对该目标约束的优化目标为 $\mathrm{Min}\, P_6 (\sum_{\theta}^{q_6} d_\theta^- + d_\theta^+)$。

因此，可以考虑构建如下数学优化模型：

$$Min \Big\{ P_1 \big(\sum_{\alpha}^{q_1} d_\alpha^- \big) + P_2 \big(\sum_{\beta}^{q_2} d_\beta^- \big) + P_3 \big(\sum_{\gamma}^{q_3} d_\gamma^- \big) + P_4 \big[\sum_{\eta}^{q_4} (d_\eta^- + d_\eta^+) \big]$$

$$+ P_5 \big[\sum_{\kappa}^{q_5} (d_\kappa^- + d_\kappa^+) \big] + P_6 \big[\sum_{\theta}^{q_6} (d_\theta^- + d_\theta^+) \big] \Big\} \tag{7.9a}$$

$$\mathrm{s.t.} \ \sum_{j=1}^{I_i} S_{\alpha j} x_{\alpha j} + d_\alpha^- - d_\alpha^+ = \frac{1}{I} \sum_{i=1}^{I} \sum_{j=1}^{I_i} S_{ij} x_{ij}, \ \alpha = 1,2,\ldots,q_1 \tag{7.9b}$$

$$\sum_{j=1}^{I_i} S_{\beta j} x_{\beta j} + d_\beta^- - d_\beta^+ = \frac{1}{I} \sum_{i=1}^{I} \sum_{j=1}^{I_i} S_{ij} x_{ij}, \ \beta = 1,2,\ldots,q_2 \tag{7.9c}$$

$$\sum_{j=1}^{I_i} S_{\gamma j} x_{\gamma j} + d_\gamma^- - d_\gamma^+ = \frac{1}{I} \sum_{i=1}^{I} \sum_{j=1}^{I_i} S_{ij} x_{ij}, \ \gamma = 1,2,\ldots,q_3 \tag{7.9d}$$

$$\sum_{j=1}^{I_i} S_{\eta j} x_{\eta j} + d_\eta^- - d_\eta^+ = \frac{1}{I} \sum_{i=1}^{I} \sum_{j=1}^{I_i} S_{ij} x_{ij}, \ \eta = 1,2,\ldots,q_4 \tag{7.9e}$$

$$\sum_{j=1}^{I_i} S_{\kappa j} x_{\kappa j} + d_\kappa^- - d_\kappa^+ = \frac{1}{I} \sum_{i=1}^{I} \sum_{j=1}^{I_i} S_{ij} x_{ij}, \ \kappa = 1,2,\ldots,q_5 \tag{7.9f}$$

$$\sum_{j=1}^{I_i} S_{\theta j} x_{\theta j} + d_\theta^- - d_\theta^+ = \frac{1}{I} \sum_{i=1}^{I} \sum_{j=1}^{I_i} S_{ij} x_{ij}, \ \theta = 1,2,\ldots,q_6 \tag{7.9g}$$

$$\sum_{i=1}^{I} \sum_{j=1}^{I_i} c_{ij} x_{ij} \leqslant B \tag{7.9h}$$

$$\sum_{i=1}^{I} \sum_{j=1}^{I_i} w_i S_{ij} x_{ij} \geqslant Z \tag{7.9i}$$

$$1 \leqslant \sum_{j=1}^{I_i} x_{ij} \leqslant p_i, i = 1,2,\cdots,I \tag{7.9j}$$

$$x_{ij} = 0 \text{ 或 } 1; i = 1,2,\cdots,I; j = 1,2,\cdots,I_i \tag{7.9k}$$

其中，式（7.9a）是使偏差变量最小化；式（7.9b）—式（7.9d）是确保属于 *HB*、*HP* 和 *HE* 类别的属性的表现水平高于所有属性的平均表现水平，并且属性的优先级顺序为 *HB* > *HP* > *HE*；式（7.9e）—式（7.9g）是确保属于 *LB*、*LP* 和 *LE* 类别的属性的表现水平尽量等于所有属性的平均表现水平，并且属性的优先级顺序为 *LB* > *LP* > *LE*；式（7.9h）表示所确定的服务要素配置方案的总成本不能超过成本预算；式（7.9i）表示确定的服务要素配置方案达到顾客满意度的最低要求；式（7.9j）表示每一个属性中至少选择一个服务要素，且从每个属性集合中选择的服务要素数量要不多于企业针对该属性可提供的要素数量的上限，其中，p_i 表示企业针对属性 A_i 最多可提供的服务要素数量，$p_i \geq 1$，p_i 可由企业的服务设计人员依据企业实际情况或要求直接给出。

上述建立的服务要素优化配置模型属于目标规划模型。由于通常情况下，模型中涉及的决策变量不是很大，因此可以直接通过相关的软件包（例如 Lingo 和 WinQSB 等）进行求解。需要说明的是，在现实情况中，可能会出现模型没有最优解的情形，即在限定的成本情况下无法满足决策者的预期目标需求。对于这种情况，可以考虑降低决策者的预期目标需求或提高预算成本。另外，由于约束目标较多也可能会出现没有最优解的情形，针对这种情况需要决策者根据实际需求减少约束目标。

二　考虑竞争者情形的服务要素优化配置模型的构建与求解

在考虑竞争者的情况下，可以采用 CIPA 进行相应的分析。因此，依据得到的服务属性的 CIPA 分类和 Kano 分类结果以及服务要素对服务属性的满足程度，可以通过构建 0—1 线性规划模型来确定服务要素优化配置方案。设 x_{ij} 表示取值为 0 或者 1 的决策变量，其中，$x_{ij} = 0$ 表示服务要素 AE_{ij} 没有被选中用于满足服务属性 A_i，$x_{ij} = 1$ 表示服务要素 AE_{ij} 被选中用于满足服务属性 A_i，$i = 1, 2, \cdots, I; j = 1, 2, \cdots, I_i$。令 Per_i^f 表示目标公司在进行服务要素优化配置之后得到的

服务关于属性 A_i 的表现（顾客满意度）, $i = 1, 2, \cdots, I$。令 Per_i^c 表示竞争公司关于属性 A_i 的表现, $i = 1, 2, \cdots, I$。Per_i^c 可以通过第六章提出的基于在线评论的服务属性 IPA 分类方法确定。

在考虑竞争者的情况下，采用第六章提出的基于在线评论的服务属性 CIPA 分类方法可以得到服务属性 A_i 的重要性 w_i 以及竞争公司关于属性 A_i 的表现 Per_i^c。一方面，通过将 Per_i^f 和 w_i 进行比较，可以将属性划分为两类，即属性表现超出顾客预期和属性表现低于顾客预期。具体的，如果 $\mathrm{Per}_i^f \geqslant w_i$，则属性 A_i 的表现超出顾客预期；否则，属性 A_i 表现低于顾客预期。另一方面，通过将 Per_i^f 和 Per_i^c 进行比较，可以将属性划分为两类，即目标公司关于属性 A_i 的表现超出竞争者关于属性 A_i 的表现和目标公司关于属性 A_i 的表现低于竞争者关于属性 A_i 的表现。具体的，当 $\mathrm{Per}_i^f \geqslant \mathrm{Per}_i^c$，则目标公司关于属性 A_i 的表现超出竞争者关于属性 A_i 的表现；否则，目标公司关于属性 A_i 的表现低于竞争者关于属性 A_i 的表现, $i = 1, 2, \cdots, I$。

基于在线评论的服务属性 Kano 分类方法可以从在线评论 $R = \{r_1, r_2, \cdots, r_M\}$ 中提取服务的属性 $A = \{A_1, A_2, \cdots, A_I\}$，并对其进行进行 Kano 分类，得到 $A = \{A_1, A_2, \cdots, A_I\}$ 中属于基本型、一维型、兴奋型的属性分别为 $A_{K_1} = \{A_{K_1}^1, A_{K_1}^2, \cdots, A_{K_1}^{kq_1}\}$, $A_{K_2} = \{A_{K_2}^1, A_{K_2}^2, \cdots, A_{K_2}^{kq_2}\}$ 和 $A_{K_3} = \{A_{K_3}^1, A_{K_3}^2, \cdots, A_{K_3}^{kq_3}\}$，其中，$A_{K_1}^t$、$A_{K_2}^r$ 和 $A_{K_3}^l$ 分别表示 A_{K_1}、A_{K_2} 和 A_{K_3} 中的第 t 个、第 r 个和第 l 个属性，满足 $A_{K_1}, A_{K_2}, A_{K_3} \in \{A_1, A_2, \cdots, A_I\}$, $kq_1 + kq_2 + kq_3 = I$, $t = 1, 2, \cdots, kq_1$, $r = 1, 2, \cdots, kq_2$, $l = 1, 2, \cdots, kq_3$。令 $W_{K_1} = \{w_{K_1}^1, w_{K_1}^2, \cdots, w_{K_1}^{kq_1}\}$, $W_{K_2} = \{w_{K_2}^1, w_{K_2}^2, \cdots, w_{K_2}^{kq_2}\}$ 和 $W_{K_3} = \{w_{K_3}^1, w_{K_3}^2, \cdots, w_{K_3}^{kq_3}\}$ 分别表示 $A_{K_1} = \{A_{K_1}^1, A_{K_1}^2, \cdots, A_{K_1}^{kq_1}\}$, $A_{K_2} = \{A_{K_2}^1, A_{K_2}^2, \cdots, A_{K_2}^{kq_2}\}$ 和 $A_{K_3} = \{A_{K_3}^1, A_{K_3}^2, \cdots, A_{K_3}^{kq_3}\}$ 对应的属性的权重，其中，$w_{K_1}^t$、$w_{K_2}^r$ 和 $w_{K_3}^l$ 分别表示 A_{K_1}、A_{K_2} 和 A_{K_3} 中的第 t 个、第 r 个和第 l 个属性，满足 $W_{K_1}, W_{K_2}, W_{K_3} \in W$, $kq_1 + kq_2 + kq_3 = I$, $t = 1, 2, \cdots, kq_1$, $r = 1, 2, \cdots, kq_2$, $l = 1, 2, \cdots, kq_3$。

对于基本型属性来说，顾客认为服务具有该类属性是理所应当的，即当该类属性需求被满足时，顾客并不会因此感到满意，但是一旦这类属性需求未被满足，顾客会对服务表现出非常不满意。在进行服务要素优化配置时，对于该类属性，若投入过少的资源导致属性的表现未达到顾客预期，顾客将会非常不满意；若投入过多资源导致该类属性的表现超过顾客预期，顾客也不会表现出满意。因此，在进行服务要素优化配置时，应该使该类属性的表现接近于顾客的期望。因此，针对该类属性的目标约束如下。

目标约束 1：必备型属性 $A_{K_1} = \{A_{K_1}^1, A_{K_1}^2, \ldots, A_{K_1}^{kq_1}\}$ 的表现要接近于顾客的期望。

$$\sum_{j=1}^{I_i} S_{tj} x_{tj} + d_t^- - d_t^+ = w_{K_1}^t, \ t = 1, 2, \ldots, kq_1 \qquad (7.10)$$

针对该目标约束的优化目标为 $\mathrm{Min} P_1 \left[\sum_{t}^{q_1} (d_t^- + d_t^+) \right]$。

对于一维型属性来说，这类属性需求的被满足程度与顾客满意度呈正相关关系，即这类属性需求被满足时顾客会感到满意，这类属性需求未被满足时顾客会表现出不满意。在进行服务要素优化配置时，对于该类属性，若投入较少的资源导致属性的表现未达到顾客预期，顾客将会不满意；反之，若投入较多资源使该类属性的表现超过顾客预期，顾客会表现出满意。因此，在进行服务要素优化配置时，不仅应该使该类属性的表现超出顾客的期望，而且应该使该类属性的表现优于竞争者针对该类属性的表现。因此，针对该类属性的目标约束如下。

目标约束 2：一维型属性 $A_{K_2} = \{A_{K_2}^1, A_{K_2}^2, \ldots, A_{K_2}^{kq_2}\}$ 的表现既要超出顾客预期，又要超过竞争对手。

$$\sum_{j=1}^{I_i} S_{rj} x_{rj} + d_r^- - d_r^+ = \max\{w_{K_2}^r, \mathrm{Per}_{rK_2}^c\}, \ r = 1, 2, \ldots, kq_2 \qquad (7.11)$$

其中，$\mathrm{Per}_{rK_2}^c$ 表示竞争者关于属性 $A_{K_2}^r$ 的表现，$r = 1, 2, \ldots, kq_2$。

针对该目标约束的优化目标为 $\mathrm{Min}P_2\left[\sum\limits_{r}^{kq_2}(d_r^-)\right]$。

对于兴奋型属性来说，该类属性需求被满足时，顾客会因此感到非常满意，然而，如果这类属性需求未被满足，顾客并不会对服务表现出不满意。在进行服务要素优化配置时，对于该类属性，若投入较少的资源导致属性的表现未达到顾客预期，顾客将不会感到不满意；反之，若投入较多的资源使得属性的表现超出顾客预期，顾客将会非常满意。需要说明的是，若想要使该类属性的表现超过顾客预期，往往需要较多的资源投入。因此，在进行服务要素优化配置时，在考虑到公司资源有限的情况下，应该使该类属性的表现优于竞争者关于该类属性的表现。因此，针对该类属性的目标约束如下。

目标约束 3：兴奋型属性 $A_{K_3}=\{A_{K_3}^1,A_{K_3}^2,\ldots,A_{K_3}^{kq_3}\}$ 的表现要超过竞争对手。

$$\sum_{j=1}^{I_l}S_{lj}x_{lj}+d_l^--d_l^+=\mathrm{Per}_{IK_3}^c,\ l=1,2,\ldots,kq_3 \tag{7.12}$$

其中，$\mathrm{Per}_{IK_3}^c$ 表示竞争者关于属性 $A_{K_3}^l$ 的表现，$l=1,2,\ldots,kq_3$。

针对该目标约束的优化目标为 $\mathrm{Min}P_3\left[\sum\limits_{t}^{kq_3}(d_t^-)\right]$。

因此，可以考虑构建如下数学优化模型：

$$\mathrm{Min}\left\{P_1\left[\sum_{t}^{kq_1}(d_t^-+d_t^+)\right]P_2\left[\sum_{r}^{kq_2}(d_r^-)\right]+P_3\left[\sum_{t}^{kq_3}(d_t^-)\right]\right\} \tag{7.13a}$$

$$\mathrm{s.t.}:\sum_{j=1}^{I_l}S_{tj}x_{tj}+d_t^--d_t^+=w_{K_1}^t,\ t=1,2,\ldots,kq_1 \tag{7.13b}$$

$$\sum_{j=1}^{I_l}S_{rj}x_{rj}+d_r^--d_r^+=\max\{w_{K_2}^r,\mathrm{Per}_{rK_2}^c\},\ r=1,2,\ldots,kq_2 \tag{7.13c}$$

$$\sum_{j=1}^{I_l}S_{lj}x_{lj}+d_l^--d_l^+=\mathrm{Per}_{IK_3}^c,\ l=1,2,\ldots,kq_3 \tag{7.13d}$$

$$\sum_{i=1}^{I} \sum_{j=1}^{I_i} c_{ij} x_{ij} \leqslant B \tag{7.13e}$$

$$1 \leqslant \sum_{j=1}^{I_i} x_{ij} \leqslant p_i, i = 1, 2, \cdots, I \tag{7.13f}$$

$$x_{ij} = 0 \text{ 或 } 1; \ i = 1, 2, \cdots, I; \ j = 1, 2, \cdots, I_i \tag{7.13g}$$

其中，式（7.13a）是使偏差变量最小化；式（7.13b）的约束条件是确保必备型属性 $AK_1 = \{A_{K1}^1, A_{K1}^2, \cdots, A_{K'1}^{kq_1}\}$ 的表现要接近于顾客的期望；式（7.13c）的约束条件是确保一维型属性 $AK_2 = \{A_{K2}^1, A_{K2}^2, \cdots, A_{K'2}^{kq_2}\}$ 的表现既要超出顾客预期，又要超过竞争对手；式（7.13d）的约束条件是确保兴奋型属性 $AK_3 = \{A_{K3}^1, A_{K3}^2, \cdots, A_{K'3}^{kq_3}\}$ 的表现要超过竞争对手；式（7.13e）表示所确定的服务要素配置方案的总成本不能超过成本预算；式（7.13f）表示每一个属性中至少选择一个服务要素，且从每个属性集合中选择的服务要素的数量要不多于企业针对该属性可提供的要素数量的上限，其中，p_i 表示企业针对属性 A_i 最多可提供的服务要素数量，$p_i \geqslant 1$，p_i 可由企业的服务设计人员依据企业的实际情况或要求直接给出。

第五节　实例分析：酒店服务要素优化配置

某高端酒店 A 打算入驻 SY 市，针对该酒店的服务设计部分的成本预算为 300 万元。对于 A 酒店服务设计中涉及的服务要素优化配置问题，为了更好地掌握市场中的竞争产品和顾客针对该类型酒店的偏好与要求，服务设计等相关部门选择了目前 SY 市的四个知名且同档次的酒店作为参考对象，分别是 WJ、XED、BGY 和 LM，获取了这四个酒店的服务要素配置情况，并从携程网中爬取了顾客针对这四个酒店的在线评论信息，总计 18410 条。A 酒店的服务设计小组拟通过对收集到的 18410 条在线评论进行分析，实现服务要素的优化配置，并确定 A 酒店的服务要素配置方案。

一　实验数据

从携程网中爬取顾客关于 WJ、XED、BGY 和 LM 酒店的共
18410 条在线评论信息，结果如表7.1 所示。由表7.1 可知，爬取的
评论内容主要包括文本评论、整体评分、用户昵称、评论时间等，
选取的四个目标酒店的在线评论的数量均大于 4000 条，并且平均每
条在线评论中的汉字的数量要大于 25 个。

表7.1　　　　　　　　　　　　实验数据的详细信息

酒店	爬取内容	整体评分	评论数量	平均每条评论中的汉字数
WJ	文本评论、整体评分、用户昵称、评论时间	4.6	4161	28
XED	文本评论、整体评分、用户昵称、评论时间	4.5	5301	28
BGY	文本评论、整体评分、用户昵称、评论时间	4.7	4775	26
LM	文本评论、整体评分、用户昵称、评论时间	4.6	4173	26

二　酒店属性的 Kano 分类和 IPA 分类

本部分主要依据爬取的 18410 条在线评论，分别采用第五章
提出的基于在线评论的服务属性 Kano 分类方法和第六章提出的基
于在线评论的服务属性 IPA 分类方法对酒店的属性进行 Kano 分类
和 IPA 分类。

（一）酒店属性的 Kano 分类

依据前文提出的基于 LDA 的服务属性的提取过程，采用 LDA 从
18410 条酒店在线评论中提取酒店属性。过滤掉采用 LDA 提取的主
题中的噪声词汇，合并具有类似含义的主题，并为每个主题分配一
个标签，最终设计小组选取了五个酒店属性，即服务、交通和位置、
卫生、配套设施以及餐饮。

依据前文提出的基于 SVM 的在线评论情感倾向识别过程，训练

了一个 SVM 情感分类器。采用这个训练好的情感分类器，可以确定每条评论关于每个属性的情感倾向。在此基础上，可以统计每个酒店属性在所有评论中的情感倾向，结果如图 7.2 所示。依据情感倾向识别结果，可以采用前文提出的消费者对服务属性的情感对整体满意度影响的测量方法和服务属性 Kano 分类模型对五个酒店属性进行 Kano 分类。得到的五个酒店属性的分类结果见表 7.2。

表 7.2　　　　　　　　　　　　　**酒店属性的 Kano 分类结果**

属性	服务	交通和位置	卫生	配套设施	餐饮
Kano 分类结果	一维	一维	基本	一维	兴奋

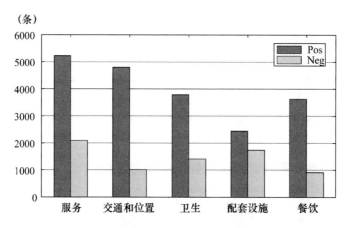

图 7.2　关于酒店属性的评论中的情感倾向的统计结果

（二）酒店属性的 IPA 分类

依据提取的属性，采用前文提出的基于改进 OVO 策略和 SVM 策略的多粒度情感分析方法，可以确定每条评论关于每个属性的情感强度。在此基础上，可以统计每个酒店属性在所有评论中的情感强度，结果如图 7.3 所示。依据前文提出的服务属性的表现和重要性的估计方法，可以得到这五个属性的表现和重要性，结果见表 7.3。

表7.3   提取的五个属性的表现和重要性

属性	服务	交通和位置	卫生	配套设施	餐饮
绝对表现	3.815	4.07	3.784	3.56	3.861
相对表现	0.2	0.213	0.198	0.186	0.202
重要性	0.2	0.205	0.188	0.196	0.201

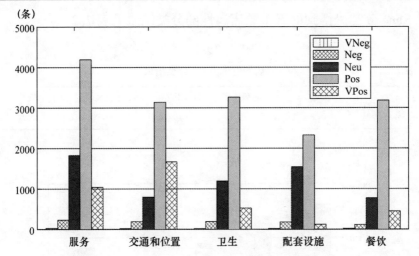

图7.3 关于酒店属性的评论中的情感强度的统计结果

三   服务要素针对酒店属性的满足程度的估计

依据前文提出的服务要素对服务属性的满足程度的估计方法，可以确定服务要素及其对酒店属性的满足程度。

具体的，其一，对收集到的 18410 条在线评论进行分词、词性标注等预处理。其二，依据词性标注结果提取名词。其三，计算各个名词之间的相似度，并对相似度较高的词汇进行合并。其四，依据初步得到的各个属性的服务要素，服务设计小组对相关服务企业进行实际调研，对得到的各个属性的服务要素进行修正和补充，得到每个属性的服务要素。其五，依据在线评论和设计小组偏好，确定每个要素对酒店属性的满足程度以及提供每个服务要素所需的成本，结果见表7.4。

表7.4　　　　　　　　　**酒店服务要素、成本及对属性的满足程度**

属性	服务要素	服务要素描述	服务要素成本	服务要素对属性的满足程度
服务（A_1）	AE_{11}	电话、电传、电报、图文传真服务	1.1	0.146
	AE_{12}	租车、订票、医务及各种会议接待服务	5.4	0.202
	AE_{13}	打印、复印、秘书、翻译服务	9.7	0.207
	AE_{14}	停车、行李运送、问询、外币兑换服务	1.8	0.195
	AE_{15}	贵重物品存放服务	1.3	0.171
交通和位置（A_2）	AE_{21}	普通街区	43	0.159
	AE_{22}	邻近商业区	127	0.220
	AE_{23}	邻近地铁口	97	0.195
	AE_{24}	邻近机场/车站	112	0.207
卫生（A_3）	AE_{31}	每隔一天打扫更换物品	3.3	0.171
	AE_{32}	每隔半天打扫更换物品	5.2	0.195
	AE_{33}	实时打扫更换物品	6.3	0.220
配套设施（A_4）	AE_{41}	歌舞厅	12	0.207
	AE_{42}	保龄球室、桌球室、网球室	14	0.215
	AE_{43}	游泳池、健身馆	9	0.195
	AE_{44}	桑拿浴室、按摩室	8	0.171
	AE_{45}	棋牌室、电子游艺室	13	0.207
餐饮（A_5）	AE_{51}	中餐	3.4	0.171
	AE_{52}	西餐	5.1	0.202
	AE_{53}	风味餐	4.9	0.207
	AE_{54}	酒吧	6.4	0.215
	AE_{55}	咖啡厅	4.9	0.183

四　酒店要素优化配置模型及求解

在本章第四节中给出了两种服务要素优化配置模型，即不考虑竞争者和考虑竞争者两种模型。不失一般性，这里以考虑竞争者的情况为例进行说明。由于 A 酒店的资源是有限的，在进行酒店服务设计时，经过分析，属性 A_2 和 A_3 只能选择一个服务要素，属性 A_5 中可选择的服务要素数量上限为2，属性 A_1 和 A_4 中可选择的服务要素数量上限为3。根据式（7.13），可以构建如下模型：

$$\text{Min}(P_1(d_3^- + d_3^+)) + P_2(d_1^- + d_2^- + d_4^-) + P_3(d_5^-) \quad (7.14\text{a})$$

$$\text{s. t. :} 0.171x_{31} + 0.195x_{32} + 0.220x_{33} + d_3^- - d_3^+ = 0.188 \quad (7.14\text{b})$$

$$0.146x_{11} + 0.202x_{12} + 0.207x_{13} + 0.195x_{14} + 0.171x_{15} + d_1^- - d_1^+ =$$
$$\max\{0.2, 0.2\} \quad (7.14\text{c})$$

$$0.159x_{21} + 0.220x_{22} + 0.195x_{23} + 0.207x_{24} + d_2^- - d_2^+ = \max\{0.213,$$
$$0.205\} \quad (7.14\text{d})$$

$$0.207x_{41} + 0.215x_{42} + 0.195x_{43} + 0.171x_{44} + 0.207x_{45} + d_4^- - d_4^+ =$$
$$\max\{0.186, 0.196\} \quad (7.14\text{e})$$

$$0.171x_{51} + 0.202x_{52} + 0.207x_{53} + 0.215x_{54} + 0.183x_{55} + d_5^- - d_5^+ =$$
$$0.202 \quad (7.14\text{f})$$

$$1.1x_{11} + 5.4x_{12} + 9.7x_{13} + 1.8x_{14} + 1.3x_{15} + 43.9x_{21} + 127.6x_{22} +$$
$$97.1x_{23} + 112.5x_{24} + 3.3x_{31} + 5.2x_{32} + 6.3x_{33} + 12.6x_{41} + 14.7x_{42} + 9.3x_{43} +$$
$$8.1x_{44} + 13.6x_{45} + 3.4x_{51} + 5.1x_{52} + 5.9x_{53} + 6.4x_{54} + 4.9x_{55} \leqslant 300 \quad (7.14\text{g})$$

$$1 \leqslant x_{11} + x_{12} + x_{13} + x_{14} + x_{15} \leqslant 3 \quad (7.14\text{h})$$

$$x_{21} + x_{22} + x_{23} + x_{24} = 1 \quad (7.14\text{i})$$

$$x_{31} + x_{32} + x_{33} = 1 \quad (7.14\text{j})$$

$$1 \leqslant x_{41} + x_{42} + x_{43} + x_{44} + x_{45} \leqslant 3 \quad (7.14\text{k})$$

$$1 \leqslant x_{51} + x_{52} + x_{53} + x_{54} + x_{55} \leqslant 2 \quad (7.14\text{l})$$

$$x_{ij} = 0 \text{ 或 } 1; i = 1,2,3,4,5; j = 1,2,\cdots,I_i; I_1 = 5, I_4 = 5, I_5 =$$
$$5; I_2 = 4; I_3 = 3 \quad (7.14\text{m})$$

采用 Lingo 优化软件包求解优化模型，可确定服务要素组合为 AE_{11}、AE_{12}、AE_{22}、AE_{32}、AE_{41}、AE_{44} 和 AE_{53}，即确定的服务要素配置方案是提供电话、电传、电报、图文传真服务，提供租车、订票、医务及各种会议接待服务，地点邻近商业区，每隔半天打扫更换物品，建设歌舞厅、桑拿浴室、按摩室，提供风味餐。

第六节　本章小结

本章针对基于 Kano 分类和 IPA 分类结果的服务要素优化配置问题，给出了解决该问题的服务要素优化配置方法。在该方法中，首先，依据在线评论对服务属性进行了 Kano 分类和 IPA 分类；其次，估计了服务要素对服务属性的满足程度；最后，提出了基于 Kano 分类和 IPA 分类结果的服务要素优化配置模型及求解方法。本章所提出的方法具有概念清晰、计算简单和应用软件易于实现等特点，为解决现实中基于在线评论的服务要素优化配置问题提供了一种有效途径。本章的主要工作和学术贡献总结如下。

第一，通过集成特征提取、情感分析、Kano 模型、IPA 和目标规划，提出了一种基于 Kano 分类和 IPA 分类结果的服务要素优化配置方法。该方法是首次基于在线评论进行服务要素优化配置的尝试。提出的方法为管理者提供了实施服务要素优化配置的一种新的、成本低的有效途径。

第二，针对不考虑竞争者和考虑竞争者两种情形，分别给出了基于 Kano 分类和 IPA 分类结果的服务要素优化配置模型及求解方法。提出的两种模型是发展和丰富服务要素优化配置理论和方法的有益尝试。

第 八 章

结论与展望

　　基于在线评论情感分析的服务属性分类与服务要素配置方法研究是一个非常重要的课题。本书对基于在线评论情感分析的服务属性分类与服务要素配置方法进行了研究，本章将围绕本书的主要研究成果及结论、主要贡献、研究局限以及后续研究工作展望四个方面进行阐述。

第一节　主要成果及结论

　　本书的主要研究成果包括以下四个方面。

　　第一，提出了面向服务属性的在线评论多粒度情感分类方法。这方面的研究成果包括以下几个方面。

　　（1）针对服务属性提取问题，给出基于在线评论的服务属性的提取方法。为进一步进行针对服务属性评论的多粒度情感分类奠定基础。

　　（2）针对在线评论多粒度情感分类问题，提出了在线评论的多粒度情感分类框架。

　　（3）比较和分析了多粒度情感分类中特征选择和机器学习算法的有效性。具体的，通过大量实验，比较和验证了哪种常用的文本特征选择算法（DF、CHI、IG 和 GR）以及哪种常用的进行文本分类的机器学习算法（DT、NB、SVM、RBFNN 和 KNN）在多粒度情感分类中表现更好，为后续开发新的多粒度情感分类算法奠定基础。

（4）针对多粒度情感分类结果融合问题，提出了改进 OVO 策略。具体的，首先，将多粒度情感分类问题转化为多个情感二分类问题；其次，确定训练样本关于每个类别的中心；再次，计算测试样本与每类训练样本的中心的距离并计算测试样本与每个类别最近的 K 个邻居的平均距离；最后，计算每个基分类器的相对能力权重并确定测试样本的最终类别。

（5）提出了基于改进 OVO 策略和 SVM 策略的多粒度情感分类方法。具体的，首先，采用 BOW 模型对在线评论进行结构化表示；其次，基于 IG 算法对文本重要特征进行选择；再次，依据得到特征对 SVM 进行训练并计算分类结果置信度；最后，采用提出的改进 OVO 策略对 SVM 得到的分类结果进行融合。

（6）验证了提出的基于改进 OVO 策略和 SVM 策略的多粒度情感分类方法的有效性。具体的，首先，介绍了实验数据库；其次，给出了实验中的参数配置、表现测量方法及统计分析方法；再次，分析了不同的 K 的取值对分类结果的影响并与已有多粒度情感分类方法进行比较；最后，将提出的改进的 OVO 策略与已有 OVO 策略在多粒度文本情感分类中进行比较。

第二，提出了基于在线评论的服务属性 Kano 分类方法。这方面的研究成果包括以下几个方面。

（1）提出了基于在线评论的服务属性 Kano 分类的框架。

（2）提出了基于在线评论的有用信息的挖掘方法。具体的，首先，对评论进行预处理；其次，基于 LDA 对服务属性进行提取；再次，从在线评论中提取关于服务属性的句子；最后，采用情感分类算法确定服务针对属性的情感倾向，并将其转化为在线评论的名义型编码数据。

（3）提出了消费者对服务属性的情感对整体满意度的影响的测

量方法。

（4）提出了服务属性 Kano 分类方法。

（5）进行了基于在线评论的服务属性 Kano 分类方法的实例分析。具体的，首先，从相关网站中爬取在线评论；其次，依据基于在线评论的有用信息的挖掘方法，从获取的评论中挖掘有用信息并将其转换为关于在线评论的名义型编码数据；再次，依据消费者对服务属性的情感对整体满意度的影响的测量方法来确定消费者对服务属性的情感对整体满意度的影响；最后，依据得到的消费者对服务属性的情感对整体满意度的影响，采用提出的服务属性 Kano 分类方法对服务属性进行 Kano 分类。

第三，提出了基于在线评论的服务属性 IPA 分类方法。这方面的研究成果包括以下几个方面。

（1）提出了基于在线评论的服务属性 IPA 分类框架。

（2）提出了基于在线评论的有用信息的挖掘方法。具体的，首先，对评论进行预处理；其次，基于 LDA 对服务属性进行提取；再次，从在线评论中提取关于服务属性的句子；最后，采用提出的多粒度情感分类算法确定服务属性的情感强度，并将其转化为关于在线评论的名义型编码数据。

（3）提出了服务属性表现和重要性的评估方法。具体的，首先，将在线评论关于属性的情感强度的名义型编码数据转换成情感得分；其次，给出服务属性表现的评估方法；最后，通过提出的 ENNM 确定服务属性的重要性。

（4）基于服务属性表现和重要性的 IPA 图的构建方法。具体的，依据得到的服务属性的表现和重要性，构建了四种类型的 IPA 图，即标准 IPA（SIPA）图、竞争性 IPA（CIPA）图、动态 IPA（DIPA）图以及动态竞争 IPA（DCIPA）图。

（5）进行了基于在线评论的服务属性 IPA 分类的实例分析。具体的，首先，选取酒店为研究对象并从 Tripadvisor 网站中爬取相关在线评论；其次，依据基于在线评论的有用信息的挖掘方法，从获

取的评论中挖掘有用信息并将其转换为关于在线评论的名义型编码
数据；再次，基于服务属性表现和重要性的评估方法来确定酒店关
于属性的表现和重要性；最后，依据得到的属性的表现和重要性构
建了四种类型的 IPA 图，对 IPA 图结果进行分析并给出了管理启示。

第四，提出了基于 Kano 分类和 IPA 分类结果的服务要素优化配
置方法。这方面的研究成果包括以下几个方面。

（1）提出了基于 Kano 分类和 IPA 分类结果的服务要素优化配置
方法的研究框架。

（2）给出了基于在线评论的服务属性的 Kano 分类和 IPA 分类过
程。该方面的工作主要是，依据提出的基于在线评论的服务属性
Kano 分类方法和基于在线评论的服务属性 IPA 分类方法对服务属性
进行分类。

（3）提出了基于在线评论的服务要素对服务属性的满足程度的
估计方法。具体的，首先，对在线评论进行分词和词性标注等预处
理；其次，依据词性标注结果提取名词、合并同义词并对相关服务
企业进行实际调研，进而确定服务要素；再次，从在线评论中提取
包含服务要素的语句并对其进行情感强度分析；最后，依据情感分
析结果估计服务要素对服务属性的满足程度。

（4）提出了基于 Kano 分类和 IPA 分类结果的服务要素优化配置
模型及求解方法。具体的，针对不考虑竞争者和考虑竞争者两种情
形分别给出服务要素优化配置模型及求解方法。

（5）进行了基于 Kano 分类和 IPA 分类结果的服务要素优化配置
方法的实例分析。具体的，首先，选取酒店为研究对象，从相关网
站中爬取顾客对酒店的在线评论信息；其次，分别采用提出的基于
在线评论的服务属性 Kano 分类方法和基于在线评论的服务属性 IPA
分类方法对酒店属性进行分类；再次，依据提出的基于在线评论的
服务要素对服务属性的满足程度的估计方法，确定服务要素对酒店
属性的满足程度；最后，依据提出的基于 Kano 分类和 IPA 分类结果
的服务要素优化配置模型及求解方法对酒店服务要素进行优化配置。

本书的主要结论如下。

第一，与调查问卷方式获取的数据相比，在线评论具有很多优势。通过问卷调查的方式获取数据不仅会耗费大量时间和金钱，而且从问卷调查中获得的数据的质量取决于问卷的复杂性或长度以及被调查者的参与意愿。此外，从问卷调查中获得的数据可能很快就会过时。随着信息技术和互联网的飞速发展，越来越多的消费者在互联网上发布关于服务的在线评论。这些在线评论中包含了大量有价值的信息，例如客户的情感、意见和建议等。与问卷调查相比，在线评论不仅是公开的、易于收集的、成本低的、自发产生的、富有洞察力的，而且更易于企业进行监控和管理。此外，在线评论的数量非常大，这些由成千上万的消费者贡献的在线评论可以被看作"集体智慧"。在线评论是一种进行服务属性分类和服务要素优化配置有前景的数据来源。

第二，基于在线评论情感分析的服务属性分类和服务要素优化配置方法的研究是一个值得关注的重要课题。鉴于现实中大量存在的服务改进或者设计问题，并考虑到通过问卷调查的方式获取数据的不足之处以及在线评论的诸多优势，以在线评论为数据来源研究服务属性分类和服务要素优化配置问题，即基于在线评论情感分析的服务属性分类和服务要素优化配置方法是非常有必要的，针对该方面的研究具有很好的理论意义和实际应用价值，而且具有前沿性和实用性。

第三，在基于在线评论情感分析的服务属性分类和服务要素优化配置过程中，有必要深入研究针对面向服务属性在线评论的多粒度情感分类方法。面向服务属性的在线评论的情感分类是进行基于在线评论情感分析的服务属性分类和服务要素优化配置研究的基础工作，其分类结果的精度将会直接影响基于在线评论的服务属性分类和服务要素优化配置的结果。然而，目前关于面向服务属性在线评论的多粒度情感分类的研究仍相对较少，尤其是已有的情感多分类算法的分类精度较低，限制了已有的情感多分类算法在基于在线评论情感分析的服务属性分类和服务要素优化配置问题中的应用。因此，在基于在线评论情感分析的服务属性分类和服务要素优化配置过程中，深入研究针对面向服务属性在线评价的多粒度情感分类方法是必要的。

第四，在基于在线评论的服务要素优化配置过程中，有必要深入研究基于在线评论的服务属性 Kano 分类和 IPA 分类方法。通过本书提出的基于在线评论的服务属性 Kano 分类方法，可以将服务属性分成不同的类型，确定服务属性与顾客整体满意度的关系；通过本书提出的基于在线评论的服务属性 IPA 分类方法，可以对服务属性进行分类，确定服务属性的表现以及重要性。得到的两种分类结果可以为得到更加合理的服务要素优化配置结果奠定基础。

第五，本书提出的方法可以用来解决现实中大量存在的基于在线评论的服务改进或者设计问题，如基于在线评论的属性 Kano 分类问题、基于在线评论的酒店属性 IPA 分类问题、基于在线评论的酒店要素优化配置问题等。

第二节　主要贡献

本书针对基于在线评论情感分析的服务属性分类与服务要素配置问题，从理论与方法等方面进行了探讨，主要贡献如下。

第一，提出了基于在线评论情感分析的服务属性分类与服务要素配置方法研究框架。具体的，依据基于在线评论的管理决策分析方面研究的相关文献，界定了在线评论以及服务属性的相关概念，给出了基于在线评论情感分析的服务属性分类与服务要素配置方法研究框架的描述以及研究框架的有关说明。

第二，提出了面向服务属性的在线评论多粒度情感分类方法。具体的，针对面向服务属性的在线评论多粒度情感分类问题，给出了服务属性提取方法，提出了在线评论的多粒度情感分类框架，进行了多粒度情感分类中特征选择和机器学习算法的有效性比较研究，验证了多种常用的机器学习算法和特征选择算法在情感多分类中的表现，给出了基于改进 OVO 策略和 SVM 策略的多粒度情感分类方法。

第三，提出了基于在线评论的服务属性 Kano 分类方法。具体的，针对基于在线评论的服务属性 Kano 分类问题，提出了基于在线评论的服务属性 Kano 分类的框架，并给出了基于在线评论的有用信息的挖掘方法、消费者对服务属性的情感对整体满意度的影响的测量方法和服务属性 Kano 分类方法。

第四，提出了基于在线评论的服务属性 IPA 分类方法。具体的，针对基于在线评论的服务属性 IPA 分类问题，提出了基于在线评论的服务属性 IPA 分类框架，并给出了基于在线评论的有用信息的挖掘方法、服务属性表现和重要性的评估方法、基于服务属性的表现和重要性的 IPA 图的构建方法。

第五，提出了基于 Kano 分类和 IPA 分类结果的服务要素优化配置方法。具体的，针对基于 Kano 分类和 IPA 分类结果的服务要素优化配置问题，提出了基于 Kano 分类和 IPA 分类结果的服务要素优化配置方法的研究框架，并给出了基于在线评论的服务要素对服务属性的满足程度的估计方法、基于 Kano 分类和 IPA 分类结果的服务要素优化配置模型及求解方法。

第三节　研究局限

本书的研究工作尚存在一些局限性，具体表现在以下几个方面。

第一，在研究问题提炼层面，由于时间和个人能力等方面的限制，本书主要研究了基于在线评论情感分析的服务属性分类与服务要素优化配置问题的研究框架，以及基于该框架下的面向服务属性的在线评论的多粒度情感分类问题、基于在线评论的服务属性 Kano

分类问题、基于在线评论的服务属性 IPA 分类问题及基于 Kano 分类和 IPA 分类结果的服务要素优化配置问题，而未对该框架下可能涉及的其他问题进行详细研究，如在线评论的代表性问题及虚假评论的识别问题等。

第二，在方法层面，本书系统性地提出了基于在线评论情感分析的服务属性分类与服务要素配置方法，其中包括基于在线评论的服务属性 Kano 分类方法、基于在线评论的服务属性 IPA 分类方法、基于 Kano 分类和 IPA 分类结果的服务要素优化配置方法等。使用提出的方法的前提是在相关网站上能够收集到足够多的关于服务的在线评论信息，在缺乏足够多的在线评论的情况下，方法的有效性仍有待进一步验证。

第三，在应用层面，由于数据获取等方面的限制，对文本提出的基于在线评论的服务要素优化配置方法进行潜在应用研究时并未进行顾客细分和市场细分。在潜在应用中得到的结果可以被认为是关于不同类型顾客和不同类型服务/品牌的聚合结果。实际上，对于不同的顾客细分和市场细分来说，提出的方法得到的服务要素优化配置结果可能是不同的。为了有针对性地对服务要素进行优化配置，有必要针对目标市场或顾客群体提供的在线评论进行分析。

第四节　后续研究工作展望

本书对基于在线评论情感分析的服务属性分类与服务要素优化配置问题进行了较为深入的研究，需要指出的是，该问题是一个具有广阔探索空间的崭新研究问题，需要在理论、方法与应用层面进行进一步研究，今后的研究工作可以在以下几个方面开展。

第一，目前，一些网站中可能会存在虚假的在线评论内容。在某种程度上，虚假在线评论的存在可能会影响服务属性分类与服务要素优化配置结果的准确性。为了提高服务属性分类与服务要素优化配置结果的合理性和准确性，有必要研究能够有效识别虚假在线评论的方法。

第二，进一步完善基于在线评论的服务属性分类与服务要素优化配置模型和方法。本书提出的方法使用的前提是能够同时获取在线评论和在线评价。然而，一些网站和社交媒体平台中可能只包含文本评论而无法获取在线评价（打分）信息。因此，针对只能获取文本评论信息的情况，需要进一步研究相应的服务属性分类与服务要素优化配置方法。

第三，考虑开发针对基于在线评论的服务属性分类与服务要素优化配置问题的 Web 决策支持系统，并在系统中嵌入本书给出的相应模型与方法，采用友好的用户界面以方便用户访问和使用，进一步增强本书所提出的研究方法的实用性和可操作性。

参考文献

陈洁、邵志清、张欢欢：《基于并行混合神经网络模型的短文本情感分析》，《计算机应用》2019 年第 8 期。

何炎祥、孙松涛、牛菲菲：《用于微博情感分析的一种情感语义增强的深度学习模型》，《计算机学报》2017 年第 4 期。

江彦：《在线商品评论信息质量影响因素及提升策略研究》，博士学位论文，华中师范大学，2018 年。

梁斌、刘全、徐进：《基于多注意力卷积神经网络的特定目标情感分析》，《计算机研究与发展》2017 年第 8 期。

梁军、柴玉梅、原慧斌：《基于极性转移和 LSTM 递归网络的情感分析》，《中文信息学报》2015 年第 5 期。

刘龙飞、杨亮、张绍武：《基于卷积神经网络的微博情感倾向性分析》，《中文信息学报》2015 年第 6 期。

王刚、杨善林：《基于 RS - SVM 的网络商品评论情感分析研究》，《计算机科学》2013 年第 S2 期。

王洪伟、郑丽娟、尹裴：《基于句子级情感的中文网络评论的情感极性分类》，《管理科学学报》2013 年第 9 期。

王伟、王洪伟、孟园：《协同过滤推荐算法研究：考虑在线评论情感倾向》，《系统工程理论与实践》2014 年第 12 期。

王伟、王洪伟：《面向竞争力的特征比较网络：情感分析方法》，《管理科学学报》2016 年第 9 期。

徐皓、樊治平、刘洋：《服务设计中确定服务要素组合方案的方法》，

《管理科学》2011 年第 1 期。

徐琳宏、林鸿飞、赵晶：《情感语料库的构建和分析》，《中文信息学报》2008 年第 1 期。

叶强、张紫琼、罗振雄：《面向互联网评论情感分析的中文主观性自动判别方法研究》，《信息系统学报》2007 年第 1 期。

于超、樊治平：《考虑顾客选择行为的服务要素优化配置方法》，《东北大学学报》（自然科学版）2016 年第 6 期。

于超、张重阳、樊治平：《考虑顾客感知效用的服务要素优化配置方法》，《管理学报》2015 年第 5 期。

余传明：《基于深度循环神经网络的跨领域文本情感分析》，《图书情报工作》2018 年第 11 期。

张海涛、王丹、徐海玲：《基于卷积神经网络的微博舆情情感分类研究》，《情报学报》2018 年第 7 期。

张重阳、樊治平、徐皓：《服务方案设计中的服务要素优化配置》，《计算机集成制造系统》2015 年第 11 期。

张重阳：《服务方案设计中的服务要素优化配置方法研究》，博士学位论文，东北大学，2016 年。

张紫琼、叶强、李一军：《互联网商品评论情感分析研究综述》，《管理科学学报》2010 年第 6 期。

朱玉清、程岩：《移动多媒体隐性服务要素组合优化研究》，《工业工程与管理》2012 年第 1 期。

A. C. Lorena et al. , "A Review on the Combination of Binary Classifiers in Multiclass Problems", *Artificial Intelligence Review*, Vol. 30, No. 1 – 4, 2008.

A. Culotta, J. Cutler, "Mining Brand Perceptions from Twitter Social Networks", *Marketing Science*, Vol. 35, No. 3, 2016.

A. Ghose, P. G. Ipeirotis, B. Li, "Designing Ranking Systems for Hotels on Travel Search Engines by Mining User-Generated and Crowdsourced Content", *Marketing Science*, Vol. 31, No. 3, 2012.

A. Kennedy, D. Inkpen, "Sentiment Classification of Movie Reviews Using Contextual Valence Shifters", *Computational Intelligence*, Vol. 22, No. 2, 2006.

A. McCallum, K. Nigam, "A Comparison of Event Models for Naive Bayes Text Classification", *AAAI – 98 Workshop on Learning for Text Categorization*, Vol. 752, No. 1, 1998.

A. S. Abrahams et al., "Vehicle Defect Discovery from Social Media", *Decision Support Systems*, Vol. 54, No. 1, 2012.

A. Shahin, "Integration of FMEA and the Kano Model: An Exploratory Examination", *International Journal of Quality & Reliability Management*, Vol. 21, No. 7, 2004.

A. S. Manek et al., "Aspect Term Extraction for Sentiment Analysis in Large Movie Reviews Using Gini Index Feature Selection Method and SVM Classifier", *World Wide Web*, Vol. 20, No. 2, 2017.

A. Timoshenko, J. R. Hauser, "Identifying Customer Needs from User-Generated Content", *Marketing Science*, Vol. 38, No. 1, 2019.

A. Y. L. Chong et al., "Predicting Consumer Product Demands Via Big Data: The Roles of Online Promotional Marketing and Online Reviews", *International Journal of Production Research*, Vol. 55, No. 17, 2017.

B. Liu, "Sentiment Analysis and Opinion Mining", *Synthesis Lectures on Human Language Technologies*, Vol. 5, No. 1, 2012.

B. Ma et al., "An LDA and Synonym Lexicon Based Approach to Product Feature Extraction from Online Consumer Product Reviews", *Journal of Electronic Commerce Research*, Vol. 14, No. 4, 2013.

B. Pang, L. Lee, "Opinion Mining and Sentiment Analysis", *Foundations and Trends in Information Retrieval*, Vol. 2, No. 1 – 2, 2008.

C. C. Chen, M. C. Chuang, "Integrating the Kano Model into a Robust

Design Approachto Enhance Customer Satisfaction with Product Design", *International Journal of Production Economics*, Vol. 114, No. 2, 2008.

C. Guo, Z. Du, X. Kou, "Products Ranking through Aspect-based Sentiment Analysis of Online Heterogeneous Reviews", *Journal of Systems Science and Systems Engineering*, Vol. 27, No. 5, 2018.

C. M. K. Cheung, M. K. O. Lee, "What Drives Consumers to Spread Electronic Word of Mouth in Online Consumer-OpinionPlatforms", *Decision Support Systems*, Vol. 53, No. 1, 2012.

C. T. Ennew, G. V. Reed, M. R. Binks, "Importance-Performance Analysis and the Measurement of Service Quality", *European Journal of Marketing*, Vol. 27, No. 2, 1993.

D. Bollegala, D. Weir, J. Carroll, "Cross-Domain Sentiment Classification Using a Sentiment Sensitive Thesaurus", *IEEE Transactions on Knowledge and Data Engineering*, Vol. 25, No. 8, 2013.

D. H. Park, S. Kim, "The Effects of Consumer Knowledge on Message Processing of Electronic Word-of-Mouth via Online Consumer Reviews", *Electronic Commerce Research and Applications*, Vol. 7, No. 4, 2008.

D. Isa et al., "Text Document Preprocessing with the Bayes Formula for Classification Using the Support Vector Machine", *IEEE Transactions on Knowledge and Data Engineering*, Vol. 20, No. 9, 2008.

D. Zeng et al., "Social Media Analytics and Intelligence", *IEEE Intelligent Systems*, Vol. 25, No. 6, 2010.

E. Cambria, "Affective Computingand Sentiment Analysis", *IEEE Intelligent Systems*, Vol. 31, No. 2, 2016.

E. Cambria, A. Hussain, "Sentic computing", *Cognitive Computation*, Vol. 7, No. 2, 2015.

E. Hüllermeier, S. Vanderlooy, "Combining Predictions in Pairwise Classification: An Optimal Adaptive Voting Strategy and its Relation to

Weighted Voting", *Pattern Recognition*, Vol. 43, No. 1, 2010.

E. J. S. Won, Y. K. Oh, J. Y. Choeh, "Perceptual Mapping Based on Web Search Queries and Consumer Forum Comments", *International Journal of Market Research*, Vol. 60, No. 4, 2018.

E. K. Delice, Z. Güngör, "A Mixed Integer Goal Programming Model for Discrete Values of Design Requirements in QFD", *International Journal of Production Research*, Vol. 49, No. 10, 2011.

E. K. Delice, Z. Güngör, "A New Mixed Integer Linear Programming Model for Product Development Using Quality Function Deployment", *Computers & Industrial Engineering*, Vol. 57, No. 3, 2009.

E. Najmi et al., "CAPRA: A Comprehensive Approach to Product Ranking Using Customer Reviews", *Computing*, Vol. 97, No. 8, 2015.

F. Schwenker, H. A. Kestler, G. Palm, "Three Learning Phases for Radial-Basis-Function Networks", *Neural Networks*, Vol. 14, No. 4 – 5, 2001.

F. Wilcoxon, "Individual Comparisons by Ranking Methods", *Biometrics Bulletin*, Vol. 1, No. 6, 1945.

G. Paltoglou, M. Thelwall, "Twitter, My Space, Digg: Unsupervised Sentiment Analysis in Social Media", *ACM Transactions on Intelligent Systems and Technology*, Vol. 3, No. 4, 2012.

H. Chen, R. H. Chiang, V. C. Storey, "Business Intelligence and Analytics: From Big Data to Big Impact", *MIS Quarterly*, Vol. 36, No. 3, 2012.

H. Kang, S. J. Yoo, D. Han, "Senti-Lexicon and Improved Naïve Bayes Algorithms for Sentiment Analysis of Restaurant Reviews", *Expert Systems with Applications*, Vol. 39, No. 5, 2012.

H. Liu et al., "Combining User Preferences and User Opinions for Accurate Recommendation", *Electronic Commerce Research and Applications*, Vol. 12, No. 1, 2013.

H. Oh, "Revisiting Importance-Performance Analysis", *Tourism Management*, Vol. 22, No. 6, 2001.

H. Sui, C. Khoo, S. Chan, "Sentiment Classification of Product Reviews Using SVM and Decision Tree Induction", *Advances in Classification Research Online*, Vol. 14, No. 1, 2003.

H. Tang, S. Tan, X. Cheng, "A Survey on Sentiment Detection of Reviews", *Expert Systems with Applications*, Vol. 36, No. 7, 2009.

H. Wang, W. Wang, "Product Weakness Finder: An Opinion-Aware System through Sentiment Analysis", *Industrial Management & Data Systems*, Vol. 114, No. 8, 2014.

H. Zhang, H. Rao, J. Feng, "Product Innovation Based on Online Review Data Mining: A Case Study of Huawei Phones", *Electronic Commerce Research*, Vol. 18, No. 1, 2018.

I. Guler, E. D. Ubeyli, "Multiclass Support Vector Machines for EEG-Signals Classification", *IEEE Transactions on Information Technology in Biomedicine*, Vol. 11, No. 2, 2007.

I. H. Witten et al., *Data Mining Practical Machine Learning Tools and Techniques*, Morgan Kaufmann, 2016.

J. Abalo, J. Varela, V. Manzano, "Importance Values for Importance-Performance Analysis: A Formula for Spreading out Values Derived from Preference Rankings", *Journal of Business Research*, Vol. 60, No. 2, 2007.

J. A. K. Suykens, J. Vandewalle, "Least Squares Support Vector Machine Classifiers", *Neural Processing Letters*, Vol. 9, No. 3, 1999.

J. A. Martilla, J. C James, "Importance-Performance Analysis", *Journal of Marketing*, Vol. 41, No. 1, 1977.

J. C. Bertot, P. T. Jaeger, D. Hansen, "The Impact of Polices on Government Social Media Usage Issues, Challenges, and Recommendations", *Government Information Quarterly*, Vol. 29, No. 1, 2012.

J. H. Hong et al., "Fingerprint Classification Using One-vs-all Support Vector Machines Dynamically Ordered with Naive Bayes Classifiers", *Pattern Recognition*, Vol. 41, No. 2, 2008.

J. H. Myers, A. D. Shocker, "The Nature of Product-Related Attributes", *Research in Marketing*, Vol. 5, No. 5, 1981.

J. Jacoby, J. C. Olson, R. A. Haddock, "Price, Brand Name, and Product Composition Characteristics as Determinants of Perceived Quality", *Journal of Applied Psychology*, Vol. 55, No. 6, 1971.

J. J. Cronin, M. K. Brady, G. T. M. Hult, "Assessing the Effects of Quality, Value, and Customer Satisfaction on Consumer Behavioral Intentions in Service Environments", *Journal of Retailing*, Vol. 76, No. 2, 2000.

J. Jin, P. Ji, Y. Liu, "Prioritising Engineering Characteristics Based on Customer Online Reviews for Quality Function Deployment", *Journal of Engineering Design*, Vol. 25, No. 7 – 9, 2014.

J. J. Selvakumar, N. R. Raghavan, "Impact of Online Reviews and Ratings on Purchase Decision in The Field of Bus Transport Services", *South Asian Journal of Marketing & Management Research*, Vol. 7, No. 11, 2017.

J. K. Chen, I. S. Chen, "An Inno-Qual Performance System for Higher Education", *Scientometrics*, Vol. 93, No. 3, 2012.

J. Kleinberg et al., "Prediction Policy Problems", *American Economic Review*, Vol. 105, No. 5, 2015.

J. M. Hawes, C. P. Rao, "Using Importance-Performance Analysis to Develop Health Care Marketing Strategies", *Journal of Health Care Marketing*, Vol. 5, No. 4, 1985.

J. Mikulić, D. Prebežac, "Accounting for Dynamics in Attribute-Importance and for Competitor Performance to Enhance Reliability of BPNN-Based Importance- Performance Analysis", *Expert Systems with Applications*, Vol. 39, No. 5, 2012.

J. Mikulić, D. Prebežac, "Prioritizing Improvement of Service Attributes Using Impact Range-Performance Analysis and Impact-Asymmetry Analysis", *Managing Service Quality: International Journal*, Vol. 18, No. 6, 2008.

J. Mikulić et al., "Identifying Drivers of Destination Attractiveness in a

Competitive Environment: A Comparison of Approaches", *Journal of Destination Marketing & Management*, Vol. 5, No. 2, 2016.

J. Qi et al. , "Mining Customer Requirements from Online Reviews: A Product Improvement Perspective", *Information & Management*, Vol. 53, No. 8, 2016.

J. R. Quinlan, *C4. 5 Programming for Machine Learning*, Morgan Kauffmann, 1993.

J. R. Quinlan, "Induction of Decision Trees", *Machine Learning*, Vol. 1, No. 1, 1986.

J. S. Chou et al. , "Deploying Effective Service Strategy in the Operations Stage of High-Speed Rail", *Transportation Research Part E: Logistics and Transportation Review*, Vol. 47, No. 4, 2011.

K. Chen et al. , "Visualizing Market Structure Through Online Product Reviews: Integrate Topic Modeling, TOPSIS, and Multi-Dimensional Scaling Approaches", *Electronic Commerce Research and Applications*, Vol. 14, No. 1, 2015.

K. Matzler et al. , "The Asymmetric Relationship Between Attribute-Level Performance and Overall Customer Satisfaction: A Reconsideration of the Importance-Performance Analysis", *Industrial Marketing Management*, Vol. 33, No. 4, 2004.

K. Schouten, F. Frasincar, "Survey on Aspect-Level Sentiment Analysis", *IEEE Transactions on Knowledge and Data Engineering*, Vol. 28, No. 3, 2016.

K. V. Ittersum et al. , "The Validity of Attribute-Importance Measurement: A Review", *Journal of Business Research*, Vol. 60, No. 11, 2007.

K. Y. Lee, S. B. Yang, "The Role of Online Product Reviews on Information Adoption of New Product Development Professionals", *Internet Research*, Vol. 25, No. 3, 2015.

L. Breiman, *Classification and Regression Trees*, Routledge, 2017.

L. Breiman et al. , *Classification and Regression Trees*, Wadsworth, CA Chapman & Hall, 1984.

L. S. Cook et al. , "Human Issues in Service Design", *Journal of Operations Management*, Vol. 20, No. 2, 2002.

L. Trigg, "Using Online Reviews in Social Care", *Social Policy & Administration*, Vol. 48, No. 3, 2014.

L. Zhang, X. Chu, D. Xue, "Identification of the To-be-Improved Product Features Based on Online Reviews for Product Redesign", *International Journal of Production Research*, Vol. 57, No. 8, 2019.

M. A. O'Neill, A. Palmer, "Importance-Performance Analysis: A Useful Tool for Directing Continuous Quality Improvement in Higher Education", *Quality Assurance in Education*, Vol. 12, No. 1, 2004.

M. Caber, T. Albayrak, K. Matzler, "Classification of the Destination Attributes in the Content of Competitiveness (by Revised Importance-Performance Analysis)", *Journal of Vacation Marketing*, Vol. 18, No. 1, 2012.

M. D. Richard, A. W. Allaway, "Service Quality Attributes and Choice Behaviour", *Journal of Services Marketing*, Vol. 7, No. 1, 1993.

M. F. Porter, "An Algorithm for Suffix Stripping", *Program*, Vol. 14, No. 3, 1980.

M. Galar et al. , "An Overviewof Ensemble Methods for Binary Classifiers in Multi-Class Problems Experimental Study on One-Vs-One and One-Vs-All Schemes", *Pattern Recognition*, Vol. 44, No. 8, 2011.

M. Galar et al. , "DRCW-OVO Distance-based Relative Competence Weighting Combination for One-Vs-One Strategy in Multi-Class Problems", *Pattern Recognition*, Vol. 48, No. 1, 2015.

M. Galar et al. , "The WEKA Data Mining Software: An Update", *ACM SIGKDD Explorations Newsletter*, Vol. 11, No. 1, 2009.

M. Govindarajan, "Sentiment Analysis of Movie Reviews Using Hybrid

Method of Naive Bayes and Genetic Algorithm", *International Journal of Advanced Computer Research*, Vol. 3, No. 4, 2013.

M. Krawczyk, Z. Xiang, "Perceptual Mapping of Hotel Brands Using Online Reviews: A Text Analytics Approach", *Information Technology & Tourism*, Vol. 16, No. 1, 2016.

M. M. Rashid, "A Review of State-of-Art on Kano Model for Research Direction", *International Journal of Engineering Science and Technology*, Vol. 2, No. 12, 2010.

M. R. Saleh et al., "Experiments with SVM to Classify Opinions in Different Domains", *Expert Systems with Applications*, Vol. 38, No. 12, 2011.

M. Taboada et al., "Lexicon-Based Methods for Sentiment Analysis", *Computational Linguistics*, Vol. 37, No. 2, 2011.

M. Thelwall et al., "Sentiment Strength Detection in Short Informal Text", *Journal of the American Society for Information Science and Technology*, Vol. 61, No. 12, 2010.

M. Thelwall, K. Buckley, G. Paltoglou, "Sentiment Strength Detection for the Social Web", *Journal of the American Society for Information Science and Technology*, Vol. 63, No. 1, 2012.

M. T. Musavi et al., "On the Training of Radial Basis Function Classifiers", *Neural Networks*, Vol. 5, No. 4, 1992.

N. Hu, P. A. Pavlou, J. J. Zhang, "On Self-Selection Biases in Online ProductReviews", *MIS Quarterly*, Vol. 41, No. 2, 2017.

N. Hu, P. A. Pavlou, J. Zhang, "Why Do Product Reviews Have a J-Shaped Distribution?", *Communications of the ACM*, Vol. 52, No. 10, 2009.

N. Jing et al., "Personalized Recommendation Based on Customer Preference Mining and Sentiment: Assessment from a Chinese E-Commerce Website", *Electronic Commerce Research*, Vol. 18, No. 1, 2018.

N. Kano et al., "Attractive Quality and Must-be Quality", *Journal of*

Japanese Society for Quality Control, Vol. 14, No. 2, 1984.

O. Aran, L. Akarun, "A Multi-Class Classification Strategy for Fisher Scores Application to Signer Independent Sign Language Recognition", *Pattern Recognition*, Vol. 43, No. 5, 2010.

O. Grljević, Z. Bošnjak, "Sentiment Analysis of Customer Data", *Strategic Management*, Vol. 23, No. 3, 2018.

O. Netzer et al., "Mine Your Own Business: Market-Structure Surveillance Through Text Mining", *Marketing Science*, Vol. 31, No. 3, 2012.

p. Domingos, M. Pazzani, "On the Optimality of the Simple Bayesian Classifier under Zero-one Loss", *Machine Learning*, Vol. 29, No. 2 – 3, 1997.

P. D. Turney, M. L. Littman, "Measuring Praise and Criticism Inference of Semantic Orientation from Association", *ACM Transactions on Information Systems*, Vol. 21, No. 4, 2003.

P. Kotler, D. Gertner, "Country as Brand, Product, and Beyond: A Place Marketing and Brand Management Perspective", *Journal of Brand Management*, Vol. 9, No. 4, 2002.

P. Kotler, G. M. Armstrong, *Marketing: An introduction*, Upper Saddle River Prentice Hall Press, 1990.

P. Phillips et al., "Understanding the Impact of Online Reviews on Hotel Performance: An Empirical Analysis", *Journal of Travel Research*, Vol. 56, No. 2, 2017.

P. Zheng, X. Xu, S. Q. Xie, "A Weighted Interval Rough Number Based Method to Determine Relative Importance Ratings of Customer Requirements in QFD Product Planning", *Journal of Intelligent Manufacturing*, Vol. 30, No. 1, 2019.

Q. Cao, W. Duan, Q. Gan, "Exploring Determinants of Voting for the 'Helpfulness' of Online User Reviews: A Text Mining Approach", *Decision Support Systems*, Vol. 50, No. 2, 2011.

Q. Li et al. , "Tourism Review Sentiment Classification Using a Bidirectional Recurrent Neural Network withan Attention Mechanism and Topic-Enriched Word Vectors", *Sustainability*, Vol. 10, No. 9, 2018.

Q. Wang et al. , "The Impact Research of Online Reviews' Sentiment Polarity Presentation on Consumer Purchase Decision", *Information Technology & People*, Vol. 30, No. 3, 2017.

Q. Xu et al. , "An Analytical Kano Model for Customer Need Analysis", *Design Studies*, Vol. 30, No. 1, 2009.

Q. Ye, R. Law, B. Gu, "The Impact of Online User Reviews on Hotel Room Sales", *International Journal of Hospitality Management*, Vol. 28, No. 1, 2009.

Q. Ye, Z. Zhang, R. Law, "Sentiment Classification of Online Reviews to Travel Destinations by Supervised Machine Learning Approaches", *Expert Systems with Applications*, Vol. 36, No. 3, 2009.

R. Baeza-Yates, B. Ribeiro-Neto, *Modern Information Retrieval*, New York ACM Press, 1999.

R. Batra, P. M. Homer, L. R. Kahle, "Values, Susceptibility to Normative Influence, and Attribute Importance Weights: A Nomological Analysis", *Journal of Consumer Psychology*, Vol. 11, No. 2, 2001.

R. Decker, M. Trusov, "Estimating Aggregate Consumer Preferences from Online Product Reviews", *International Journal of Research in Marketing*, Vol. 27, No. 4, 2010.

R. Dong et al. , "Combining Similarity and Sentiment in Opinion Mining for Product Recommendation", *Journal of Intelligent Information Systems*, Vol. 46, No. 2, 2016.

R. Fan et al. , "Anger is More Influential Than Joy: Sentiment Correlation in Weibo", *Plos One*, Vol. 9, No. 10, 2014.

R. Grewal, J. A. Cote, H. Baumgartner, "Multicollinearity and Measurement Error in Structural Equation Models: Implications for Theory Testing",

Marketing Science, Vol. 23, No. 4, 2004.

R. H. Taplin, "Competitive Importance-Performance Analysis of an Australian Wildlife Park", *Tourism Management*, Vol. 33, No. 1, 2012.

R. H. Taplin, "The Value of Self-stated Attribute Importance to Overall Satisfaction", *Tourism Management*, Vol. 33, No. 2, 2012.

R. Lefkoff-Hagius, C. H. Mason, "Characteristic, Beneficial, and Image Attributes in Consumer Judgments of Similarity and Preference", *Journal of Consumer Research*, Vol. 20, No. 1, 1993.

R. M. Groves, "Nonresponse Rates and Nonresponse Bias in Household Surveys", *Public Opinion Quarterly*, Vol. 70, No. 5, 2006.

R. Moraes et al., "Document-Level Sentiment Classification: An Empirical Comparison Between SVM and ANN", *Expert Systems with Applications*, Vol. 40, No. 2, 2013.

R. Pandarachalil, S. Sendhilkumar, G. S. Mahalakshmi, "Twitter Sentiment Analysis for Large-Scale Data an Unsupervised Approach", *Cognitive Computation*, Vol. 7, No. 2, 2015.

R. Prabowo, M. Thelwall, "Sentiment Analysis: A Combined Approach", *Journal of Informetrics*, Vol. 3, No. 2, 2009.

R. Xia, C. Zong, S. Li, "Ensemble of Feature Sets and Classification Algorithms for Sentiment Classification", *Information Sciences*, Vol. 181, No. 6, 2011.

S. Aciar et al., "Informed Recommender Basing Recommendations on Consumer Product Reviews", *IEEE Intelligent Systems*, Vol. 22, No. 3, 2007.

S. Chen et al., "Orthogonal Least Squares Learning Algorithm for Radial Basis Function Networks", *IEEE Transactions on Neural Networks*, Vol. 2, No. 2, 1991.

S. Demir, E. A. Sezer, H. Sever, "Modifications for the Cluster Content Discovery and the Cluster Label Induction Phases of the Lingo

Algorithm", *International Journal of Computer Theory and Engineering*, Vol. 6, No. 2, 2014.

S. Feng et al., "Attention Based Hierarchical LSTM Network for Context-Aware Microblog Sentiment Classification", *World Wide Web*, Vol. 22, No. 1, 2019.

S. Garcia et al., "Prototype Selection for Nearest Neighbor Classification: Taxonomy and Empirical Study", *IEEE Transactions on Pattern Analysis & Machine Intelligence*, Vol. 34, No. 3, 2011.

S. Li, K. Nahar, B. C. M. Fung, "Product Customization of Tablet Computers based on the Information of Online Reviews by Customers", *Journal of Intelligent Manufacturing*, Vol. 26, No. 1, 2015.

S. M. Mudambi, D. Schuff, "What Makes a Helpful Online Review? A Study of Customer Reviews on Amazon. com", *MIS Quarterly*, Vol. 34, No. 1, 2010.

S. Moon, P. K. Bergey, D. Iacobucci, "Dynamic Effects Among Movie Ratings, Movie Revenues, and Viewer Satisfaction", *Journal of Marketing*, Vol. 74, No. 1, 2010.

S. Moon, W. A. Kamakura, "A Picture is Worth a Thousand Words: Translating Product Reviews into a Product Positioning Map", *International Journal of Research in Marketing*, Vol. 34, No. 1, 2017.

S. Ruggieri, "Efficient C4. 5 Classification Algorithm", *IEEE Transactions on Knowledge and Data Engineering*, Vol. 14, No. 2, 2002.

S. Tan, J. Zhang, "An Empirical Study of Sentiment Analysis for Chinese Documents", *Expert Systems with Applications*, Vol. 34, No. 4, 2008.

S. Tirunillai, G. J. Tellis, "Mining Marketing Meaning from Online Chatter: Strategic Brand Analysis of Big Data Using Latent Dirichlet Allocation", *Journal of Marketing* Research, Vol. 51, No. 4, 2014.

S. Wang et al., "A Feature Selection Method based on Improved Fisher's Discriminant Ratio for Text Sentiment Classification", *Expert Systems with Applications*, Vol. 38, No. 7, 2011.

S. Xiao, C. P. Wei, M. Dong, "Crowd Intelligence: Analyzing Online Product Reviews for Preference Measurement", *Information & Management*, Vol. 53, No. 2, 2016.

T. Albayrak, M. Caber, "The Symmetric and Asymmetric Influences of Destination Attributes on Overall Visitor Satisfaction", *Current Issues in Tourism*, Vol. 16, No. 2, 2013.

T. Wilson, J. Wiebe, R. Hwa, "Recognizing Strong and Weak Opinion Clauses", *Computational Intelligence*, Vol. 22, No. 2, 2006.

T. Y. Lee, E. T. Bradlow, "Automated Marketing Research Using Online Customer Reviews", *Journal of Marketing Research*, Vol. 48, No. 5, 2011.

V. Vapnik, *The Nature of Statistical Learning Theory*, Springer Science & Business Media, 2013.

W. Deng, "Using a Revised Importance-Performance Analysis Approach: The Case of Taiwanese Hot Springs Tourism", *Tourism Management*, Vol. 28, No. 5, 2007.

W. Duan, B. Gu, A. B. Whinston, "Do Online Reviews Matter? — An Empirical Investigation of Panel Data", *Decision Support Systems*, Vol. 45, No. 4, 2008.

W. Duan, B. Gu, A. B. Whinston, "The Dynamics of Online Word-of-mouth and Product Sales—An Empirical Investigation of the Movie Industry", *Journal of Retailing*, Vol. 84, No. 2, 2008.

W. J. Deng, W. Pei, "Fuzzy Neural based Importance-Performance Analysis for Determining Critical Service Attributes", *Expert Systems with Applications*, Vol. 36, No. 2, 2009.

W. Lam, Y. Han, "Automatic Textual Document Categorization based on Generalized Instance Sets and a Metamodel", *IEEE Transactions on Pattern Analysis and Machine Intelligence*, Vol. 25, No. 5, 2003.

W. Medhat, A. Hassan, H. Korashy, "Sentiment Analysis Algorithms and

Applications: A Survey", *Ain Shams Engineering Journal*, Vol. 5, No. 4, 2014.

W. Wang, H. Wang, "Opinion-Enhanced Collaborative Filtering for Recommender Systems Through Sentiment Analysis", *New Review of Hypermedia and Multimedia*, Vol. 21, No. 3 –4, 2015.

W. Zhang, H. Xu, W. Wan, "Weakness Finder: Find Product Weakness from Chinese Reviews by Using Aspects based Sentiment Analysis", *Expert Systems with Applications*, Vol. 39, No. 11, 2012.

X. Pu, G. Wu, C. Yuan, "Exploring Overall Opinions for Document Level Sentiment Classification with Structural SVM", *Multimedia Systems*, Vol. 25, No. 1, 2019.

X. X. Shen, K. C. Tan, M. Xie, "An Integrated Approach to Innovative Product Development Using Kano's Model and QFD", *European Journal of Innovation Management*, Vol. 3, No. 2, 2000.

X. Yu et al. , "Mining Online Reviews for Predicting Sales Performance: A Case Study in The Movie Domain", *IEEE Transactions on Knowledge and Data Engineering*, Vol. 24, No. 4, 2012.

Y. Chen, J. Xie, "Online Consumer Review Word-of-mouth as a New Element of Marketing Communication Mix", *Management Science*, Vol. 54, No. 3, 2008.

Y. Dang, Y. Zhang, H. Chen, "A Lexicon-Enhanced Method for Sentiment Classification: An Experiment on Online Product Reviews", *IEEE Intelligent Systems*, Vol. 25, No. 4, 2010.

Y. Hu, W. Li, "Document Sentiment Classification by Exploring Description Model of Topical Terms", *Computer Speech & Language*, Vol. 25, No. 2, 2011.

Y. Li et al. , "An Integrated Method of Rough Set, Kano's Model and AHP for Rating Customer Requirements' Final Importance", *Expert Systems with Applications*, Vol. 36, No. 3, 2009.

Y. Li et al. , "Snippet-Based Unsupervised Approach for Sentiment Classification of Chinese Online Reviews", *International Journal of Information Technology & Decision Making*, Vol. 10, No. 6, 2011.

Y. Ma, G. Chen, Q. Wei, "Finding Users Preferences from Large-Scale Online Reviews for Personalized Recommendation", *Electronic Commerce Research*, Vol. 17, No. 1, 2017.

Y. M. Li, T. Y. Li, "Deriving Market Intelligence from Microblogs", *Decision Support Systems*, Vol. 55, No. 1, 2013.

Y. Peng, G. Kou, J. Li, "A Fuzzy PROMETHEE Approach forMining Customer Reviews in Chinese", *Arabian Journal for Science and Engineering*, Vol. 39, No. 6, 2014.

Y. Sireli, P. Kauffmann, E. Ozan, "Integration of Kano's Model into QFD for Multiple Product Design", *IEEE Transactions on Engineering Management*, Vol. 54, No. 2, 2007.

Z. H. Zhou, Y. Jiang, "NeC4. 5: Neural Ensemble based C4. 5", *IEEE Transactions on Knowledge and Data Engineering*, Vol. 16, No. 6, 2004.

Z. Wang et al. , "An Integrated Decision-Making Approach for Designing and Selecting Product Concepts Based on QFD and Cumulative Prospect Theory", *International Journal of Production Research*, Vol. 56, No. 5, 2018.

Z. Yan et al. , "EXPRS: An Extended Pagerank Method for Product Feature Extraction from Online Consumer Reviews", *Information & Management*, Vol. 52, No. 7, 2015.

Z. Yan-Yan, Q. Bing, L. Ting, "Integrating Intra-and Inter-Document Evidences for Improving Sentence Sentiment Classification", *Acta Automatica Sinica*, Vol. 36, No. 10, 2010.

Z. Zhang et al. , "Sentiment Classification of Internet Restaurant Reviews Written in Cantonese", *Expert Systems with Applications*, Vol. 38, No. 6, 2011.

索　引